Manfred Semper

Entwerfen, Anlage und Einrichtung der Gebäude

Manfred Semper

Entwerfen, Anlage und Einrichtung der Gebäude

ISBN/EAN: 9783743652071

Hergestellt in Europa, USA, Kanada, Australien, Japan

Cover: Foto ©berggeist007 / pixelio.de

Weitere Bücher finden Sie auf **www.hansebooks.com**

Die Gesammtanordnung und Gliederung des »Handbuches der Architektur« ist am Schlusse des vorliegenden Heftes zu finden.

Ebendaselbst ist auch ein Verzeichnifs der bereits erschienenen Bände beigefügt.

Jeder Band, bezw. jeder Halb-Band und jedes Heft des »Handbuches der Architektur« bildet ein für sich abgeschlossenes Ganze und ist einzeln käuflich.

HANDBUCH
DER
ARCHITEKTUR.

Unter Mitwirkung von Fachgenoſſen

herausgegeben von

Baudirector
Profeſſor Dr. **Joſef Durm**
in Karlsruhe,

Geheimer Regierungsrath
Profeſſor **Hermann Ende**
in Berlin,

und

Geheimer Baurath
Profeſſor Dr. **Eduard Schmitt**
in Darmſtadt

Geheimer Baurath
Profeſſor **Heinrich Wagner**
in Darmſtadt.

Vierter Theil.
ENTWERFEN, ANLAGE UND EINRICHTUNG DER GEBÄUDE.

5. Halb-Band:
Gebäude für Heil- und ſonſtige Wohlfahrts-Anſtalten.

2. Heft:
Verſchiedene Heil- und Pflegeanſtalten.

Irren-Anſtalten; Entbindungs-Anſtalten; Heimſtätten für Geneſende.

Verſorgungs-, Pflege- und Zufluchtshäuſer.

Blinden-Anſtalten; Taubſtummen-Anſtalten.

Anſtalten für Schwachſinnige.

Krippen, Kinder-Bewahranſtalten, Kinderhorte und Ferien-Colonien.

Findel- und Waiſenhäuſer.

Altersverſorgungs-Anſtalten und Siechenhäuſer.

Armen-Verſorgungs- und Armen-Arbeitshäuſer.

Zufluchtshäuſer für Obdachloſe und Wärmſtuben.

VERLAG VON ARNOLD BERGSTRÄSSER IN DARMSTADT.
1891.

ENTWERFEN.
ANLAGE UND EINRICHTUNG
DER GEBÄUDE.

DES

HANDBUCHES DER ARCHITEKTUR

VIERTER THEIL.

5. Halb-Band:
Gebäude für Heil- und sonstige Wohlfahrts-Anstalten.

2. Heft:
Verschiedene Heil- und Pflegeanstalten.

Irren-Anstalten; Entbindungs-Anstalten.
Von † Adolf Funk,
Oberbaurath und Geh. Regierungsrath zu Hannover.

Heimstätten für Genesende.
Von Gustav Behnke,
Stadt-Baurath zu Frankfurt a. M.

Versorgungs-, Pflege- und Zufluchtshäuser.

Blinden-Anstalten; Taubstummen-Anstalten.
Von Karl Henrici,
Professor an der technischen Hochschule zu Aachen.

Anstalten für Schwachsinnige.
Krippen, Kinder-Bewahranstalten, Kinderhorte und Ferien-Colonien.
Findel- und Waisenhäuser.
Altersversorgungs-Anstalten und Siechenhäuser.
Armen-Versorgungs- und Armen-Arbeitshäuser.
Zufluchtshäuser für Obdachlose und Wärmstuben.
Von Gustav Behnke,
Stadt-Baurath zu Frankfurt a. M.

Mit 123 in den Text eingedruckten Abbildungen, so wie 6 in den Text eingehefteten Tafeln.

DARMSTADT 1891.
VERLAG von ARNOLD BERGSTRASSER.

Das Recht der Ueberfetzung in fremde Sprachen bleibt vorbehalten.

Zink-Hochätzungen aus der k. k. Hof-Photogr. Kunft-Anftalt von C. ANGERER & GÖSCHL in Wien.
Druck der UNION DEUTSCHE VERLAGSGESELLSCHAFT in Stuttgart.

Handbuch der Architektur.

IV. Theil.

Entwerfen, Anlage und Einrichtung der Gebäude.

5. Halbband, Heft 2.

INHALTS-VERZEICHNISS.

Fünfte Abtheilung:

Gebäude für Heil- und fonftige Wohlfahrts-Anftalten.

2. Abfchnitt.

Verfchiedene Heil- und Pflegeanftalten.

Vorbemerkungen . . . .
  1. Kap. Irren-Anftalten . . . .
    a) Allgemeines und Gefchichtliches . . . .
    b) Bauliche Erforderniffe . . . .
    c) Gröfse, Anordnung und Einrichtung der einzelnen Räume
      1) Krankenzimmer und Zubehör . .
      2) Arbeits-, Gefellfchafts- und Beträume .
      3) Sonftige Räume und Theile der Irren-Anftalten
    d) Innerer Ausbau . . . . . .
    e) Gefammtanlage und Beifpiele
      1) Kleine Irren-Anftalten .
        Beifpiel . . .
      2) Mittlere Irren-Anftalten .
        Acht Beifpiele . .
      3) Grofse Irren-Anftalten .
        Vierzehn Beifpiele . . . . .
      4) Irren-Anftalten mit Ackerbau-Colonien
        Fünf Beifpiele
      5) Geftaltung des Aeufseren und Inneren
        Beifpiel
      6) Baukoften

	Seite
Schlufsbemerkungen	55
Literatur über »Irren-Anstalten«.	
α) Anlage und Einrichtung	57
β) Ausführungen und Projecte	58
2. Kap. Entbindungs-Anstalten	60
a) Allgemeines	60
b) Besonderheiten der Anlage, der Einrichtung und des inneren Ausbaues	62
c) Gesammtanlage, Baukosten und Beispiele	64
Sechs Beispiele	66
Literatur über »Entbindungs-Anstalten«.	
α) Anlage und Einrichtung	71
β) Ausführungen	72
3. Kap. Heimstätten für Genesende	72
Sieben Beispiele	74
Literatur über »Heimstätten für Genesende«.	
α) Anlage und Einrichtung	77
β) Ausführungen	77

3. Abschnitt.
Versorgungs-, Pflege- und Zufluchtshäuser.

A. Erziehungs-, Versorgungs- und Pflegeanstalten für Nichtvollsinnige	78
1. Kap. Blinden-Anstalten	78
Sechs Beispiele	84
Literatur über »Blinden-Anstalten«.	
α) Anlage und Einrichtung	90
β) Ausführungen	90
2. Kap. Taubstummen-Anstalten	90
Drei Beispiele	93
Literatur über »Taubstummen-Anstalten«.	
α) Anlage und Einrichtung	96
β) Ausführungen	96
3. Kap. Anstalten für Schwachsinnige	96
Neun Beispiele	99
Literatur über »Anstalten für Schwachsinnige«.	
α) Anlage und Einrichtung	104
β) Ausführungen	104
B. Sonstige Versorgungs-, Pflege- und Zufluchtshäuser	105
4. Kap. Krippen, Kinder-Bewahranstalten, Kinderhorte und Ferien-Colonien	105
a) Krippen	106
b) Kinder-Bewahranstalten	109
Zwölf Beispiele von Krippen und Kinder-Bewahranstalten	109
Literatur über »Krippen und Kinder-Bewahranstalten«.	
α) Anlage und Einrichtung	114
β) Ausführungen	115
c) Kinderhorte	115
d) Ferien-Colonien	116
5. Kap. Findel- und Waisenhäuser	117
a) Findelhäuser	117
Literatur über »Findelhäuser«	118
b) Waisenhäuser	118
Acht Beispiele	124
Literatur über »Waisenhäuser«.	
α) Anlage und Einrichtung	128
β) Ausführungen	128

		Seite
6. Kap. Altersverforgungs-Anftalten und Siechenhäufer		130
Dreizehn Beifpiele		132
Literatur über »Altersverforgungs-Anftalten und Siechenhäufer«		144
7. Kap. Armen-Verforgungs- und Armen-Arbeitshäufer		145
Beifpiel		145
Literatur über »Armen-Verforgungs- und Armen-Arbeitshäufer«.		
α) Anlage und Einrichtung		147
β) Ausführungen		147
8. Kap. Zufluchtshäufer für Obdachlofe und Wärmftuben		148
Sechs Beifpiele		149
Literatur über »Zufluchtshäufer für Obdachlofe und Wärmftuben		153

Verzeichnifs
der in den Text eingehefteten Tafeln.

Zu Seite 39: Irren-Anftalt zu Göttingen. — Erdgefchofs.
 » » 42: Land-Irren-Anftalt zu Neuftadt-Eberswalde. — Erdgefchofs.
 » » 46: Lageplan der Provinzial-Irren-Anftalt »Rittergut Alt-Scherbitz
 » » 49: Lageplan der Irren-Anftalt zu Göttingen.
 » » 50: Entwurf einer Irren-Anftalt für Tübingen. — Erdgefchofs.
 » 84: Blinden-Anftalt zu Paris. — Erdgefchofs.

GEBÄUDE FÜR HEIL- UND SONSTIGE WOHLFAHRTS-ANSTALTEN

2. Abschnitt.
Verschiedene Heil- und Pflegeanstalten.

Aufser den im vorhergehenden Abschnitt vorgeführten verschiedenen Arten von Krankenhäusern giebt es noch eine nicht geringe Zahl von Heil- und Pflegeanstalten, wie Irren-Anstalten, Heil- und Pflegeanstalten für Gemüths- und Nervenkranke, Kaltwasser-Heilanstalten, Soolbäder-Heilstätten, Kinder-Heilstätten (Ferien-Colonien, Schul-Sanatorien und See-Hospize), verschiedene Sanatorien, Heil- und Pflegestätten für Genesende (Reconvalescenz- oder Genesungshäuser), Entbindungs-Anstalten etc., von denen im Folgenden einige näher besprochen werden sollen, und zwar vorzugsweise solche, für welche sich eine eigenartige bauliche Gestaltung bereits herausgebildet hat.

---

1. Kapitel.
Irren-Anstalten.
Von † ADOLF FUNK.

a) Allgemeines und Geschichtliches.

Die Irren-Anstalten sind ein wesentlicher Theil des Heil-Apparates der Seelenheilkunde und haben vorzugsweise den Zweck, der Heilung der Kranken zu dienen. Nachdem man am Ende des XVIII. Jahrhundertes erkannt hatte, dafs die Geistesstörung eine Krankheit sei, die man, wie andere Krankheiten, behandeln und heilen könne, begann man, und zwar zuerst in Frankreich, durch *Pinel* angeregt, eigene Anstalten für Geisteskranke zu bauen, während bis dahin diejenigen Geisteskranken, welche nicht in den Familien bleiben konnten, in gefängnifsartigen Gebäuden untergebracht wurden.

Seit jener Zeit sind in der Irren-Heilkunde und in der Anlage der Anstalten für die Geisteskranken wesentliche Fortschritte gemacht worden; es trat in den Culturstaaten nach und nach ein förmlicher Wetteifer ein, für diese Kranken und deren Heilung auf das vollkommenste zu sorgen und dazu durch vorzüglich eingerichtete und ausgestattete bauliche Anlagen möglichst beizutragen.

Hierbei sind jedoch in den einzelnen Culturstaaten mehrfache Eigenthümlichkeiten bis in die neueste Zeit beibehalten worden. So z. B. sind in England die öffentlichen Irren-Anstalten „Wohlthätigkeits-Anstalten", welche, durch Vereine oder

Stiftungen Einzelner gegründet, blofs zur Aufnahme Unbemittelter beſtimmt ſind und daher meiſtens nur eine Claſſe haben. Für die bemittelten Kranken wurden in England ſchon frühzeitig Privat-Anſtalten eingerichtet, und es ſind ſolche dort jetzt in grofser Zahl vorhanden. Um den Aufnahmegeſuchen der zahlreichen unbemittelten Kranken entſprechen zu können und die Betriebskoſten thunlichſt zu vermindern, gab man den öffentlichen Anſtalten in England vielfach eine ſehr grofse Ausdehnung; ſo iſt z. B. *Colney Hatch* für 2100 Kranke, *Hanwell* für 1700 Kranke etc. eingerichtet.

<small>4. Irren-Anſtalten in Frankreich u. Belgien.</small>

In Frankreich und Belgien ging die Pflege der Geiſteskranken meiſtens in die Hände der geiſtlichen Orden über, und es wurden in der Regel für die beiden Geſchlechter ganz getrennte Anſtalten errichtet. Auch dort wurden, behufs Befriedigung der zahlreichen Aufnahmegeſuche und zur Verminderung der Betriebskoſten, ſehr grofse Anſtalten errichtet, ſo z. B. die *Salpetrière* für 1500 Kranke, *Bicêtre* für 1300 Kranke, *Maréville* für 1800 Kranke etc.

<small>5. Irren-Anſtalten in Deutſchland.</small>

In Deutſchland richtete man im Anfange dieſes Jahrhundertes zunächſt nur Anſtalten für ſolche Geiſteskranke ein, welche eine Heilung in Ausſicht ſtellten. Solche Heilanſtalten wurden u. a. errichtet: für das Königreich Sachſen in Sonnenſtein (1811), für das Grofsherzogthum Mecklenburg-Schwerin zu Sachſenberg (1830), für die Provinz Pommern in Greifswalde (1834), für das Königreich Württemberg in Winnenthal (1834), für die Provinz Schleſien in Leubus (1830) etc.

Neben dieſen Heilanſtalten wurden für unheilbare Kranke, welche als ſolche von Anfang an erkannt wurden oder nach längerem Aufenthalte in Heilanſtalten als unheilbar angeſehen werden mufsten, Pflegeanſtalten eingerichtet, z. B. für die Provinz Schleſien in Brieg (1820), für die Stadt Cöln daſelbſt (1802), für das Königreich Sachſen in Colditz (1829), für das Grofsherzogthum Mecklenburg-Schwerin in Dömitz (1851), für die Provinz Pommern in Rügenwalde (1850), für das Königreich Württemberg in Zwiefalten (1834) etc.

Bei der Schwierigkeit und Trüglichkeit der Prognoſe, ob ein Kranker heilbar oder unheilbar iſt, und bei der Unmöglichkeit, in kleineren Staaten und Provinzen die grofsen Koſten für mehrere getrennte Anſtalten und deren Unterhaltung aufzuwenden, ging man bald theils zu

1) relativ verbundenen Heil- und Pflegeanſtalten über, welche Anſtalten für heilbare und unheilbare Kranke im Inneren getrennt, im Aeufseren und in der Leitung zu einer Anlage vereinigt wurden, ſo z. B. im Herzogthum Naſſau in Eichberg (1850), in Nietleben bei Halle (1851), zu Illenau in Baden (1851), in der Provinz Weſtfalen zu Marsberg (1851), in der Provinz Oſtpreuſsen zu Wehlau (1852), oder man errichtete

2) abſolut verbundene Heil- und Pflegeanſtalten, in welchen auf die Aufnahme und räumliche Vertheilung die vorauszuſetzende oder unwahrſcheinliche Heilbarkeit keinen Einflufs mehr äufsert und die Kranken auch dann in der Anſtalt verbleiben können, wenn die Ausſichten auf Heilbarkeit geſchwunden ſind.

Dieſer Art der Anſtalten gehören in Deutſchland die meiſten und insbeſondere faſt alle Anſtalten an, welche in der zweiten Hälfte dieſes Jahrhundertes errichtet worden ſind, im Ganzen etwa 50 Anſtalten.

Wir werden auf eine gröfsere Zahl derſelben weiter unten näher eingehen, da dieſe im Allgemeinen die Anſtalten der Gegenwart ſind.

In neuester Zeit hat man jedoch bei den vorgeschrittenen Erfahrungen in der Behandlung der Geisteskranken und bei dem steten Anwachsen der Zahl derselben angefangen, neben den absolut verbundenen Heil- und Pflegeanstalten Ackerbau-Colonien einzurichten, in welchen die dazu geeigneten Kranken in gröfserer Zahl mit ländlichen Arbeiten beschäftigt werden und entweder dort in einfachen Wohnungen untergebracht sind oder in der Hauptanstalt wohnen, von dieser zur Arbeit nach der Colonie gehen und Abends von dort zurückkehren.

Verbindung mit Ackerbau-Colonien.

Die erstere Art der Colonien hat finanziell den grofsen Vorzug, dafs die Colonisten-Wohnungen mit Zubehör erheblich billiger hergestellt werden können, als die Wohnungen in der Hauptanstalt, da die centralen Anlagen für die Verwaltung, für die religiöse und gesellige Versorgung, für die Bäder etc. in der Hauptanstalt für die Bewohner der als Filialen derselben meistens in deren Nähe gelegenen Colonien mit dienen, und die Wohnräume für diese körperlich rüstigen, viel im Freien beschäftigten Arbeiter im Ganzen wesentlich einfacher hergestellt werden können. Für diese rüstigen Kranken ist die Beschäftigung in der Landwirthschaft nicht allein für den Heilzweck günstig; es werden deren Kräfte auch nützlich verwendet und dadurch die Betriebskosten der Anstalten vermindert.

Zu diesen Ackerbau-Colonien, bei welchen die dazu geeigneten Kranken theils ganz in der Colonie wohnen und dort verpflegt werden, theils in der Hauptanstalt wohnen, gehören z. B.:

1) **Einum**, die im Jahre 1864 errichtete älteste Colonie in Deutschland, Filiale der Irren-Anstalt in Hildesheim, mit einer Grundfläche von 138 ha mit im Durchschnitt 80 dort wohnenden verpflegten und beschäftigten Kranken.

2) **Osnabrück**, Filiale der Irren-Anstalt daselbst, nur etwa 350 m von der Hauptanstalt entfernt, mit einer bewirthschafteten Grundfläche von 24 ha und durchschnittlich 19 dort ganz wohnenden, im Uebrigen mit einer Anzahl von der Hauptanstalt aus dort beschäftigten Kranken.

3) **Kortau** bei Allenstein (Provinz Ostpreufsen) mit 260 ha Bodenfläche, von denen 101 ha Ackerland, die übrigen Wiesen, Gewässer etc. sind; die Colonie ist in so fern mit der Anstalt verbunden, als die Colonisten (etwa 70 Kranke) in einem dem Wirthschaftshofe nahe liegenden besonderen Pavillon wohnen sollen. Die 1888 noch im Bau begriffene Gesammtanstalt ist für 600 Kranke projectirt, von denen aufser jenen 70 Colonisten ein entsprechender Theil für die Colonie Verwendung finden wird.

4) **Emmendingen** in Baden, eine ebenfalls 1888 noch im Bau begriffene Anstalt, für 1005 Kranke projectirt, wird einen ausgedehnten landwirthschaftlichen Betrieb in einer an die Männerseite sich anschliefsenden Meierei erhalten, welche, neben der Grundfläche der Anstalt selbst und deren Park von 27 ha, 36 ha Ackerland etc. umfasst.

5) **Alt-Scherbitz** (in der preufsischen Provinz Sachsen), wo im Jahre 1876 auf einem Rittergute aufser einer geschlossenen Central-Anstalt für 150 Kranke und 140 Sieche eine Colonie für etwa 430 Colonisten angelegt ist, welche auf dem etwa 290 ha grofsen landwirthschaftlichen Gute bei ländlichen Arbeiten Verwendung finden.

6) Als Filiale der Irren-Anstalt **Colditz** (im Königreich Sachsen) wurde im Jahre 1868 in der nahe gelegenen Meierei Zschadras eine Colonie für männliche Kranke errichtet, in welcher Ende März 1888 von 880 Kranken 256 mit landwirthschaftlichen Arbeiten beschäftigt wurden; die Gröfse der Colonie beträgt 82 ha.

7) **Lauenburg** in Pommern, eine 1888 noch im Bau begriffene Anstalt für vorläufig 300 Kranke, mit Central-Einrichtungen (Verwaltungsgebäude, Gesellschaftsräume etc.) für eine Vergröfserung bis zu 600 Kranken, hat eine etwa 50 m von ihr entfernt liegende Colonie von 47 ha Gröfse, in welcher die zur Beschäftigung in derselben geeigneten Kranken wohnen.

8) **Saargemünd** (in Lothringen), eine im Jahre 1880 eröffnete neue Anstalt für 500 Kranke, von denen 100 in der nahe gelegenen landwirthschaftlichen Colonie »Steinbacher Hofgut« wohnen und beschäftigt werden.

9) **Göttingen**, in den Jahren 1863—65 für 236 Kranke erbaut, besitzt unmittelbar neben der Hauptanstalt jetzt eine Grundfläche von 27 ha für landwirthschaftliche Zwecke, zu deren Arbeiten 75 Kranke in drei Wohnhäusern (Villen) der Ackerbau-Colonie wohnen und andere geeignete Kranke aus der Hauptanstalt dorthin geführt werden.

Von den Colonien der zweiten Art, bei denen die fämmtlichen Kranken in der gefchlossenen Hauptanstalt wohnen, von denen ein grofser Theil regelmäfsig in den ausgedehnten benachbarten Colonien mit landwirthschaftlichen Arbeiten beschäftigt wird, führen wir als Beispiele an:

10) **Schleswig**, eine Anstalt für 946 Kranke, welche unmittelbar, neben den etwa 12 ha grofsen parkartigen Gartenanlagen, eine Meierei von 62 ha Gröfse befitzt, in welcher die Kranken jedoch nicht wohnen und schlafen, vielmehr von der Hauptanstalt zum Arbeiten dorthin gehen und von dort zu den Mahlzeiten und Abends zurückkehren.

11) **Marburg**, eine Anstalt für 250 Kranke, befitzt eine Gefammtgrundfläche von 36 ha, von welcher durch eine entfprechende Anzahl Kranker etwa 10 ha bewirthfchaftet werden.

Gröfsere und kleinere Grundflächen zur Befchäftigung von Kranken mit gärtnerifchen und landwirthfchaftlichen Arbeiten befitzt im Uebrigen auch eine Mehrzahl von anderen Anftalten; doch dürften diefe Grundflächen nach dem neueren hiermit verbundenen Sinne wohl kaum Colonien genannt werden.

7. Irren-Kliniken.

Schliefslich fei noch der mit verfchiedenen Univerfitäten verbundenen Irrenoder pfychiatrifchen Kliniken gedacht, bezüglich deren auf Theil IV, Halbbd. 6, Heft 2 (Abth. 6, Abfchn. 2, C, Kap. 11, unter c) verwiefen werden mag.

8. Bauplatz.

Der Bauplatz für eine gefchloffene Heil- und Pflegeanftalt mufs eine freie Lage mit gefunder Luft haben, wo möglich auf einer mäfsigen Anhöhe, mit einer freundlichen Ausficht in eine fchöne Gegend, liegen, foll dem Geräufche einer Stadt entzogen und doch nicht fo entfernt von einer folchen fein, dafs behufs Lieferung von Nahrungsmitteln, Arzneien und anderer Bedürfniffe der Anftalt zu weite Wege zu machen find. Es follen ferner bequeme Zufuhrwege zu dem Bauplatze heranführen, und es mufs wo möglich ein fliefsendes Gewäffer in feiner Nähe fein, in welches die Unreinigkeiten und Tagwaffer der Anftalt geleitet werden können. Es foll ferner gutes Trinkwaffer vorhanden und der Baugrund trocken und feft fein, damit die Gebäude ohne zu grofse Koften mit Kellergefchoffen ausgeführt werden können.

Erwünfcht ift es auch, wenn in der Nähe der Anftalt Grundflächen liegen und mit erworben werden, welche mit den Abwaffern der Spülaborte der Anftalt berieselt und dadurch ertragsfähig gemacht werden können, um zugleich auch diefe Flüffigkeiten, in Ermangelung grofser benachbarter fliefsender Gewäffer, auf die günftigfte Weife zu befeitigen, bezw. zu klären.

Die Gröfse des Bauplatzes hängt, aufser von der Zahl der Kranken, von der Bodenbefchaffenheit und anderen örtlichen Verhältniffen ab. Die Garten- und Feldcultur foll zunächft dem Heilzwecke dienen, foll fo weit als möglich ausfchliefslich durch die Arbeitskräfte der Kranken ausgeführt werden, und es mufs hier die Rentabilität dem Heilzwecke nachftehen.

Die Gröfsenverhältniffe des Grundeigenthumes einer Anzahl deutfcher und Deutfchland benachbarter Anftalten, aufser den Grundflächen für die fchon oben erwähnten gröfseren Ackerbau-Colonien, find folgende:

1) Schwetz bei Bromberg	mit	200	Kranken hat	6,3 ha
2) Owinsk in Pofen	»	100	»	»	7,9 »
3) Osnabrück, Provinz Hannover	»	200	»	»	8,0 »
4) München, Bayern	»	300	»	»	8,4 »
5) Lauenburg, Provinz Pommern	»	300	»	»	9,0 »
6) Frankfurt a. M.	»	200	»	»	9,4 »
7) Göttingen, Provinz Hannover	»	200	»	»	9,5 »
8) Andernach, Rheinland	»	200	»	»	11,7 »
9) Eichberg, Provinz Naffau	»	200	»	»	12,3 »
10) Marsberg, Weftfalen	»	200	»	»	13,3 »
11) Wehnen, Oldenburg	»	80	»	»	13,1 »
12) Schleswig, Provinz Schleswig-Holftein	»	900	»	»	13,7 »
13) Nietleben bei Halle, Provinz Sachfen	»	400	»	»	15,0 »

14) Bonn, Rheinland . . .	mit	300 Kranken hat	15,4 ha
15) Sachsenberg, Mecklenburg .	»	200 » »	19,2 »
16) Illenau, Baden . .	»	400 » »	19,5 »
17) Wien, Oesterreich . .	»	400 » »	19,8 »
18) Perningsberg, St. Gallen . .	»	120 » »	20,0 »
19) Kortau bei Allenstein, Ostpreussen (1888 im Bau)	»	600 » »	20,5 »
20) Grafenberg, Rheinland . . .	»	300 » »	22,2 »
21) Marburg, Provinz Hessen . .	»	250 » »	26,0 »
22) Düren, Rheinland	»	300 » »	27,0 »
23) Emmendingen, Baden (im Bau)	»	1005 » »	27,0 »
24) Merzig, Rheinland	»	200 » »	33,0 »
25) Neustadt-Eberswalde, Mark Brandenburg .	»	500 » »	35,5 »
26) Dalldorf bei Berlin . . .	»	1000 » »	46,2 »
27) Saargemünd, Elsass-Lothringen	. .	500 » »	47,0 »
	Summe	8955 Kranke =	496,5 ha

* Ausserdem besitzen die Anstalten in den neben denselben gelegenen Ackerbau-Colonien folgende Grundflächen: Osnabrück (Hannover) 24 ha, Lauenburg (Pommern) 47 ha, Göttingen (Hannover) 27 ha, Schleswig (Schleswig-Holstein) 62 ha, Marburg (Hessen) 10 ha, Emmendingen (Baden) 56 ha, Kortau (bei Allenstein) 200 ha.

Bei diesen 27 Anstalten kommen daher auf 100 Kranke im Durchschnitt 5,54 ha. Dabei ist jedoch zu bemerken, dafs die vorstehenden Angaben bei den meisten Anstalten sich auf die Zahl der Kranken und die Gröfse der Grundflächen bei der ersten Anlage derselben beziehen, dafs die meisten derselben im Laufe der Zeit mehr Kranke aufgenommen und ihren Grundbesitz vergröfsert haben: doch wird der Durchschnitt für 100 Kranke nicht wesentlich verändert sein.

Girard rechnet[1]) für eine Anstalt von ca. 300 Kranken 5 ha für Gebäude und Höfe, 5 ha für Gärten und 5 ha für Busch, zusammen 15 ha, im Ganzen also für 100 Kranke 5 ha.

Parchappe rechnet[2]) bei einer Anstalt für 200 bis 400 Kranke 10 bis 20 ha, also ebenfalls wie *Girard*, für 100 Kranke 5 ha.

Die englischen Irren-Commissäre fordern für 10 Kranke 1 *acre* Garten und Feld, also für 100 Kranke 4,2 ha.

Diese Durchschnittszahlen beziehen sich auf geschlossene Heilanstalten mit den Höfen und den sie umgebenden Gärten, in denen die Kranken nur zum geringen Theile beschäftigt werden können. Für Anstalten mit Filial-Colonien oder für getrennte Colonien mit ausgedehntem Garten- und Feldbau sind selbstverständlich gröfsere Grundflächen erforderlich.

Solche Ackerbau-Colonien mit grofsen Grundflächen haben erst in der neuesten Zeit mehr Beachtung gefunden, und wir haben schon oben die Gröfse der Grundflächen einer Anzahl solcher Colonien, von denen, wie schon erwähnt, in Deutschland die älteste als Filiale der Irren-Anstalt Hildesheim im Jahre 1864 zu Einum begründet wurde, angegeben. Die über solche Ackerbau-Colonien mit ihren einfacheren und freieren Anlagen für die Kranken bekannt gewordenen Ergebnisse sind sowohl in Beziehung auf die Förderung der Gesundheit der Kranken, wie auf den finanziellen Erfolg sehr günstige, und es scheinen dieselben immer mehr Beachtung und Eingang zu finden. Eine wesentliche Anregung dazu haben die in neuester Zeit so sehr gesteigerten Anlagekosten der geschlossenen Anstalten und die stets gröfser werdende Zahl der in die Anstalten aufzunehmenden Kranken gegeben. (Vergl. über die Kosten der Irren-Anstalten unter e, 6.)

---
[1]) In: *De la construction et de la direction des asiles d'aliénés*. Paris 1845.
[2]) In: *Des principes à suivre dans la fondation et la construction des asiles d'aliénés*. Paris 1853.

b) Bauliche Erforderniſſe.

9. Art des Aufenthaltes.

Damit die Irren-Anſtalten ihrem Hauptzwecke, der Heilung der Kranken zu dienen, entſprechen, ſind im Beſonderen die folgenden Erforderniſſe zu berückſichtigen.

Dem Kranken ſoll in der Anſtalt ein Aufenthalt thunlichſt, wie in einem groſsen Familienhauſe, gewährt werden; er ſoll dort ſicher verweilen und überwacht werden können, ohne aufsergewöhnliche Einrichtungen, welche ihm auffallen oder ihn verletzen könnten, zu bemerken. Der Kranke ſoll dort einen ſeinen gewohnten Verhältniſſen in der Einrichtung und Ausſtattung der Räume thunlichſt entſprechenden Aufenthalt finden, ſoll mit anderen Kranken Umgang haben, durch dieſe aber möglichſt wenig geſtört werden können.

10. Abtheilungen.

Dieſe Anforderungen bedingen die Möglichkeit einer ausgedehnten Claſſification der Kranken. Zunächſt müſſen die Männer und Frauen vollſtändig getrennt ſein und in zwei abſchlieſsbaren Abtheilungen wohnen, welche den gegenſeitigen Verkehr vollſtändig verhindern.

Ueber die Zahl der Unterabtheilungen in dieſen beiden Hauptabtheilungen gehen die Anſichten der Aerzte noch einigermaſsen aus einander. In den franzöſiſchen und amerikaniſchen Anſtalten iſt die Zahl der Unterabtheilungen meiſtens ſehr groſs, und es wird dadurch eine Zerſplitterung der ärztlichen und beauffichtigenden Kräfte herbeigeführt. In den engliſchen und deutſchen Anſtalten iſt die Zahl der Unterabtheilungen geringer, und es wird folgende Eintheilung in einer Mehrzahl von deutſchen Anſtalten zur Anwendung gebracht:

1) Ruhige Kranke;
2) Unruhige (halbruhige und unverträgliche) Kranke;
3) Unreinliche und Epileptiſche;
4) Tobſüchtige Kranke, und
5) Körperlich Kranke.

Innerhalb dieſer Abtheilungen müſſen die Kranken wiederum nach ihrem Bildungsgrade und ihrer geſellſchaftlichen Stellung getrennt werden, und es ergeben ſich daraus in den meiſten deutſchen Anſtalten drei Claſſen, welche ſich nach verſchiedenen Penſionsſätzen unterſcheiden und deren I. und II. Claſſe den höheren und mittleren, die III. Claſſe dagegen den niederen Ständen angehören. Da ſich auch unter den unbemittelten Kranken meiſtens eine Anzahl mehr gebildeter findet, ſo ſind in manchen Anſtalten auch beſondere Abtheilungen für Gebildete III. Claſſe vorgeſehen. In den Abtheilungen 3: Unreinliche und Epileptiſche und 4: Tobſüchtige findet in der Regel keine Claſſen-Eintheilung ſtatt. In der Abtheilung 5 für körperlich Kranke erfolgt die Verpflegung der Kranken I. und II. Claſſe meiſtens in ihren Einzelzimmern.

Das ziffermäſsige Verhältnifs der Kranken in den einzelnen Abtheilungen iſt in den verſchiedenen Anſtalten ſchwankend; als mittlere Zahlen dürften angenommen werden:

Abtheilung 1: Ruhige Kranke, einſchl. der Reconvalescenten, 40 bis 50 Procent;
         2: Unruhige (Halbruhige) . . 30 bis 40 Procent;
         3: Unreinliche und Epileptiſche 6 bis 12 » ;
         4: Tobſüchtige . . . 6 bis 12 » ;
         5: Körperlich Kranke . . . 2 bis 4 » .

Die Abtheilungen ſind ſo zu ordnen, daſs diejenigen für die beſſeren Elemente (Ruhige und Unruhige [Halbruhige]) nach vorn, dem Verwaltungsgebäude am nächſten, die Abtheilungen für Unreinliche und Epileptiſche entfernter und für die Tobſüchtigen am entfernteſten gelegen ſind, damit Störungen möglichſt vermieden werden.

Die einzelnen Abtheilungen müſſen als ein Ganzes in ſich abgeſchloſſen ſein, und alle Bedürfniſſe in ſich vereinigt haben, als Wärterräume, eine Theeküche (Spülküche), Aborte, Kleiderräume; auch müſſen in den Abtheilungen 1, 2 und 3 einzelne Abſonderungs- oder Iſolir-Räume für zeitweiſe aufgeregte Kranke angelegt ſein.

Ein ferneres Erfordernifs iſt, dafs mit den verſchiedenen Abtheilungen Gärten verbunden und ſo gelegen ſind, dafs dieſelben aus den einzelnen Abtheilungen erreicht werden können, ohne andere Abtheilungen durchſchreiten zu müſſen.

Für die ruhigen Kranken müſſen Beſchäftigungsräume (Werkſtätten und Unterhaltungsräume (Muſik-, Billard- und Leſezimmer) angelegt und in der Nähe der dieſelben benutzenden Abtheilungen hergeſtellt werden, auch von dort unmittelbar zugänglich ſein.

Die Bade-Einrichtungen müſſen von allen Abtheilungen bequem und thunlichſt in bedeckten Gängen zugänglich ſein, auch wo möglich in der Nähe der Unreinlichen und Tobſüchtigen liegen.

Die für beide Hauptabtheilungen (Männer und Frauen) gemeinſchaftlich dienenden Theile der Anſtalt, und zwar die Geſchäftsräume der Verwaltung, die gemeinſchaftlichen Geſellſchaftsräume, die Kirche (Capelle), die Küche und die Waſch-Anſtalt ſind in der Mitte zwiſchen den beiden Hauptabtheilungen ſo anzulegen, dafs ſie von beiden Seiten bequem auf kurzen Wegen zugänglich ſind und getrennt erreicht werden können. Auch müſſen die Wirthſchaftsräume (Küche, Waſch-Anſtalt und Wirthſchaftshof) für Fremde einen beſonderen Zugang und einen Zufuhrweg erhalten, welche die Kranken-Abtheilungen nicht berühren.

Endlich müſſen die Wohnungen der Beamten von der Anſtalt getrennt ſein und doch in unmittelbarer Verbindung mit derſelben ſtehen.

c) Gröfse, Anordnung und Einrichtung der einzelnen Räume.

1) Krankenzimmer und Zubehör.

Für jeden Kranken I. Claſſe wird in den Abtheilungen 1 und 2 für Ruhige und Unruhige in der Regel ein Wohnzimmer und ein Schlafzimmer angenommen, welche in ihren Abmeſſungen von gewöhnlichen Wohnräumen nicht abweichen. Die Schlafzimmer für Kranke I. Claſſe müſſen eine ſolche Gröfse erhalten, dafs des Wärters wegen zwei Betten darin Platz finden, wenn nicht neben dieſen Schlafzimmern — etwa für 2 Kranke gemeinſchaftlich — ein beſonderes Wärterzimmer angelegt wird. Ein Beiſpiel dieſer letzteren Art zeigt die Anordnung in Fig. 1, wie ſolche in der Irren-Anſtalt zu München ſich findet. Es werden dabei für jedes Zimmer etwa 80 bis 100 cbm erforderlich werden.

Für Kranke II. Claſſe werden in den Abtheilungen 1 und 2 in der Regel für je 2 bis 3 Kranke ein Wohnzimmer und ein Schlafzimmer angenommen, wobei in dem letzteren aufser den Betten für die Kranken ein Bett für einen Wärter Platz finden mufs, wenn nicht neben demſelben ein beſonderes Wärterzimmer angeordnet iſt. Auch für dieſe Räume ſind die Abmeſſungen gewöhnlicher Wohn- und Schlafzimmer als mafsgebend anzunehmen, und es werden für jeden Raum und jeden Kranken etwa 30 bis 40 cbm erforderlich werden.

Für die Ruhigen und Unruhigen III. Claffe, fo wie auch für die Unreinlichen werden in der Regel Abtheilungen zu je 10 bis 20 Kranken eingerichtet, welche aus einem grofsen Tagraume und einem oder zwei Schlafräumen für 10 bis 20 Kranke und aus einem oder zwei kleinen abgefonderten Schlafräumen für je einen Kranken, welcher Nachts die übrigen ftören würde, beftehen.

Die Grundflächen der Schlafräume müffen fo bemeffen fein, dafs die Betten und fonftigen Einrichtungsgegenftände frei und unbefchränkt darin aufgeftellt

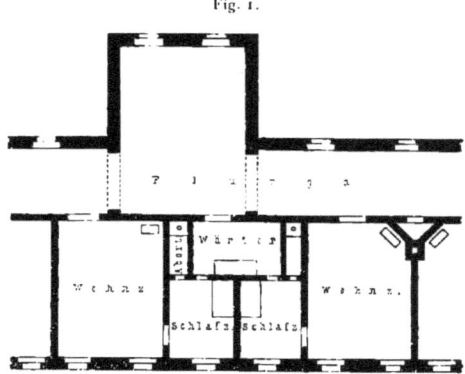

Fig. 1.

Von der Irren-Anftalt zu München. — 1/400 n. Gr.

werden können und Gänge von genügender Breite zur freien Bewegung der Kranken und Wärter übrig bleiben. Die Höhe der Krankenzimmer ift, der Grundfläche entfprechend, innerhalb der Grenzen zu wählen, welche einestheils durch den für die Kranken erforderlichen Luftraum, anderentheils durch die ökonomifchen Rückfichten bezüglich der baulichen Anlage und Unterhaltung bedingt werden.

Die Gröfse des für die Kranken erforderlichen Luftraumes hängt von der Nothwendigkeit der fteten Lufterneuerung ab, und es mufs ein Krankenzimmer um fo gröfser fein, je geringer und ungleichmäfsiger diefe Lufterneuerung durch natürliche oder künftliche Lüftung bewirkt wird.

Wenn nach den neueren Unterfuchungen und Annahmen ein Krankenzimmer für jeden körperlich Kranken in der Stunde der Zuführung von 60 cbm Luft bedarf[*]), fo ift diefes oder ein ähnliches Mafs in Irren-Anftalten nur für die Unreinlichen und körperlich Kranken erforderlich, da nach *Pommet* für körperlich Gefunde das gefundheitliche Mindeftmafs der Luft-Zuführung von 10 cbm in der Stunde ausreicht.

Bezüglich der zur Erreichung einer genügenden Lufterneuerung (Lüftung) anzuwendenden Mittel und der zu diefem Zwecke anzunehmenden Gröfsen der Zimmer gehen die Anfichten noch fehr aus einander[¹]).

Wie oben das Raumbedürfnifs für die ruhigen und unruhigen Kranken I. Claffe für jeden Raum im Durchfchnitte zu etwa 80 bis 100 cbm und für die Kranken II. Claffe zu 30 bis 40 cbm angegeben ift, fo wird für die Kranken III. Claffe diefer Abtheilungen für jedes Bett ein Raum von 25 bis 30 cbm und ein ähnlicher Luftraum für die Wohnzimmer ausreichen.

Für die Unreinlichen und Epileptifchen, fo wie für die körperlich Kranken wird man je nach den Lüftungs-Einrichtungen gröfsere Abmeffungen, etwa 40 bis 50 cbm für ein Bett, annehmen müffen.

---

[*] Siehe: PETTENKOFER, M. v. Luftwechfel in Wohngebäuden. München 1858.
SEIFERT, Die Irrenheilanftalt. Leipzig u. Dresden 1862. S. 30.
[¹] Siehe das vorhergehende Heft diefes Handbuches.

Bezüglich der Anordnung der Wohn- und Schlafzimmer in den Abtheilungen für Ruhige und Unruhige, bezüglich der Lage diefer Räume zu einander und in den verfchiedenen Gefchoffen kommen fehr verfchiedene Anfichten zur Geltung. Die Wohn- und Schlafzimmer der Ruhigen und Unruhigen I. Claffe liegen regelmäfsig neben einander, find mit einander durch eine Thür und in der Regel jedes durch eine Thür mit dem Flurgange verbunden.

Für die Wohn- und Schlafzimmer der Ruhigen und Unruhigen II. und III. Claffe kommen im Wefentlichen drei verfchiedene Anordnungen vor.

α) Die Wohnräume liegen im Untergefchofs und die Schlafzimmer darüber im I. Obergefchofs oder auch im I. und II. Obergefchofs; die Wohnzimmer find mit dem betreffenden Garten in Verbindung gefetzt, und die Treppe zur Verbindung der Gefchoffe liegt innerhalb der Abtheilung, fo dafs die Kranken auf dem Wege von den Wohnzimmern zu den Schlafräumen und umgekehrt die gefchloffene Abtheilung nicht zu verlaffen brauchen (Frankfurt a. M., Schwetz).

β) Die Wohn- und Schlafzimmer liegen in demfelben Gefchofs an einem Flurgange (Klingenmünfter, Osnabrück etc.).

γ) Die Wohn- und Schlafzimmer find ebenfalls in demfelben Gefchofs gelegen und ohne Flurgang mit einander fo verbunden, dafs unmittelbar neben dem grofsen Wohnraume ein oder mehrere Schlafräume liegen (Göttingen, Tübingen).

Die Anordnung α hat die Vortheile, dafs fämmtliche Wohnräume im unteren Gefchofs bequem mit den Gärten verbunden find und dafs die im Obergefchofs gelegenen, von den Wohnräumen getrennten Schlafzimmer während der Tageszeit vollftändig gereinigt und gelüftet werden können. Es find jedoch die Nachtheile damit verbunden, dafs die Anordnung mehr Vorplätze und Treppen erfordert und dafs die Kranken regelmäfsig täglich Treppen paffiren müffen.

Die Anordnung β ift die am meiften angewendete und hat den Vortheil, dafs den Kranken das häufige Steigen der Treppen erfpart wird und dafs diefelben aufser dem Aufenthalte in den Wohnzimmern auch noch den Aufenthalt in den Flurgängen wählen können, welche diefelben meiftens gern zum Spazierengehen benutzen.

Die Anordnung γ, gleichfam eine Verbreiterung der Flurgänge und Eintheilung derfelben zu Wohnzimmern, ift raumerfparend und billig, rundet die fämmtlichen zu einer Abtheilung gehörenden Räume auch am vollftändigften zu einer zufammenhängenden Familienwohnung (Abtheilung) ab.

Für jede Abtheilung der Ruhigen und Unruhigen find noch ein Wärterraum, ein Kleiderraum, eine Thee- oder Spülküche, ein oder zwei kleine Abfonderungs- (Ifolir-)Räume für zeitweife unruhige Kranke und die nöthigen Aborte, fo wie für die Männerfeiten Piffoirs erforderlich. In einigen Irren-Anftalten find in den Abtheilungen der III. Claffe noch befondere Zimmer zum Wafchen für die Kranken eingerichtet.

Die Wärterzimmer find wo möglich zwifchen den Wohn- und Schlafzimmern der Kranken fo anzuordnen, dafs der Wärter beide Räume überfehen kann und dafs die Kranken diefelben nicht zu paffiren brauchen, wenn fie die Wohn- und Schlafzimmer betreten.

Das Kleiderzimmer, ein Raum zum Aufbewahren der Kleider etc. für die Kranken, mufs lange, freie Wände zum Auffteilen der Schränke etc. erhalten und aus der Abtheilung felbft zugänglich fein.

Die Thee- oder Spülküche zur Bereitung der Theeaufgüffe, Umfchläge (Cataplasmen) etc. in jeder Abtheilung erhält einen kleinen verfchliefsbaren Feuerherd, einen Wafferausgufs, fo wie eine Zapfftelle der Wafferleitung und dient aufserdem zur Aufbewahrung der erforderlichen Geräthe, Kräuter, Grützen etc.

Die Aborte und Piffoirs müffen von der Abtheilung zugänglich fein und doch möglichft abgefondert liegen, auch mit doppelten Thürverfchlüffen, zwifchen welchen ein zu lüftender Vorraum liegt, von der Abtheilung getrennt fein.

Die Abfonderungszimmer find abgefondert gelegene kleine Räume ohne befondere Einrichtungen.

Die in einigen Anftalten in den Abtheilungen III. Claffe eingerichteten befonderen Zimmer, in welchen die Kranken fich Morgens wafchen, enthalten in der Regel lange Tifche mit feften Wafchbecken, Wafferhähnen und Ablaufleitungen [5]), oft auch Tifche mit gewöhnlichen lofen Wafchbecken und nebenbei Geftelle zum Aufhängen und Trocknen der Handtücher.

15. Räume für Unreinliche u. Epileptifche.

Die Abtheilungen für unreinliche und epileptifche Kranke werden mit Rückficht auf die Hinfälligkeit der Mehrzahl diefer Kranken meiftens im unteren Gefchofs angeordnet, und die Mehrzahl der Irren-Aerzte zieht für diefe Kranken kleinere Schlafzimmer zu 2 bis 4 Betten und gröfsere Aufenthaltsräume vor; Andere halten es dagegen zweckmäfsiger, gröfsere Schlafzimmer für 8 bis 10 Betten herzuftellen. In beiden Fällen ift es nothwendig, diefe Räume für jedes Bett verhältnifsmäfsig grofs anzulegen und für diefelben eine kräftig wirkende künftliche Lüftungs-Einrichtung vorzufehen, weil in diefen Abtheilungen die Luft felbftverftändlich befonders rafch verfchlechtert wird. Für die Wahl gröfserer Schlafräume fpricht der Umftand, dafs folche leichter regelmäfsig und kräftig zu lüften find, als eine gröfsere Zahl kleiner Räume.

Auch diefe Abtheilungen erhalten eine Theeküche, einen Kleiderraum und die erforderlichen Aborte, in vielen Anftalten auch einen befonderen Wafchraum. Aufserdem mufs in der Nähe diefer Abtheilungen, meiftens in einem kleinen befonderen, im Hofe angelegten Gebäude, ein Raum zum künftlichen Trocknen der Matrazen, fo wie zum Lüften derfelben im Freien hergeftellt werden.

16. Räume für Tobfüchtige.

Ueber die Anlage der Abtheilungen für Tobfüchtige gehen die Anfichten der Irren-Aerzte noch am weiteften aus einander. Wenn die Beftrebungen der *Non-reftrainers* in England und *Rénaudin's* in Frankreich, welche die Nothwendigkeit irgend welcher Ifolir-Zellen beftreiten, auch in Deutfchland einige Anhänger gefunden haben, fo find die Anfichten über die Zahl der nothwendigen Zellen doch noch fehr verfchieden. Das ziffermäfsige Verhältnifs der einzelnen Tobzellen zu der Gefammtzahl der Kranken beträgt:

in Alt-Scherbitz	bei	720 Kranken,	20 Zellen	=	2,8 Procent
Emmendingen		1009	, 32	=	3,2
Lauenburg i. P.		300	, 12	=	4
Marburg		250	, 12	=	4,8
Schwetz		200	, 10	=	5
Schleswig		946	, 55	=	5,8
Klingenmünfter		300	, 20	=	7
Nietleben bei Halle		630	, 50	=	8
München		300	, 26	=	9

Siehe Theil III, Band 5 (Abth. IV, Abfchn. 3, A, Kap. 3: Wafchtifch-Einrichtungen) diefes »Handbuchs«.

in Frankfurt a. M.	bei 200 Kranken,	20 Zellen	10 Procent
" Göttingen	200	" 20	" 10	"
" Osnabrück	200	" 20	" 10	"
Bremen .	80	" 10	" 12	"
Erlangen .	200	" 26	" 13	"
Eichberg .	200	" 30	" 15	"
Oldenburg . . .	80	" 18	" 22	"

Diese Zahlen beziehen sich meistens auf die Anstalten bei ihrer ersten Anlage, und es dürfte nach Vergröfserung oder stärkerer Belegung mancher Anstalten das Verhältnifs nicht mehr ganz zutreffend sein.

Die Abtheilungen für Tobsüchtige bieten in baulicher Beziehung den übrigen Abtheilungen gegenüber die gröfsten Schwierigkeiten. Die darin aufzunehmenden Kranken gewähren nicht selten die meiste Hoffnung auf völlige Genesung und verdienen daher eine um so gröfsere Beachtung. Den für sie bestimmten Räumen ist daher überall, wo man nicht das *Non-restrain*-System eingeführt hat, die gröfste Aufmerksamkeit geschenkt, und es sind dabei die verschiedensten Ansichten, namentlich in Beziehung auf die Anordnung des Grundrisses, der Beleuchtungs- und Heizungs-Anlagen zur Geltung gekommen.

Fast in allen Anstalten sind für die Tobabtheilungen, damit durch das Toben und Schreien der Kranken andere ruhige Kranke nicht gestört werden, besondere, möglichst frei stehende Gebäude, thunlichst rückwärts gelegen, hergestellt.

Die Gröfse der Zellen schwankt von 2×4^m bis $3{,}5 - 7{,}0^m$ und hängt wesentlich mit davon ab, ob man die Kranken nur auf die Zellen beschränken oder noch breite Flurgänge oder Versammlungszimmer zum Aufenthalte der Kranken in ihren ruhigen Zeiten anlegen will. In neuerer Zeit werden meistens solche besondere Aufenthaltsräume hergestellt und dann die Zellen von mittlerer Gröfse, etwa $3 - 4^m$ Grundfläche, angelegt.

In einer Anzahl von Anstalten liegen die Zellen zwischen zwei Flurgängen, von denen der eine als Beobachtungsgang für die Wärter und Aerzte dient, indem viele derselben es nothwendig halten, die Kranken zeitweilig beobachten zu können, ohne mit ihnen in unmittelbaren Verkehr treten zu müssen. Andere Aerzte halten dies nicht für nothwendig und die Anbringung von kleinen Oeffnungen in den Thüren nach dem einen Gange genügend. Wo ein zweiter Flurgang (Beobachtungs- oder Wärtergang) angelegt wird, dient er zugleich zum Transport und zur Reinigung von Geräthschaften, so wie zum Oeffnen und Verschliefsen der zeitweilig zu verdunkelnden Zellenfenster. Aufserdem wird durch diesen zweiten Flurgang der Schall nach aufsen gedämpft und die Möglichkeit gewahrt, diesen Abtheilungen im Aeufseren eine gefällige Form zu geben, bezw. das Gefängnifsartige zu vermeiden. Der Beobachtungsgang mufs jedenfalls in einer nicht auffälligen Weise angelegt werden.

Fig. 2 stellt die Einrichtung der Tobzellen in der *Charité* zu Berlin dar.

Vor der Tobzelle befindet sich ein Vorraum, hinter derselben ein Beobachtungsgang; beide Räume sind durch starke

Fig. 2.

Von der Charité zu Berlin. — $\frac{1}{200}$ n. Gr.

etwa 2,5 m hohe Bohlwände von der Zelle getrennt und durch Thüren mit derselben verbunden. Im Vorraume wird während der Tageszeit das Bett des Zellenbewohners aufgeſtellt, und die Heizung geſchieht durch den in die Zwiſchenwand zwiſchen zwei Vorräumen eingemauerten Kachelofen. Im Beobachtungsgange befindet ſich ein Aufſenfenſter, von welchem die Zelle durch die über der Holzwand befindliche Oeffnung und durch ein in gewöhnlicher Höhe angelegtes, von ſehr dickem, aber durchſichtigem Glaſe gebildetes Fenſter mittelbar beleuchtet wird. In der Zelle iſt ein Spülabort mit verſchliefsbarem Deckel, welcher dem Kranken den einzigen Sitzplatz bietet.

Auf dieſe Weiſe iſt dem Kranken die Ausſicht in das Freie gegönnt, eine gute Lüftung und Erwärmung ermöglicht und die Beobachtung der Kranken erleichtert. Der gröſsere Raum neben den Zellen dient als Waſchraum für den Kranken und als Theeküche.

Eine ſolche, etwas complicirte und koſtſpielige Einrichtung der Tobzellen findet man jedoch in wenigen Anſtalten. Die Mehrzahl der Aerzte verlangt für dieſelben in neuerer Zeit einfache Zimmer mit gewöhnlichen, tief liegenden Fenſtern, welche mit ſehr ſtarkem Glaſe verſehen oder durch feine Drahtgitter geſchützt ſind, da der unmittelbare Ausblick auf einen freundlichen Garten auf manche Kranke beruhigend wirken ſoll. Es werden dann jedoch meiſtens einzelne Zellen mit hohem Seitenlicht oder Deckenlicht für ſolche Kranke hergerichtet, für welche man vom Entziehen der Ausſicht in das Freie einen guten Einfluſs zu erzielen hofft. Auch die tief liegenden Fenſter müſſen zum Theile oder ganz verdunkelt werden können, ſei es durch Vorſatz- oder herabzulaſſende Läden.

Wenn der Hauptflurgang zum Aufenthalte für die Kranken dienen ſoll, muſs er eine Breite von mindeſtens 4,0 m erhalten, damit er den Eindruck eines Wohnraumes macht. Zu gleichem Zwecke empfiehlt es ſich auch, denſelben mit einer entſprechenden Anzahl Zellen in Gruppen abzutheilen. Die Wärterzimmer ſind dann zweckmäſsig in der Mitte der Gruppen anzubringen, eben ſo, wo möglich, auch die Theeküche, der Waſchraum, der Kleiderraum und die Aborte.

Das Innere der Zellen muſs ſolid und dauerhaft hergeſtellt und ſo geſtaltet ſein, daſs der Kranke ſich und Anderen keinen Schaden zufügen kann. Die Bettſtelle muſs kräftig und an allen Ecken gerundet ſein. Die Bettſtelle am Boden zu befeſtigen, wie man dies hie und da findet, iſt nicht zu empfehlen, weil ſich darunter Schmutz und Koth leicht der Beachtung entziehen und üble Gerüche verbreiten. Vorzuziehen iſt es, je nach dem Zuſtande der Kranken bewegliche Bettſtellen zu verwenden oder die Bettſtücke unmittelbar auf den Fufsboden zu legen. Ueber der Thür wird in der Regel eine nach der Zelle durch ein Drahtgitter geſchloſſene Oeffnung angebracht, ſowohl zur Lüftung, wie zur Erleuchtung am Abend.

Ob in jeder Zelle ein Abort herzurichten und ferner wie, oder ob überhaupt keine Aborte in denſelben, vielmehr getrennte Aborte anzulegen ſind, iſt noch eine verſchieden beantwortete Frage, auf die wir ſpäter, bei der Beſprechung der Aborte, zurückkommen werden. Auch auf die Conſtruction der Wände, Fufsböden etc. werden wir an den betreffenden Stellen näher eingehen.

Die Heizung der Zellen geſchieht in neuerer Zeit meiſtens durch Feuer-Luftheizung, welche behufs einer kräftigen Lufterneuerung mit einer mechaniſchen Einrichtung verbunden iſt.

Wenn die allgemeine Bade-Anſtalt nicht in der Nähe der Tobabtheilung gelegen iſt, was wegen der Verbindung mit den übrigen Abtheilungen meiſtens nicht zu empfehlen ſein wird, ſo muſs in der Tobabtheilung ein beſonderes Badezimmer mit einer Wanne angelegt werden.

Endlich ſind in der Tobabtheilung auch Bodenräume zur Lagerung von Stroh zum Stopfen von Matrazen, so wie zum Trocknen und Lüften von Wäscheſtücken vorzuſehen.

Der Garten oder Hof dieſer Abtheilung muſs ſich unmittelbar an die Aufenthaltsräume anſchlieſsen, muſs genügend hoch und ſolid eingefriedigt ſein und einen gedeckten Sitzplatz zum Schutze gegen Sonne und Regen erhalten.

Da die körperlich Kranken der Ruhe, ſo wie einer beſonderen Beauffichtigung und Pflege bedürfen, ſo ſind ſie von den übrigen Geiſteskranken zu trennen. Die Zahl der für ſolche Kranke erforderlichen Betten pflegt zu 2 bis 4 Procent der Geſammtzahl der Kranken angenommen zu werden. Da unter dieſen Kranken auch ſolche mit anſteckenden oder ekelhaften Krankheiten ſich befinden können, ſo ſind für ſolche in der Männer- und Frauen-Abtheilung mindeſtens je zwei Krankenzimmer anzulegen, welche im Uebrigen von gewöhnlichen Krankenzimmern nicht abweichen. Dieſe Abtheilung iſt thunlichſt in die Nähe der ruhigen und unruhigen Kranken III. Claſſe zu legen, da ſie vorzugsweiſe von Kranken dieſer Abtheilungen benutzt werden wird, weil die körperlich Erkrankten der I. und II. Claſſe in ihren Abtheilungen verpflegt werden können.

Die Gröſse der Zimmer für die körperlich Kranken muſs ſelbſtverſtändlich reichlich bemeſſen werden (40 bis 50 cbm für 1 Bett); dieſe Abtheilung ſoll vorzugsweiſe kräftig gelüftet werden.

Auch dieſe Abtheilung muſs einen Wärterraum, eine Theeküche in gewöhnlicher Einrichtung und einen Abort erhalten. Wenn thunlich, iſt noch ein Raum für Geneſende vorzuſehen, welcher im Nothfalle auch als Krankenzimmer benutzt werden kann.

2) Arbeits-, Geſellſchafts- und Beträume.

Die Beſchäftigung der Geiſteskranken wird allgemein als ein gutes Heilmittel anerkannt; die Arbeit ſoll in einer Irren-Anſtalt jedoch nie als Zweck auftreten. Im Sommer iſt die zweckmäſsigſte und nützlichſte Beſchäftigung die Arbeit in den Gärten oder auf dem Felde, welche den Vorzug hat, daſs ſie den körperlichen und geiſtigen Bedürfniſſen am meiſten entſpricht, von der Mehrzahl der Kranken geleiſtet werden kann und zugleich den gröſsten ökonomiſchen Vortheil gewährt. Die Gröſse der zu dieſem Zwecke erforderlichen Flächen an Garten- und Feldland iſt bereits in Art. 6 u. 8 (S. 3 u. 4) erwähnt. Wird der Grundbeſitz gröſser und geht die Anlage zu einer Colonie über, ſo ſind dazu die gewöhnlichen landwirthſchaftlichen Gebäude, Scheuern, Viehſtälle etc. erforderlich.

Im Winter iſt man mehr auf Arbeiten im Hauſe in erwärmten Räumen angewieſen, und es wird dem Kranken in der Regel diejenige Beſchäftigung die liebſte ſein, welche ihm in geſunden Tagen die Mittel zum Lebensunterhalte verſchaffte. Handwerker werden meiſtens gern ihr Handwerk ausüben, Taglöhner ſich mehr häuslichen Arbeiten zuwenden. Weibliche Kranke beſchäftigen ſich mit Nähen und Ausbeſſern der Wäſche oder ſonſtigen Handarbeiten oder helfen auch bei den Arbeiten in der Küche und der Waſch-Anſtalt aus; andere beſchäftigen ſich lieber mit Spinnen, Flachsreinigen und Strohflechten, was auch von männlichen Kranken leicht und gern erlernt wird.

Für dieſe verſchiedenen Arbeiten ſind der Ordnung, Reinlichkeit und angemeſſenen Aufſicht wegen beſondere Räume erforderlich. Für die Handwerker Tiſchler, Schloſſer, Drechsler, Weber, Schneider, Schuſter etc.) ſind gut eingerichtete Werkftätten, für das Strohflechten, Zerkleinern von Holz und Torf befondere Räume anzulegen. Welche Art der Befchäftigung gewählt wird, hängt von individuellen Eigenthümlichkeiten, zum Theile auch von den ortsüblichen Befchäftigungen ab. Bei den Handwerkern werden in der Regel Wärter gewählt, welche als Werkmeifter für ein Gewerbe wirken können. Bei kleineren Anftalten wird die Zahl der ausgeübten Gewerbe nur gering fein, da manche Gewerbe nur fchwach oder gar nicht vertreten fein werden, es auch zu koftfpielig fein würde, ein geeignetes Auffichts- und Anleitungs-Perfonal dafür zu halten, und endlich die Kranken meiftens auch ungern allein oder in zu kleiner Gefellfchaft arbeiten.

Die Werkftätten und fonftigen Arbeitsräume find — abgefehen felbftverftändlich von landwirthfchaftlichen Räumen — thunlichft in der Nähe der Abtheilungen für ruhige Kranke III. Claffe anzulegen, aus welchen die Arbeiter vorzugsweife hervorgehen, die Werkftätten an der Männerfeite, die Arbeitsräume zum Strohflechten, Flachsreinigen etc. dagegen an der Frauenfeite.

Bei Gebäude-Anlagen auf anfteigendem Terrain werden diefe Werkftätten oft zweckmäfsig im hohen Unterbau an der Thalfeite anzuordnen fein, wie folches z. B. in der Heilanftalt zu Osnabrück gefchehen ift.

Im Uebrigen finden die Frauen auch zum Theile Befchäftigung in und neben der Küche mit Reinigen von Gemüfe, in der Wafch-Anftalt beim Wafchen, Plätten und Ausbeffern der Wäfche.

Hier mögen auch die Räume zum Unterricht erwähnt werden, welche fowohl an der Männer-, wie an der Frauenfeite als befondere Schulzimmer anzulegen find.

20. Gefellfchafts-räume.

Neben der Befchäftigung werden den Kranken, namentlich der höheren und gebildeten Stände, in der Anftalt auch Vergnügungen und Unterhaltung gewährt, welche erheiternd und zerftreuend wirken follen. Zu diefem Zwecke dienen auf der Männerfeite ein Lefezimmer, Mufik- und Billard-Zimmer, auf der Frauenfeite ein Lefezimmer, zugleich zu gemeinfchaftlichen Handarbeiten, und ein Mufikzimmer. Diefe Räume müffen neben einer der Zahl der Kranken entfprechenden Gröfse wo möglich eine fchöne Fernficht in die Umgebung haben und find in der Nähe der ruhigen Kranken I. und II. Claffe und der gebildeten Kranken III. Claffe anzulegen. Wenn thunlich, find diefelben auch in unmittelbare Verbindung mit dem Garten diefer Kranken zu fetzen.

Zu gröfseren Feftlichkeiten, theatralifchen und Mufikaufführungen, Bällen, Weihnachtsfeften etc., wie fie in vielen Anftalten gefeiert werden, find diefe Einzelzimmer nicht geeignet, da fie den Feften den beabfichtigten gemeinfchaftlichen Charakter nicht verleihen und die Beauffichtigung zu fehr erfchweren würden. Zu diefen Zwecken ift daher ein gröfserer Feftfaal mit Mufikbühne etc. erforderlich, neben welchem einzelne kleine Nebenräume für fchwächliche Kranke anzulegen find, die von dort aus den Anblick der Feftlichkeit geniefsen können.

Sehr zweckmäfsig erfcheint es, diefen Feftfaal im unteren Gefchofs in unmittelbare Verbindung mit einem abgefchloffenen, zu Sommerfeften dienenden Garten zu bringen und in der Mittelaxe der Anftalt fo anzulegen, dafs man denfelben von der Männer- und Frauenfeite getrennt erreichen kann (Osnabrück, Göttingen etc.). Diefer Feftfaal kann in der Winterszeit auch zur Aufftellung der Turngeräthe dienen, während im Sommer das Turnen im Freien ausgeführt wird [6].

---

[6] Siehe auch: Architektonifches Skizzenbuch. Berlin. Heft 4, Bl. 5: Feftfaal, Kirche und Küchengebäude zum Irrenhaus in Tübingen; von F. Schlierholz.

Für viele Kranke ist der Besuch des Gottesdienstes ein unerläßliches Bedürfniß und für manche von der wohlthätigsten Wirkung. Es giebt daher wenige Anstalten, in welchen nicht ein geeigneter Raum zu diesem Zwecke angelegt oder auf andere Weise für eine Kirche oder Capelle gesorgt wäre. Ein Betsaal kann einem Kranken seine ihm zur Gewohnheit gewordenen Kirchenräume mit ihren Gewölben nicht ersetzen; die Erinnerung an vergangene Zeiten würde dadurch unangenehme Empfindungen in ihm rege machen, welche die Wohlthaten des Gottesdienstes schmälern müßten.

<small>21 Kirche oder Capelle</small>

Einige Irren-Aerzte stellen die Anforderungen in dieser Beziehung noch höher, verlangen ein getrennt von der Anstalt zu erbauendes Gotteshaus und halten es für wünschenswerth, daß die Kranken einen wirklichen Kirchgang machen müssen. In diesem Sinne ist in Klingenmünster eine kleine Kirche ausserhalb der Anstalt auf einer Anhöhe projectirt, in Düren eine solche ausgeführt; in Osnabrück ist die alte romanische Kirche des benachbarten früheren *Gertruden*-Klosters restaurirt und zum Gottesdienste für die Irren-Anstalt bestimmt, und in Eichberg benutzen die Bewohner der Anstalt die Kirche in dem etwa 10 Minuten entfernten Kloster Eberbach.

In der Mehrzahl der Anstalten ist jedoch eine kleine Kirche oder Capelle innerhalb derselben ausgeführt und wird meistens in der Mittelaxe derselben an einem freien Platze angelegt; mehrfach befindet sich dieselbe auch über dem eben erwähnten Festsaalbau (Göttingen).

Früher hielt man es vielfach für nothwendig, in der Kirche die Kranken nach Geschlechtern und von den Beamten durch hohe Bretterwände zu trennen oder für dieselben getrennte Priechen anzulegen. In neuerer Zeit wird diese Trennung in den meisten Anstalten nicht mehr vorgenommen. Die Männer und Frauen sitzen einfach in gesonderten Sitzplätzen neben oder hinter einander und die Beamten der Anstalt zwischen denselben.

In einigen Anstalten sind mit der Kirche oder Capelle für solche Kranke, welche abgesondert werden müssen, weil sie Störungen veranlassen oder aus Schwäche nur einem Theile des Gottesdienstes beiwohnen können, einige besondere Plätze in einem Nebenraume angelegt. Auch werden wohl solche Plätze von der Kirche abgeschieden, indem an der Vorderwand derselben zierliche Holzgitter, wie man sie an alten Kirchenstühlen findet, hergestellt sind, so daß man die hinter denselben sitzenden Kranken nicht leicht bemerken kann und daß diese sich während des Gottesdienstes, ohne zu stören, entfernen können.

Ueber die sonstigen inneren Einrichtungen, den Altar, die Kanzel, Orgel etc. bedarf es keiner weiteren Erwähnung, da für sie Abweichungen von den gewöhnlichen kleineren Kirchen nicht angezeigt sind. Für die Glocken, welche zum Gottesdienste rufen, wird ein kleiner Thurm auf oder an der Kirche zu empfehlen sein [7].

3) Sonstige Räume und Theile der Irren-Anstalten.

Das Baden wird in den Irren-Anstalten sehr häufig in Anwendung gebracht, so daß die Zahl der Badewannen in den meisten Anstalten 5 bis 10 Procent der Zahl der Kranken ausmacht. Während in den gewöhnlichen Krankenhäusern besondere Rücksicht darauf zu nehmen ist, daß schwer Erkrankte in den Krankensälen selbst oder in deren unmittelbarer Nähe gebadet werden können, wird diese Rück-

<small>22 Baderäume</small>

---

[7] Siehe auch die in Fußnote 6 genannte Quelle.

sieht in den Irren-Anstalten vielfach nur für die körperlich Kranken und die Tobsüchtigen genommen. Es kommt jedoch auch bei unruhigen und tobsüchtigen Kranken vor, dafs sie nur mit Anwendung von Gewalt zu den Bade-Einrichtungen geführt werden können, und es ist daher erwünscht, dafs insbesondere von den Abtheilungen der Unruhigen und Tobsüchtigen nicht zu weite Wege bis zu den Bade-Einrichtungen führen. Aus diesem Grunde werden meistens in den Tobabtheilungen oder in deren unmittelbarer Nähe besondere Badezimmer angelegt; in der neuesten Zeit ist man mehrfach dazu übergegangen, die einzelnen Abtheilungen, namentlich, wenn sie grofs sind und etwa 30 bis 40 Kranke enthalten, mit Bade-Einrichtungen zu versehen.

Wo nicht in jeder Abtheilung ein Badezimmer angelegt ist, sind die Bäder in einem besonderen Gebäude vereinigt, wodurch die ganze Anlage einfacher und billiger wird und auch leichter zu bedienen ist. Diese Bade-Anstalt ist thunlichst in die Mitte der Gesammtanlage zu verlegen, damit sie von allen Kranken auf möglichst kurzen und geschützten Wegen erreicht werden kann. Auch wird sie in einer solchen Lage am leichtesten mit der Wärmequelle, der Dampfkessel-Anlage, in thunlichst nahe Verbindung zu bringen sein.

Die Abtheilung der Bade-Anstalt für Männer ist selbstverständlich von der Abtheilung für Frauen vollständig zu trennen. Für die Kranken I. und II. Classe sind Badezimmer mit je einer Wanne anzulegen, für die Kranken III. Classe sind mehrere Wannen zweckmäfsig in gröfseren Räumen zu vereinigen und die einzelnen Wannen durch 1,5 bis 2,0 m hohe Scheidewände von einander zu trennen, während vor denselben ein gemeinsamer Vorraum anzulegen ist.

In den Baderäumen ist aus Gründen der Solidität die Anwendung von Holz thunlichst zu vermeiden, und es sind in einigen Anstalten auch die Zwischenwände, Thüren und Fufsböden aus starken Schieferplatten hergestellt. Ueber den Fufsböden, wenn diese aus Steinplatten, Cement oder Asphalt hergestellt sind, werden meistens hölzerne, gehobelte, hohl liegende Lattenböden verlegt, weil das Betreten der Steinplatten etc. zu Erkältungen Veranlassung geben würde und weil diese Lattenböden auch leichter trocken und rein zu erhalten sind. Die Lattenböden sind aufnehmbar herzustellen, damit die darunter mit Gefälle verlegten Fufsböden leichter gereinigt werden können [*].

Die Wände der Baderäume sind zweckmäfsig mit Cement oder hydraulischem Kalk zu putzen, mit Oel zu tränken und mit Oelfarbe anzustreichen. Auch findet man dieselben aus geglätteten Ziegeln ohne Oelfarben-Anstrich ausgeführt.

Die Badewannen werden, wie in anderen Bade-Anstalten, aus Holz, Zink, Kupfer, Schieferplatten, Fliesen oder weifsem Steingut hergestellt. Die hölzernen Wannen werden, weil sie häufig Ausbesserungen erfordern und dann leicht Verlegenheiten bereiten, nur noch selten, vielfach werden dagegen die Zinkwannen angewendet, weil sie verhältnifsmäfsig geringe Kosten veranlassen. Auch die Zinkwannen sind jedoch nicht genügend solid und werden in neuerer Zeit häufig durch Kupferwannen ersetzt, welch letztere jedoch zu ihrer Reinhaltung viel Arbeitskraft erfordern und daher in einigen Anstalten mit Oelfarbe angestrichen oder verzinnt sind.

Die metallenen Badewannen werden meistens mit Holzkasten umkleidet, welche auf dem oberen Brette dem Badenden als Sitzbank dienen und das Einsteigen in das Bad erleichtern.

---

[*] Siehe auch Theil III, Band 5 (Abth. IV, Abschn. 3, A, Kap. 6: Bade-Einrichtungen) dieses "Handbuches".

Für die Bäder der I. Claſſe ſind Wannen aus weiſs glaſirtem Steingut wegen ihres ſauberen Ausſehens und wegen der Leichtigkeit des Reinhaltens ſehr empfehlenswerth; doch giebt es für dieſelben, in einem Stücke angefertigt, bis jetzt wenig Bezugsquellen, ſo daſs ſie meiſtens aus England bezogen werden müſſen.

Die Wannen zum Baden ſehr unruhiger und tobſüchtiger Kranken bedürfen beſonderer Vorrichtungen, durch welche es möglich wird, den Badenden zu befeſtigen und längere Zeit im Bade zu erhalten, ohne daſs er ſich Schaden zufügen kann In der Mehrzahl der Irren-Anſtalten wird zu dieſem Zwecke über die Wanne ein Holzdeckel geſchoben, in welchem ein Loch für den Hals des Badenden eingeſchnitten iſt und der mittels einiger um den Rand der Wanne faſſender Krampen befeſtigt wird. In einigen Anſtalten beſteht dieſer Deckel aus zwei Theilen, die durch Scharniere verbunden ſind. Auch wendet man wohl anſtatt dieſes Deckels eine über die Wanne zu ſpannende Decke von ſehr ſtarker Leinwand (Segeltuch) an, welche an den Seitenwänden der Wanne mittels Lederriemen und Schnallen befeſtigt wird.

Die Zuführung des Waſſers geſchieht in der Regel aus hoch liegenden Behältern, welche in der Nähe des Keſſelhauſes und der Dampfmaſchine aufgeſtellt werden, ſo daſs ſie durch die letztere leicht zu füllen ſind und das Waſſer in einem der Behälter durch den abſtrömenden Dampf gewärmt werden kann. In einigen Anſtalten geſchieht das Erwärmen des Badewaſſers auch durch beſondere Oefen oder eigene in Nebenräumen aufgeſtellte Keſſel oder auch durch Apparate, deren Conſtruction auf dem durch die Erwärmung hervorgerufenen Umlauf des Waſſers in Rohren beruht. Die Zuleitung des warmen und kalten Waſſers wird mittels eiſerner, durch Verpackung gegen Abkühlen, bezw. gegen Einfrieren geſicherter Röhren bewirkt.

Die Zuleitung und Ableitung des Waſſers zum Baden der Geiſteskranken iſt mit einiger Vorſicht anzuordnen, damit die Kranken die Ventile nicht miſsbrauchen und beſchädigen können. Die Hähne werden daher entweder im Lattenwerk der Fuſsböden verſteckt angelegt, oder die Ventile ſind nur durch beſondere Schlüſſel zu bewegen. Sehr zweckmäſsig iſt eine Einrichtung, bei der Zufluſs und Abfluſs des Waſſers durch eine und dieſelbe in der Wanne angebrachte, mit einem Siebe geſchloſſene Oeffnung ſtattfindet, an welche ein dreifach getheiltes Rohr ſich anſchlieſst, von dem der eine Arm zur Abführung des Badewaſſers, der zweite zur Zuführung des kalten und der dritte zur Zuführung warmen Waſſers beſtimmt iſt und von denen jeder durch ein beſonderes Ventil geöffnet und verſchloſſen werden kann.

Ueber einer der Wannen iſt in gewöhnlicher Weiſe eine Brauſe und ein Regenbad anzubringen; zum Abbrauſen einzelner Körpertheile ſind Guttapercha-Schläuche mit der Waſſerleitung in Verbindung zu ſetzen.

Einrichtungen zum kalten Baden im Freien werden ſich nur treffen laſſen, wenn ein Fluſs oder ein Bach in der Nähe der Anſtalt ſich befindet, und es werden ſolche Bäder immer mit beſonderer Vorſicht anzulegen ſein.

Die Küche mit den dazu gehörenden Nebenräumen: der Speiſekammer, der Brotkammer, der Spülküche und dem Gemüſe-Putzraume, iſt thunlichſt in der Mitte der Anſtalt und zugleich in der Nähe der Dampfmaſchine und des Dampfkeſſels anzuordnen, damit die Wege von den Speiſenausgabe-Fenſtern nach den einzelnen Abtheilungen der Anſtalt nicht zu weit ſind und der zum Kochen zu benutzende Dampf aus dem Dampfkeſſel in nicht zu groſser Entfernung entnommen werden kann.

Die Küche muſs geräumig und luftig und mit Einrichtungen zur Abführung der Speiſe- und Waſſerdämpfe verſehen ſein. Der Fuſsboden iſt zweckmäſsig aus Aſphalt herzuſtellen; die Wände ſind mit Cement zu verputzen und mit Oelfarbe zu ſtreichen oder noch beſſer mit Schmelzkachelverkleidung zu verſehen.

Das Kochen geſchieht jetzt faſt allgemein mit Dampf, da ſolches erhebliche ökonomiſche Vortheile und groſse Annehmlichkeiten mit ſich führt, welche darin beſtehen, daſs an Feuerungsmaterial erſpart, die Feuersgefahr verringert, die Reinlichkeit beim Kochen vermehrt, der Dienſt erleichtert und beſchleunigt und die Schmackhaftigkeit der Speiſen erhöht werden. Die Mehrkoſten der erſten Anlage werden durch dieſe Vortheile bei weitem überwogen und binnen kurzer Zeit ausgeglichen.

Ueber die Conſtruction der Dampfkoch-Einrichtungen iſt in Theil III, Band 5 Abth. IV, Abſchn. 5, A, Kap. 1, unter c dieſes Handbuches das Erforderliche zu finden.

Zum Braten und Warmhalten der bereiteten Speiſen, ſo wie zur Aushilfe bei etwa eintretenden Störungen im Betriebe der Dampfkocherei oder auch zur Bereitung der feineren Speiſen für die Kranken I. und II. Claſſe iſt ein gewöhnlicher Herd erforderlich. Zum Kochen der Kartoffeln werden jetzt meiſtens ebenfalls Dampfkoch-Apparate verwendet, in Form von tiefen Keſſeln, in welchen die Kartoffeln in durchlöcherten Einſätzen direct mit Dampf gekocht werden. (Siehe hierüber gleichfalls an der eben angezogenen Stelle dieſes »Handbuches«.)

Die Anrichtetiſche werden in einem Stücke aus einer ſchmiedeeiſernen gehobelten Platte hergeſtellt, welche durch unter ihr liegende Dampfröhren erwärmt wird, und hauptſächlich zum Zerlegen des Fleiſches beim Anrichten dient.

Eine Schwierigkeit bei der Anlage der Küchen bietet die Abführung der beim Kochen entwickelten Dämpfe. Die Anlage von gewöhnlichen Lüftungsrohren, von jalouſieartigen Einrichtungen in den Fenſtern etc. genügt meiſtens nicht; es iſt vielmehr zu empfehlen, die Küche in der Nähe des Schornſteines für den Dampfkeſſel anzulegen und den Schornſtein ſo einzurichten, daſs um denſelben ein erwärmter Saugſchlot gebildet wird, welcher, durch Verſchluſsklappen mit dem Küchenraume in Verbindung geſetzt, in dieſem eine lebhafte Lufterneuerung herbeiführt (ſiehe die bezügliche Anordnung in der Irrenanſtalt zu Göttingen auf der Tafel bei S. 39). Beſonders wirkſam wird

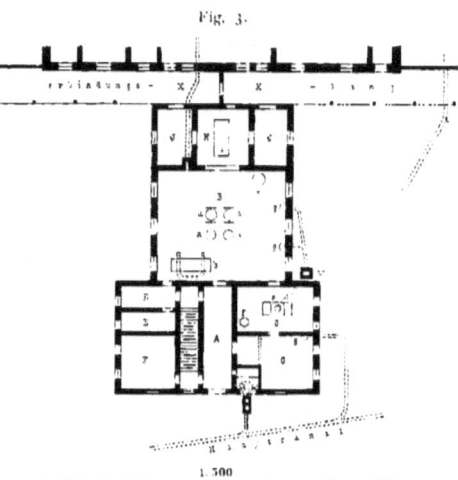

Fig. 3.

1:500

Kochküchen-Gebäude der Irren-Anſtalt zu Düren.

A. Haupteingang.
B. Kochraum.
C. Spülraum.
D. Speiſekammer.
E. Brotkammer.
F. Geſinde-Eſszimmer.
G. Gemüſe-Putzraum.
H. Anrichte.
J, 2. Speiſen-Ausgaben.
K, K. Flurgang.

diefe Lüftung, wenn die Kochtöpfe an den Schornftein gerückt, durch einen Blechmantel überdeckt, den aus ihnen entwickelten Dampf unmittelbar in den Lockfchornftein abführen.

Eine fehr zweckmäfsige Anordnung der Küche zeigt Fig. 3, der Grundrifs einer folchen aus den Irrenanftalten zu Düren und Bonn.

A ift der Haupteingang, *B* der Kochraum mit den Dampfkochkeffeln *a*, dem Koch- und Brathherd *b*, dem Kartoffelkocher *c* und den Ausgufsbecken *g*. *C* ift der Spülraum mit dem Spültifche *e* und dem Warmwaffer-Apparate *f*; *D* ift die Speifekammer, *E* die Brotkammer, *F* das Gefinde-Efszimmer, *G* der Gemüfe-Putzraum mit einem Ausgufsbecken *g*. *H* ift die Anrichte mit dem Anrichte-Wärmtifche; *J* find die beiden Speifen-Ausgaberäume nach den Verbindungsgängen *K*, *K* für die getrennten Männer- und Frauenfeiten.

An diefe Flurgänge fchliefst fich die Wafch-Anftalt mit dem Dampfmafchinenraume und dem Keffelhaufe, von wo aus der Dampf für die Küche geliefert wird und deren Schornftein zur Saugliftung eingerichtet ift. Im Obergefchofs des Küchengebäudes liegen Vorrathsräume für den Küchenbetrieb, fo wie die Wohnräume für das Dienftperfonal[9]).

Die Wafch-Anftalt mit dem eigentlichen Wafchraume und den Nebenräumen zum Trocknen, Rollen und Plätten, zum Flicken und Aufbewahren der Wäfche und einer Wohnung für die Oberwäfcherin und das Wafchperfonal wird, wie die Kochküchen-Anlage, zweckmäfsig in der Nähe der Dampfmafchine und der Dampfkeffel hergeftellt, da in neuerer Zeit der Dampf als wirkfames Hilfsmittel zum Wafchen faft regelmäfsig mit verwendet wird. Das Reinigen der Wäfche nach den neueren Methoden mit Dampf kann in gröfseren Anftalten etwa 40 bis 60 Procent billiger und zugleich fchneller und mit geringerer Abnutzung bewirkt werden, als durch die beften Methoden der Handwäfche. Diefe Erfolge find darin begründet, dafs der Dampf die Stoffe vollftändig durchdringt und mit der Lauge inniger in Berührung bringt.

Ueber die Conftruction der Dampf-Wafcheinrichtungen, über die Anlage und Einrichtung der Trockenböden und fonftigen Trockenanlagen fiehe einerfeits in Theil III, Band 5 (Abth. IV, Abfchn. 5, A, Kap. 4), andererfeits im nächften Hefte diefes »Handbuches«.

Die Wafch-Anftalt ift, wie fchon oben erwähnt, thunlichft in der Nähe der Dampfkeffel-Anlage und der Dampfmafchine anzulegen, damit der Dampf zum Wafchen und Trocknen nicht zu weite Wege zurückzulegen hat, damit die durch die Dampfmafchine zu füllenden hoch gelegenen Wafferbehälter nicht zu entfernt liegen und das Waffer in einem Behälter mittels des abftrömenden gebrauchten Dampfes erwärmt werden kann und damit endlich der Wafchraum wie der Trockenboden und erforderlichenfalls die Schnell-Trocken-Einrichtung durch den Saugmantel des Schornfteines der Dampfkeffel-Anlage leicht und kräftig zu ventiliren find.

Zum Befördern der Wäfche vom Wafchraume zum Trockenboden ift zweckmäfsig ein mechanifcher Aufzug anzuordnen, welcher jedoch ficher umfchloffen werden mufs, damit durch denfelben die bei der Wäfcherei mitbefchäftigten Kranken nicht zu Schaden kommen können.

Mit den Wafchräumen unmittelbar in Verbindung find die Räume zum Rollen und Plätten, fo wie zum Flicken und zum Aufbewahren der Wäfche und in thunlichfter Nähe die Wohnungen für die Oberwäfcherin und die Wäfcherinnen anzulegen.

Fig. 4 zeigt den fehr zweckmäfsigen Grundrifs des Wafchhaufes in den Irren-Anftalten zu Düren und Bonn, welches nur durch einen Flurgang *K* von der oben

---

[9]) Siehe auch die in Fuf-note 13 u. 17 genannten Quellen.

dargeſtellten Kochküche dieſer Anſtalten getrennt und mit dem Dampfkeſſel- und Maſchinenhauſe unmittelbar verbunden iſt.

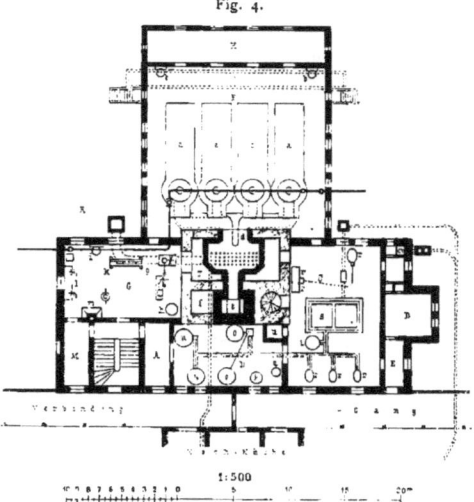

Maſchinenhaus und Waſch-Anſtalt der Irren-Anſtalt bei Düren.

A. Annahme der ſchmutzigen Wäſche.
B. Beuchraum.
C. Waſchraum.
D. Waſche-Sortirraum.
E. Wäſche-Ausgabe.
F. Keſſelhaus.
G. Maſchinenraum.
K. Kohlenraum.
M. Zimmer des Maſchiniſten.
R. Regenwaſſer-Ciſterne.
T. Waſſerthurm

A iſt der Annahmeraum für ſchmutzige Wäſche, B der Beuchraum, und ſind darin n, n die Einweichbottiche. o, o die Beuchgefäſse, p der Wäſche-Kochkeſſel und q der Laugenbottich. C iſt der Waſchraum, und darin ſind r, r, r die Waſchgefäſse, s das Spülbecken, t die Centrifuge und u der Wäſcheaufzug zum Trockenboden. D iſt der Wäſche Sortirraum und E der Wäſche-Ausgaberaum.

In der anſchliefsenden Maſchinenanlage iſt F das Keſſelhaus, und ſind darin a, a, a die Dampfkeſſel, b, b die Speiſepumpen, c die Speiſewaſſer-Ciſterne und d der Warmluft-Apparat. G iſt der Maſchinenraum mit der Dampfmaſchine g mit dem Ventilator; h iſt die Warmwaſſer Vorrichtung, e der Rauchſchornſtein, f die Desinfections-Kammer, i die Regenwaſſerpumpe, k eine Drehbank; l, l ſind Schraubſtöcke, m ein Schmiedefeuer. K iſt der neben dem Keſſelhauſe gelegene Kohlenraum, M das Zimmer des Maſchiniſten; T iſt der Waſſerthurm mit den hoch liegenden Waſſerbehältern, von wo aus das Waſſer nicht allein zur Waſch-Anſtalt und der nahe gelegenen Küchen-Anlage, ſondern auch zu den Bädern etc. geführt wird. Bei R (aufserhalb des Gebäudes) iſt eine groſse Regenwaſſer-Ciſterne angelegt, in welcher das Waſſer von den Dächern der Gebäude angeſammelt wird.

Den Kranken muſs eine bequeme Gelegenheit gegeben werden, ſich in das Freie zu begeben und ſich dort längere Zeit aufzuhalten. Zu dieſem Zwecke werden mit den Kranken-Abtheilungen Höfe und Gärten in unmittelbare Verbindung gebracht, welche nach Bedürfnifs eingetheilt und eingefriedigt werden. In einigen Anſtalten (Illenau) iſt die Zahl der Höfe und Gärten ſehr grofs, ſo daſs faſt jede Abtheilung einen beſonderen Garten hat, während in der Mehrzahl der Anſtalten die Eintheilung beſchränkt gehalten iſt. Die Abtheilungen der Tobſüchtigen, Unreinlichen und Epileptiſchen müſſen jede einen abgeſchloſſenen Hof oder Garten erhalten; für die übrigen Abtheilungen werden in neuerer Zeit meiſtens gröfsere gemeinſchaftliche Gärten angelegt, wenn die Anordnung der Gebäude eine Zukömmlichkeit aus den verſchiedenen Abtheilungen zu dem gemeinſchaftlichen Garten geſtattet.

Die Höfe und Gärten müſſen mit 2,5 bis 3,2 m hohen Mauern eingefriedigt werden, damit die Kranken aus denſelben nicht entweichen können. Die Einfriedigungsmauern der Höfe der Tobſüchtigen erhalten eine Höhe von 3,0 bis 3,2 m. Damit den Kranken eine Ausſicht in das Freie gewährt und das Gefängniſsartige thunlichſt vermieden wird, ſtellt man die Mauern oftmals verſenkt in Vertiefungen

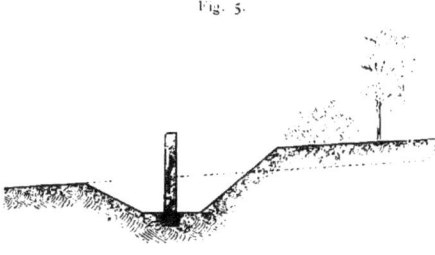

Fig. 5.

Fig. 5), wobei der Schutz nicht beeinträchtigt wird und der Einblick Neugieriger von aussen verhindert bleibt.

In den Höfen und Gärten soll den darin verweilenden Kranken Schutz vor starker Sonnenhitze und vor Regen gewährt werden, und es erhalten dieselben zu diesem Zwecke Gebüsch- und Baumpflanzungen, so wie bedeckte Sitzplätze. Ueberhaupt bemüht man sich in neuerer Zeit, den Höfen und Gärten der Kranken durch solche Anlagen, wie Rasenplätze, Blumenbeete, Ruheplätze etc., ein freundliches Ansehen zu geben; auch sind mehrfach in den Gärten der männlichen ruhigen Kranken Kegelbahnen angelegt.

Das weitere Anstaltsgebiet, in welchem die Kranken nur in Begleitung von Wärtern sich ergehen oder in den Gärten arbeiten, wird meistens nur mit Hecken eingefriedigt; bei manchen Anstalten, namentlich in England, ist dieses weitere Anstaltsgebiet ganz offen. Auch die Gärten für die Anstaltsbeamten werden meistens nur mit Hecken eingefriedigt.

In den Wirthschaftshöfen zur Anfuhr der Haushaltungsgegenstände, Kohlen etc. werden die Wege gepflastert, die übrigen Theile, so weit thunlich, mit Anpflanzungen, Rasenplätzen etc. versehen, um auch diesen Anstaltstheilen ein freundliches Ansehen zu geben.

In oder neben den Höfen für die Tobsüchtigen und Unreinlichen werden kleine Höfe zum Trocknen und Lüften der Betten und der Wäsche abgeschieden und in denselben auch bedeckte Räume zum Trocknen etc. bei schlechtem Wetter hergestellt.

Endlich ist neben dem Leichenhause mit dem Sectionsraume ein kleiner Hof zur Herstellung von Präparaten und sonstigen anatomischen Arbeiten erforderlich.

Da man in neuerer Zeit anstatt der früher mehr geschlossenen, in wenigen grossen Gebäuden concentrirten Anstalten, bei welchen die Verbindungsgänge in den Gebäuden liegen, mehr zur Anordnung getrennter Gebäude (Pavillon-System) übergegangen ist, sucht man die einzelnen Gebäude durch gedeckte Verbindungsgänge thunlichst vollständig in Zusammenhang zu bringen. Dieselben dienen einmal zum Verkehre der Beamten in der Anstalt, für die Aerzte etc., um beim häufigen Besuche der verschiedenen Anstalts-Abtheilungen den Unbilden der Witterung nicht ausgesetzt zu sein, sodann zum Befördern der Speisen von der Küchen-Anlage zu den verschiedenen Abtheilungen der Anstalt, weiters zum geschützten Verkehr für die Kranken nach und von den Bade-Einrichtungen, und endlich werden diese Verbindungsgänge bei schlechtem Wetter zum Theile als Wandelbahnen für die Kranken benutzt.

Die Verbindungsgänge ausserhalb der Gebäude werden entweder ganz geschlossen oder nur an einer Seite durch Mauern begrenzt, welche oft gleichzeitig die innere Hof- und Gartenabtheilung herbeiführen, während an der anderen Seite eiserne Säulen oder leicht verzierte Holzständer zur Unterstützung der Dächer angewendet werden. Wo die Verbindungsgänge die Gärten ein und derselben Abtheilung durchschneiden, werden dieselben meistens an beiden Seiten, durch Säulen oder Holzpfosten unterstützt, offen hergestellt und mit wildem Wein oder sonstigen Schlinggewächsen bepflanzt.

Ueber die Ausdehnung, in welcher diese Verbindungsgänge zweckmäfsig angelegt werden, gehen die Ansichten sehr aus einander. Bei der Mehrzahl der neueren Irren-Anstalten sind die Verbindungsgänge zwischen den einzelnen Gebäudegruppen sehr vollständig ausgebildet (Bonn, Düren, Andernach, Frankfurt a. M. etc.); doch sind in neuester Zeit auch grofse Anstalten mit einzeln stehenden Gebäuden ausgeführt, bei denen bedeckte Verbindungsgänge zwischen denselben fehlen, so z. B. zu Dalldorf bei Berlin, zu Saargemünd in Lothringen, wo dieselben projectirt, aber aus Ersparnifsrücksichten nicht ausgeführt sind. Es ist allerdings nicht zu verkennen, dafs durch die bedeckten Verbindungsgänge bei den nach dem Pavillon-System mit getrennten Gebäuden hergestellten Anstalten die Anlagekosten nicht unerheblich erhöht werden.

d) Innerer Ausbau.

27. Fufsböden.

Die Construction und Ausführung der Irren-Anstalten unterscheiden sich im Allgemeinen von denen der Krankenhäuser und der Wohnhäuser nicht; wir werden daher im Folgenden nur die einschlägigen Besonderheiten kurz behandeln.

Die Fufsböden werden in den Abtheilungen für Ruhige und Unruhige in der Regel von Nadelholzbrettern mit dichten Fugen (sog. Patentboden), dagegen in den Abtheilungen für Unreinliche und Tobsüchtige aus dem dichteren Eichenholze hergestellt, beide aber zur leichteren Erhaltung der Reinlichkeit mit Oelanstrich versehen. Die Fufsböden der Bade-, Wasch-, Spül- und Aborträume sind zweckmäfsig ohne Balkenlagen zu überwölben und mit einem Asphaltbelag zu versehen, welcher letztere zur Erhöhung der Sicherheit gegen das Eindringen von Feuchtigkeit an den Kanten zwischen Fufsboden und Wand etwas in die Höhe zu ziehen ist.

28. Wände.

Die Wände der Räume für unreinliche Kranke sind sowohl in den Tages-, wie in den Schlafräumen bis etwa 2 m vom Fufsboden mit Cementputz zu versehen, die Wände der Räume in den Tobabtheilungen, so wie die Bade-, Wasch-, Spül- und Aborträume ganz in Cement-Mörtel zu putzen.

Die Wände in den Absonderungszellen der Tobabtheilungen, so wie in den Baderäumen sind in ganzer Höhe mit einem Oelanstrich zu versehen, während die Wände in den Tagesräumen der Tobsüchtigen und Unreinlichen, so wie die Wasch-, Spül- und Aborträume nur bis zur Höhe von etwa 2 m mit einem solchen Anstriche versehen zu werden brauchen. In der Regel werden auch die Wände der Räume der Unruhigen in letzterer Weise behandelt.

29. Thüren.

Die Thüren müssen einflügelig sein und nach aufsen aufschlagen, damit das Oeffnen nicht durch Gegenstemmen Seitens der Kranken verhindert werden kann; sie sind im Allgemeinen sehr kräftig mit mindestens 5,0 cm starken Rahmen und 3,5 cm starken Füllungen zu construiren. Für die Tobzellen genügen auch solche Thüren nicht; diese sind vielmehr zweckmäfsig als doppelte, im Inneren der Zellen ganz schlichte, mit der Mauerfläche bündig liegende Thüren aus Eichenholz herzustellen.

Der Beschlag der Thüren mufs besonders kräftig, jedoch ohne vortretende Theile ausgeführt werden; die Drücker sind abgerundet, schräg nach unten zu richten, damit ein Aufhängen an denselben unmöglich oder doch sehr schwer wird. Die Schlösser sind so einzurichten, dafs die Schlüssel der einzelnen Abtheilungen verschieden sind, dass jedoch für die Aerzte und Oberwärter ein einziger Hauptschlüssel hergestellt werden kann, durch welchen sämmtliche Räume und Verbindungsthüren zu öffnen sind.

Ueber die zweckmäfsigste Einrichtung der Fenster gehen die Ansichten noch sehr aus einander. Abgesehen von den wenigen Anhängern des *Non-restrain*-Systemes, welche jede Versicherung der Fenster für überflüssig halten, ziehen Einige eine äussere starke Vergitterung, unabhängig von der Fenstereintheilung, in gerader oder ausgebauchter Form vor; Andere empfehlen die Vergitterung aufsen unmittelbar an die Fenster zu legen und die Fensterstproffen den Gitterstäben anzupassen, damit man die Vergitterung von innen nicht sehen kann; noch Andere machen die Fensterstproffen aus starkem Sprosseneisen und theilen dieselben so eng, dass ein Durchsteigen der Kranken durch zerstörte Scheiben nicht möglich ist; endlich werden auch wohl gewöhnliche, nach innen schlagende Fenster und aufsen weitmaschige Drahtvergitterungen angewendet.

Uns scheint die zweite Art der Vergitterung den Vorzug zu verdienen, bei welcher die Vergitterung weder von innen, noch von aufsen sichtbar, bezw. auffällig ist und die Fenster nicht sorgfältig verschlossen gehalten zu werden brauchen.

Die Beschläge der Fenster sind so einzurichten, dass an vorstehenden Theilen ein Aufhängen nicht möglich ist. Werden Espagnolette-Stangen angewendet, so müssen die abgerundeten Ruder nach unten schlagen; auch sind sie zweckmäfsig in der bei verschlossenen Fenstern lothrecht herabhängenden Lage durch eine Feder fest zu halten, die nur durch den Schlüssel des Wärters geöffnet werden kann. In neuerer Zeit hält man vielfach ein solches Verschliefsen der Fenster für ruhige Kranke nicht erforderlich und gestattet denselben, ihre Fenster nach Belieben zu öffnen.

Die Fenster in den Tobzellen müssen von sehr starkem Glase hergestellt oder nach innen mit Draht vergittert oder so hoch angelegt werden, dass sie von den Kranken nicht erreicht werden können [16].

Die Treppen sind massiv und zwischen festen Mauern auszuführen, damit die Kranken sich nicht hinunterstürzen können. Schwungstufen und zu lange Treppenarme sind zu vermeiden, damit die nicht ganz sicher gehenden Kranken nicht gefährdet werden.

Die Heizung und Lüftung der Räume für die gewöhnlichen Kranken erfordern keine von der Erwärmung und Lüftung der Zimmer in Privathäusern abweichende Einrichtungen, und es kann für dieselben, wie bei diesen, die gewöhnliche Ofenheizung, Wasser- oder Dampfheizung angewendet und die Lüftung durch das Oeffnen der Fenster, so wie durch die Zimmeröfen herbeigeführt werden.

Bei der Ofenheizung ist nur darauf zu sehen, dass die Kranken sich an den Oefen nicht verbrennen und durch das Feuer in denselben kein Unglück anrichten können. Ersteres ist durch eine Ummantelung der Heizkörper, sei es mit Kacheln oder mit Eisen, letzteres durch eine Dornverschlufs-Einrichtung der Oefen leicht zu erreichen. In manchen Irren-Anstalten werden zu diesem Zwecke Kachelgrundöfen, welche von den Flurgängen geheizt werden, angewendet. Diese Einrichtung hat jedoch den Nachtheil, dass durch die von aufsen geheizten Oefen die Lüftung der Zimmer durch die Oefen verloren geht, was nicht unwichtig ist.

---

[16] Siehe auch: PLAGE, F. Das Fenster-System der Lothringischen Bezirks-Irren-Anstalt. Deutsche Bauz. 1882, S. 20.

Für die Räume der Unreinlichen, Tobfüchtigen und körperlich Kranken reicht eine folche Heizung und Lüftung durch Zimmeröfen, auch wenn eine Saugluftung damit in Verbindung gebracht wird, nicht aus, und es erfcheint zweckmäfsig, für diefe Räume ein anderes Heizverfahren in Anwendung zu bringen, mit welchem wirkfame Lüftungs-Einrichtungen leicht und ohne wefentliche Mehrkoften verbunden werden können. Wenn nach den gemachten Unterfuchungen und Erfahrungen in einem feft verfchloffenen Raume dem gefunden Manne ftündlich 10 bis 20 cbm und dem Kranken 60 cbm frifche Luft ftündlich zugeführt werden müffen, um die Luft in den Krankenfälen rein und unfchädlich zum Athmen zu erhalten, fo ift dies in den Krankenräumen, ohne Herbeiführung von Zugluft oder Kälte, nur durch eine kräftig wirkende künftliche Lüftung zu erreichen. Ob es vorzuziehen ift, eine folche mit kräftiger Lüftung der Krankenräume verbundene Heizung in den Irren-Anftalten durch Feuerluft-, Waffer- oder Dampfheizung und die Lüftung als Saug- oder Drucklüftungs-Anlage durchzuführen, ift hier nicht näher zu unterfuchen, da diefe Frage bei den Krankenhäufern in ähnlicher Weife auftritt und im vorhergehenden Hefte diefes Handbuches ausführlich erörtert worden ift [11]).

33. Wafferverforgung.

Der Verbrauch an Waffer in den Irren-Anftalten ift den Anfichten der Irrenärzte über die mehr oder weniger häufige Anwendung von Bädern entfprechend fehr verfchieden. Als eine mittlere Zahl dürfte für den Kopf der Bewohner, einfchl. des Bedarfes für die Gärten, täglich 0,10 bis 0,15 cbm anzunehmen fein. Wenn die Anftalt den Vorzug hoch und nicht zu entfernt liegender Quellen hat, werden diefe felbftverftändlich zu benutzen fein; fonft aber wird das Waffer durch eine Dampfmafchine in hoch gelegene Behälter des Wirthfchaftsgebäudes, welche den Bedarf für 24 Stunden faffen müffen, zu pumpen und von diefen in der Anftalt durch Rohrleitungen nach der Küche, der Wafch-Anftalt, den Bädern, den Theeküchen, den Spülaborten etc. zu vertheilen fein. In einem der im Wirthfchaftsgebäude hoch gelegenen Behälter wird das Waffer durch den Abdampf der Dampfmafchine zu erwärmen und, wie fchon erwähnt, durch befondere Rohrleitungen nach den Bädern, der Wafch-Anftalt und der Küche zu leiten fein.

34. Aborte und Piffoirs.

Wenn fchon in gewöhnlichen Wohnhäufern fchlecht angelegte Aborte zu empfindlichen Uebelftänden führen können, fo ift dies um fo mehr in Irren-Anftalten der Fall, wo eine grofse Zahl von dicht zufammen wohnenden Menfchen diefelben benutzen müffen und fich den daraus hervorgehenden Uebelftänden nicht entziehen können. Man hat daher den Abort-Anlagen in Irren-Anftalten feit langer Zeit eine grofse Aufmerkfamkeit zugewendet; doch gehen die Anfichten darüber noch fehr aus einander.

Zunächft ift jedenfalls vor den mit den Kranken-Abtheilungen verbundenen Aborten ein Vorraum anzulegen, welcher durch Offenhalten der Fenfter gut gelüftet wird. Ferner find die Einrichtungen möglichft folid herzuftellen, damit diefelben von den Kranken nicht leicht befchädigt werden können und Ausbefferungen möglichft felten erfordern. Zu diefem Zwecke find die Becken und Fallrohre zweckmäfsig von emaillirtem Gufseifen anzufertigen, welche auch beim Befeitigen von etwa hineingeworfenen Kleidungsftücken etc. nicht leicht befchädigt werden. Im Uebrigen

---

[11]) Siehe auch: Beheizung und Ventilazion des neuen Irrenhaufes zu Frankfurt a. M. Allg. Bauz. 1863, S. 244.
MARSITZ, Die Central-Dampfheizung und mafchinellen Einrichtungen der rheinifchen Provincial-Irrenanftalten. Berlin 1879.
HENNEBERG, Heizungsanlagen der Irrenanftalt zu Dalldorf. Wochbl. f. Arch. u. Ing. 1879, S. 204.

findet man in den Irren-Anstalten sowohl Aborte nach *d'Arcet*'schem System, als auch das Tonnen-Abfuhr-System, die gewöhnlichen Grubeneinrichtungen, Streuaborte und in neuerer Zeit besonders vielfach Spülaborte.

Bei den Aborten nach *d'Arcet*'schem System, welche in den Irren-Anstalten zu Leubus (in Schlesien), in Eberswalde, zu Osnabrück etc. eingeführt sind, muß besonders darauf gehalten werden, daß die von Gußeisen ausgeführten Fallrohre thunlichst gerade und in reichlicher Weite hinunter geführt sind, damit dieselben durch Einwerfen von Wäschestücken etc. nicht leicht verstopft und erforderlichenfalls leicht davon befreit werden können, damit durch dieselben aber auch ein genügender Luftwechsel stattfinden kann. Zu letzterem Zwecke ist dem aus der Abortgrube aufwärts führenden Lüftungsrohre ein reichlicher Querschnitt zu geben, thunlichst gleich der Summe des Querschnittes der in die Grube mündenden Fallrohre, und dieses Lüftungsrohr muß nicht etwa nur durch eine gelegentlich mitzubenutzende Ofen- oder Herdfeuerung erwärmt, sondern mit einer besonderen kräftigen Feuerung versehen werden. Die Aborte nach diesem Systeme sind nur geruchlos, wenn die Heizung im Gange ist, und es sollte das Feuer eigentlich auch während der ganzen Nacht unterhalten werden. Geschieht dies nicht, so werden gegen Morgen üble Gerüche sich einstellen, und solche sind überhaupt nicht zu vermeiden, sobald die Gruben der Entleerung wegen geöffnet werden müssen. Es ist zu empfehlen, bei diesen Aborten, wie auch bei den gewöhnlichen Aborten mit auszubringenden Gruben, die flüssigen Theile aus den Gruben in Nebengruben durch Gitter abfliessen zu lassen und durch Auspumpen öfter zu beseitigen, um die Gruben seltener öffnen zu müssen.

Das Tonnen-Abfuhr-System erfordert eine außerordentlich sorgsame Ueberwachung und Bedienung, wenn die Unannehmlichkeiten der üblen Gerüche vermieden werden sollen. Vielleicht kann es am meisten für die Tobabtheilungen empfohlen werden, so fern jede Zelle einen Abort erhalten soll, wo demnach eine nur sehr geringe Benutzung eintritt und unter Umständen eine große Zahl von Gruben würde ausgeführt werden müssen.

Die Streuaborte haben den Nachtheil, daß sie eine große Masse trockener Erde erfordern, welche in solcher Menge schwer regelmäßig herbeizuschaffen sein wird, und daß eine völlige Geruchlosigkeit mit Sicherheit dennoch nicht zu erreichen ist.

Spülaborte sind für Irren-Anstalten offenbar die vollkommenste Einrichtung; die Vorzüge derselben sind so überwiegend, daß man sie überall anwenden sollte, wo nur immer das erforderliche Wasser in genügender Menge vorhanden ist. Kann man damit noch eine Anlage von Rieselfeldern verbinden, wie z. B. bei den Anstalten zu Hamburg, Schleswig, Göttingen etc., so sind solche Anlagen auch in ökonomischer Beziehung vortheilhaft. Die häufig ausgesprochene Befürchtung, daß der Mechanismus durch die Kranken häufig beschädigt werden möchte, hat sich in einer größeren Anzahl von Anstalten (Schwetz, Charité in Berlin, Frankfurt a. M., Hamburg, Göttingen etc., so wie in fast allen englischen Irren-Anstalten) nicht bewahrheitet. Selbstverständlich darf der Mechanismus für die Kranken nicht zugänglich sein, und in mehreren Anstalten ist das Oeffnen des Spülhahnes mit dem Oeffnen des Abortdeckels oder der Thür verbunden, oder es wird durch das Niederdrucken des Sitzbrettes bewirkt. Nach neueren Erfahrungen haben sich jedoch auch die gewöhnlichen Einrichtungen, bei denen der Spülhahn und der Verschluß des Beckens unter dem letzteren durch einen zu drehenden federnden Hebel oder ein zu hebendes Gewicht bewegt werden, gut bewährt, wenn der Mechanismus solid gearbeitet ist.

Die in der Männer-Abtheilung mit den Abortanlagen zu verbindenden Piſſoirs ſind mit der Waſſerſpülung in Verbindung zu bringen und mit zu ſpülenden Porzellanbecken und Schieferbekleidung der Wände, auch mit einem auf Gewölbmauerwerk herzuſtellenden Aſphalt-Fuſsboden zu verſehen, damit durch verſpritztes Waſſer dem Gebäude kein Schaden erwächſt[12].

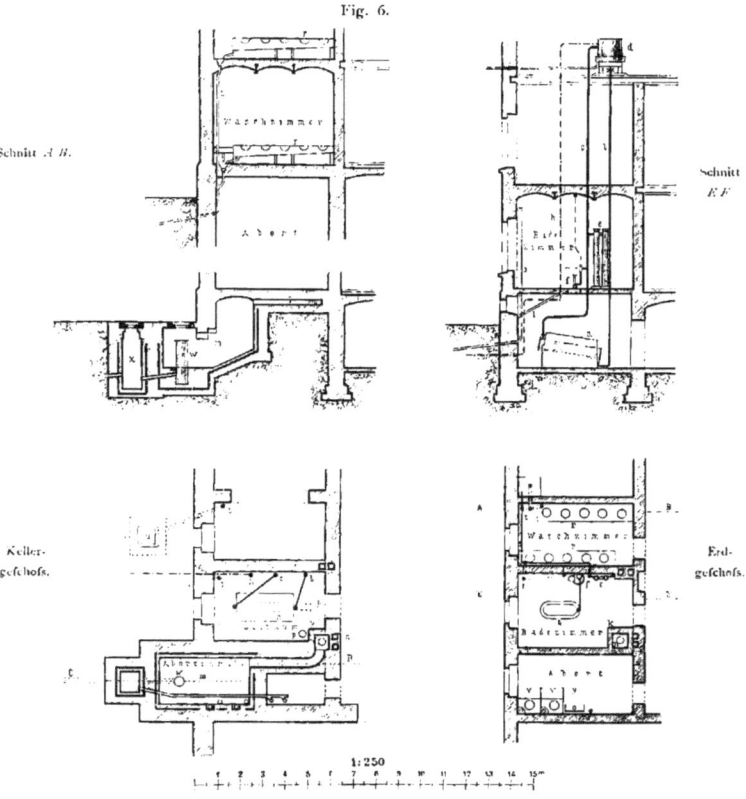

Fig. 6.

Abortanlage in der rheiniſchen Irren-Anſtalt zu Merzig.

a. Badekeſſel.
b, c. Rohrleitungen zum Waſſerbehälter.
e. Warmwaſſer-Ofen.
f. Ventil-Apparat.
g. Badewanne.
h. Kaltwaſſer Rohr.
i. Abfluſsleitung.
k. Lockſchornſtein.
l. Luft-Canal.
m. Abortgrube.
n. Rauchrohr.
o. Fuchs der Badefeuerung.
p. Lockofen.
r, r. Kranken-Waſchtiſche.
t. Abfluſsleitung.
u. Schlammfang.
v. Abort.
w. Scheidungskorb.
x. Uringrube.
y. Piſſoir.

[12] Siehe auch Theil III, Band 5 (Abth. IV, Abſchn. 5, D Aborte und Piſſoirs) dieſes »Handbuches«, insbesondere Art 377 (S. 293) — ferner
 Fries, E. Das Latrinen-Syſtem der Kreis-Irrenanſtalt Werneck. Würzburg 1869.
 Plage, E. Das Abort-Syſtem der Lothringiſchen Bezirks-Irren-Anſtalt in Saargemünd. Deutſche Bauz. 1882, S 494, 500.

Schliefslich theilen wir noch in Fig. 6 die Anordnung von Aborten, Piffoirs, Badezimmern und Wafchzimmern mit, wie folche in der rheinifchen Irren-Anftalt zu Merzig [13]) zur Ausführung gebracht worden ift. Die bezüglichen Einrichtungen find durch die Zeichnungen und die beigefügte Buchftabenbezeichnung ohne Weiteres klar

e) Gefammtanlage und Beifpiele.

Bei der Anordnung der Gefammtanlage bezüglich der Richtung gegen die Himmelsgegenden ift dahin zu ftreben, dafs die Fronten der Gebäude die Himmelsgegenden durchfchneiden, damit keine Seite der Gebäude die Sonne ganz entbehrt. Dem mitteleuropäifchen Klima entfprechend find die Hauptfronten mit den wichtigften Wohn- und Schlafräumen wo möglich nach Südoften [14]), die Verbindungsgänge nach Nordweften zu legen.

Fig. 7.

Fig. 8.

Fig. 9.

Fig. 10.

Fig. 11.

Fig. 12.

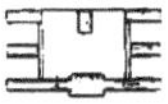

Für die Gefammtanlage felbft find insbefondere folgende Grundformen zu erwähnen:
1) die Linienform (Fig. 7),
2) die ⊨-Form (Fig. 8),
3) die Kreuzform (Fig. 9),
4) die Hufeifenform (Fig. 10),
5) das gefchloffene Quadrat oder Parallelogramm (Fig. 11) und
6) das Pavillon-Syftem (Fig. 12),

aus welchen Grundformen dann wieder viele combinirte Formen der Grundriffe hervorgehen.

Die Linienform wird befonders bei kleinen Anftalten (Bremen, Oldenburg, Sachfenberg etc.) angewendet, und durch Anfetzen von Flügeln an den Enden entwickelt fich daraus die Hufeifenform, wenn die Flügel nur nach einer Richtung angefetzt, oder die ⊨-Form, wenn die Flügel nach beiden Seiten des Langbaues ausgeführt werden. Die ⊨-Form ift mit Vorliebe in England, die Hufeifenform, einfach und combinirt, vielfach in Deutfchland angewendet (München, Wien, Frankfurt a. M., Göttingen, Klingenmünfter etc.). Die Kreuzform ift namentlich in Italien ausgeführt; in Deutfchland findet fie fich nur bei der Irren-Anftalt zu Erlangen. Das gefchloffene Quadrat oder Parallelogramm ift vorzugsweife in Frankreich, in Deutfchland bei den Anftalten zu Nietleben bei Halle und zu Schwetz und in der Schweiz bei der Anftalt zu Préfargier bei Neuchatel angewendet.

Das Pavillon-Syftem endlich, welches befonders für grofse Anftalten und folche auf abfallendem Terrain geeignet ift, findet fich in Frankreich bei Lariboifière zu Paris, bei St. Jean zu Brüffel und bei verfchiedenen neueren Anftalten in Deutfchland. Im Allgemeinen hat fich in Deutfchland eine befondere Vorliebe für beftimmte Typen nicht kund gegeben, und man findet hier die gröfste Mannigfaltigkeit der Formen und ein Streben nach felbftändiger freier Geftaltung der Grundriffe.

1) Kleine Irren-Anftalten.

Kleinere Anftalten für 50 bis 100 Kranke werden in der Regel nach der Linienform in einem Gebäude angelegt, welchem bei Vergröfserung der Krankenzahl auf

---

[13]) Nach: Die Provinzial Irrenanftalten der Rheinprovinz, Düffeldorf 1880.
[14]) Siehe: MEIER, D. E. Die neue Krankenanftalt in Bremen. 2. Aufl. Bremen 1850. S. 9.
SEIFERT, G. Die Irrenanftalt in ihren adminiftrativen, technifchen und therapeutifchen Beziehungen etc. Leipzig u. Dresden 1862. S. 2.

100 bis 150 an den Enden Flügel angehängt werden, so dafs daraus die Hufeisen- oder die ⊢-Form sich entwickelt. Die Mitte des Gebäudes bildet die Abtheilung der Verwaltung mit Pförtnerstube, Empfangzimmer, Büreaus, Wohnungen der Beamten, unter Umständen auch Badezimmern. Die Wirthschaftsräume, als Küche, Wasch-Anstalt etc. sind bei solchen kleinen Anstalten, wenn an Anlagekosten möglichst gespart werden soll, meistens in einem hohen Sockelgeschofs angelegt, werden jedoch besser, damit die Wasserdämpfe und Efsgerüche nicht in das Gebäude eindringen, in einem besonderen Anbau zur ebenen Erde in der Mittelaxe des Gebäudes hergestellt. Der Mittelbau bildet eine natürliche Trennung der beiderseitigen Abtheilungen für Männer und Frauen, und es führen von ihm zweckmäfsig nach beiden Seiten Flurgänge zu den Krankenräumen. Dem Mittelbau zunächst liegen am besten die Abtheilungen für ruhige Kranke; dann folgen die Abtheilungen für Unruhige, darauf jene für Unreinliche und zuletzt folgen in den meistens nur eingeschossigen Endbauten die Abtheilungen für Tobsüchtige. Im Obergeschofs sind dann in der Regel noch Abtheilungen für Ruhige und Unruhige der besseren Classen (Pensionäre) hergerichtet

27. Beispiel 1.

Als mustergiltiges Beispiel einer kleinen Anstalt führen wir die in den nachstehenden Grundrissen dargestellte Irren-Anstalt zu Bremen (Fig. 13 u. 14) an. Dieselbe bildet einen abgesonderten Theil der nach dem Entwurfe und unter Leitung *Schröder*'s in den Jahren 1849—50 ausgeführten Krankenanstalt der freien Stadt Bremen und ist ohne die Abtheilungen der Unreinlichen und Tobsüchtigen für 50 und mit diesen für 68 Kranke eingerichtet. Der dazu gehörende abgesonderte Flächenraum für Gärten und Höfe hat eine Gröfse von etwa 5 ha. Der die ganze

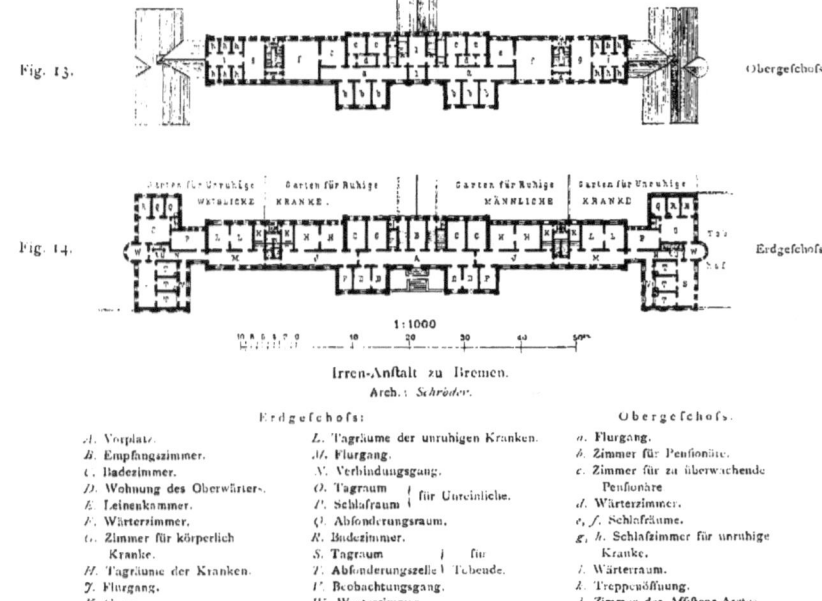

Fig. 13. Obergeschofs.

Fig. 14. Erdgeschofs.

1 : 1000

Irren-Anstalt zu Bremen.
Arch.: *Schröder*.

Erdgeschofs:

A. Vorplatz.
B. Empfangzimmer.
C. Badezimmer.
D. Wohnung des Oberwärters.
E. Leinenkammer.
F. Wärterzimmer.
G. Zimmer für körperlich Kranke.
H. Tagräume der Kranken.
J. Flurgang.
K. Gang.
L. Tagräume der unruhigen Kranken.
M. Flurgang.
N. Verbindungsgang.
O. Tagraum ⎫ für Unreinliche.
P. Schlafraum ⎭
Q. Absonderungsraum.
R. Badezimmer.
S. Tagraum ⎫ für
T. Absonderungszelle ⎭ Tobende.
U. Beobachtungsgang.
W. Warterzimmer.

Obergeschofs:

a. Flurgang.
b. Zimmer für Pensionäre.
c. Zimmer für zu überwachende Pensionäre.
d. Wärterzimmer.
e, f. Schlafräume.
g, h. Schlafzimmer für unruhige Kranke.
i. Wärterraum.
k. Treppenöffnung.
l. Zimmer des Assistenz-Arztes.

Kranken-Anftalt mit der Irren-Anftalt leitende Arzt hat ein abgefondertes Wohnhaus erhalten, und defshalb ift in der Irrenanftalt nur die Wohnung für einen unverheiratheten Affiftenzarzt hergeftellt.

Der Eingang liegt in der Mitte des Gebäudes, und der Weg zu demfelben führt über eine Terraffe. Der Vorplatz *A*, in welchen man eintritt, hat nur die Breite der anfchliefsenden Flurgänge (3,2 m), und es liegt der Wunfch nahe, diefen mittleren Vorplatz etwas breiter angelegt zu fehen. Dem Eingange gegenüber befindet fich das Empfangszimmer *B*, und zu beiden Seiten deffelben find die zwifchen Mauern eingefafsten maffiven Treppen zum Obergefchofs der Männer- und Frauen-Abtheilungen angelegt. Neben den Treppen find die Badezimmer *C*, im linken Flügelbau die Wohnräume *D* des Oberwärters und entfprechend im rechtsfeitigen Flügel die Vorrathsräume *E* für Leinen etc. angeordnet. Hinter diefen Räumen ift der Vorplatz durch Thüren abgefchloffen, und es beginnen dort die Kranken-Abtheilungen. — *F* find Wärterzimmer und *G* Zimmer für körperlich Kranke, welche mit der Abtheilung für Ruhige verbunden find. *H, H* find Tagräume *J* ift der dazu gehörige Flurgang, welcher mit zum Aufenthalte, bezw. als Speifezimmer für die Kranken dient und daher 3,2 m breit angelegt ift. Vom Flurgang gelangt man durch den Gang *K* in den Garten und daneben zu der Treppe, welche zu dem im Obergefchofs gelegenen Schlaffaale *f* für die 10 Kranken der Abtheilung führt. Sowohl im Erdgefchofs, wie im Obergefchofs liegen neben der Treppe an der Aufsenwand die Aborte.

An der anderen Seite der Treppe folgt dann die Abtheilung für 10 unruhige Kranke, deren Tagräume *L* am Flurgange *M* liegen und durch den Gang *K* mit dem Garten in Verbindung ftehen. Die benachbarte Treppe, welche hier den ruhigen und unruhigen Kranken dient, führt zu den im oberen Gefchofs gelegenen Schlafräumen, von denen *g* für 4 unruhige Kranke und die 6 Zimmer *h* für je einen unruhigen Kranken beftimmt find.

An die Abtheilung für Unruhige fchliefsen fich in dem nur eingefchoffigen kurzen Querbau die Abtheilungen für Unreinliche und Tobflüchtige. *O* ift der Tagraum, *P* ift ein Schlafraum für 4 Unreinliche, *Q, Q* find zwei Ifolirräume und *R* ift das zu diefer Abtheilung gehörende Badezimmer.

N ift die Verbindung nach der Tobabtheilung, *W* ein Wärterzimmer, *S* ein Tagraum für 3 Tobende, und *T* find die dazu gehörenden Abfonderungszellen mit dem Beobachtungs- und Abortgange *V*.

Im Obergefchofs des Mittelbaues, ift *a* der Flurgang vor je 3 Zimmern *b, b* für Penfionäre; an der anderen Seite des Flurganges liegen je 2 Zimmer *c, c* für folche Penfionäre, welche überwacht werden müffen, zu welchem Zwecke vor denfelben ein Wärterzimmer *d* angelegt ift. Ueber dem unteren Treppenarme find die Aborte angelegt, und *k* find die Treppenöffnungen. In der Mitte liegen zwifchen den beiden Abtheilungen die Zimmer *i, i* des Affiftenz-Arztes, welcher von dort in beide Hauptabtheilungen der Männer und Frauen gelangen und aus feinem Fenfter die Kranken im Garten unbemerkt beobachten kann.

Im Garten ift in der Axe des Mittelbaues, vom Haufe zugänglich, ein gemeinfchaftlicher Verfammlungsfaal angelegt, an welchen in der Fortfetzung der Axe eine Mauer zwifchen den Gärten für Männer und für Frauen fich anfchliefst, an die zu beiden Seiten ein bedeckter Säulengang fich anlehnt, der im Winter und bei fchlechtem Wetter zum Spaziergehen benutzt wird. Im hohen Kellergefchofs find die Wirthfchaftsräume, Küche etc. angeordnet.

2) Mittlere Irren-Anftalten.

Die mittleren Irren-Anftalten für 150 bis 400 Kranke bilden die überwiegend grofse Mehrzahl, weil die kleinen Anftalten verhältnifsmäfsig theurer und daher nur für kleinere Ländergebiete geeignet find, welche für eine erheblichere Krankenzahl überhaupt nicht zu forgen haben, während es in grofsen Ländern oder Provinzen zweckmäfsig gehalten wird, anftatt fehr grofser concentrirter Anftalten folche in den Bezirken (Provinzen) thunlichft zu vertheilen, damit die Wege zu denfelben nicht zu weit find und endlich, weil es für die Aerzte fchwer ift, eine noch gröfsere Zahl von Kranken als 300 bis 400 nach ihrer Individualität genügend forgfam und mit Erfolg zu behandeln.

Es ift durch die Erfahrung nachgewiefen, dafs mit der Entfernung von der Anftalt auch die Benutzung derfelben abnimmt. In der Irren-Anftalt zu Siegburg, feiner Zeit der einzigen in der Provinz Rheinland, wurden aus dem Regierungs-Bezirke Cöln in 5 Jahren 325 Kranke verpflegt, während aus dem entlegenen Regierungs-Bezirke Trier bei übrigens gleicher Gröfse nur 144 Kranke aufgenommen wurden. Eine über 23 Jahre fortgefetzte Unterfuchung im Staate New-York hat gezeigt, dafs, wenn man diefen Staat in 4 gleich grofse Diftricte theilte, in deren erftem die Anftalt fich befand, während der zweite bis

60 englifche Meilen, der dritte bis 120 englifche Meilen, und der vierte bis 350 englifche Meilen von derfelben entfernt lag, fich Folgendes ergab:

im erften Diftricte kam 1 Kranker auf	2772	Einwohner,
„ zweiten „ „ 1 „ „	5820	„
„ dritten „ „ 1 „ „	7351	„
„ vierten „ „ 1 „ „	11535	„

Noch wichtiger ift jedoch, dafs die Heilungen für die entfernteren Gegenden ein viel ungünftigeres Verhältnifs zeigen, indem die Kranken je näher der Anftalt, auch um fo früher und um fo genefungsfähiger zur Aufnahme kommen.

Grofse Anftalten für 400 und mehr Kranke werden meiftens nur in ausgedehnten Ländern und bei grofsen Städten da hergeftellt, wo es fich weniger um die Heilung, als um das Unterbringen einer gröfseren Zahl von unheilbaren Kranken in gefchloffenen Anftalten oder Ackerbau-Colonien handelt:

Für die mittleren Anftalten mit 150 bis 400 Kranken reicht eine einfache Grundform nach einer der oben bezeichneten Typen 2 bis 5 in der Regel nicht aus, und es werden dabei einzelne Abtheilungen immer abgefondert zu erbauen fein, auch wenn man fich fonft für eine gefchloffene Gebäudegruppe und nicht für das Pavillon-Syftem entfchieden hat. Im Folgenden find einige Beifpiele folcher Anftalten vorgeführt.

39. Beifpiel II.

Irren-Anftalt zu Wien (Fig. 15). Bei diefer nach dem Entwurfe und unter Leitung *Fellner's* 1848—52 erbauten, urfprünglich für 400 Kranke eingerichteten Anftalt bildet das Verwaltungsgebäude *A* einen umfaffenden Mittelbau von etwa 68 m Länge und 32 m Tiefe mit 4 inneren Lichthöfen, einer mittleren Haupttreppe und zwei Nebentreppen. An diefes Gebäude fchliefsen fich zwei Flügelbauten *B* für

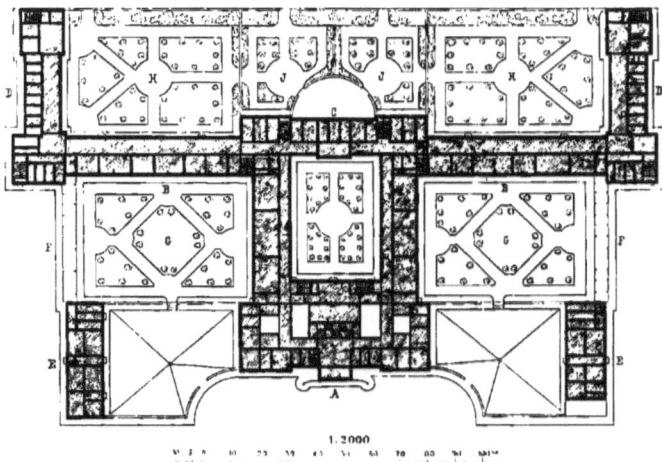

Fig. 15.

1:2000

Irren-Anftalt zu Wien.
Arch. *Fellner*.

A. Verwaltungsgebäude
B. Flügelbau für unruhige Kranke.
C. Bäder und Abtheilung für fomatifche Kranke.
D. Flügelbau für Tobfüchtige und Unreinliche.
E. Flügelbau für Magazine, Wafch-Anftalt und Ställe.
F. Wandelbahnen.

ruhige Männer und Frauen, und der dadurch gebildete innere Hof wird an der Rückseite durch den Langbau C geschlossen, der in der Mitte die Bäder und daran schliessend die Abtheilungen für körperlich Kranke enthält. In der beiderseitigen Verlängerung dieses hinteren Mittelbaues schliessen sich die Flügel B', B'' ebenfalls für ruhige oder halbruhige Kranke an, welche in Eck-Pavillons endigen, von denen so dann parallel zur Hauptaxe des Gebäudes die Flügelbauten D für unreinliche und tobsüchtige Kranke ausgehen. Rechts und links vom Verwaltungsgebäude, durch Wirthschaftshöfe von demselben getrennt, sind die Gebäude E, F für Magazine, die Wasch-Anstalt, Ställe etc. angeordnet. Zwischen diesen Wirthschaftsgebäuden und den Flügeln B'' sind bedeckte Wandelbahnen E, F angelegt, durch welche die inneren Gärten G, G von den ausserhalb der Gebäude D und E hergestellten Gärten abgetrennt werden. Im Anschlusse an die Gebäudetheile B'' und C sind die Gärten H und I angelegt. Im Inneren des Gebäude-Complexes sind, vom Verwaltungsgebäude ausgehend, Flurgänge hergestellt, welche den mittleren inneren Hof umschliessen und durch die Flügel B'' zu den äussersten Gebäudetheilen D führen.

Irren-Anstalt zu München (Fig. 16). Diese nach den Entwürfen und unter der Oberleitung *Bernatz*'s 1858—60 ausgeführte Anstalt war ursprünglich für 300 Kranke eingerichtet. Nach dem der ersten Ausführung zu Grunde gelegten Plane hatte dieselbe keine geschlossenen Höfe. Nachdem eine Er-

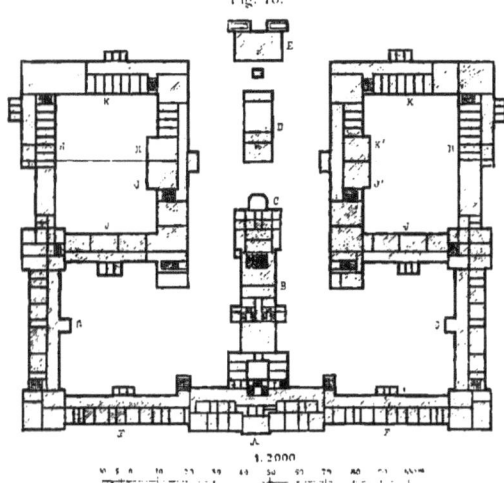

A. Verwaltungsgebäude.
B. Küchenbau mit Gesellschaftssaal.
C. Kirche mit darunter befindlichen Werkstätten.
D. Turnhalle mit Centralbad.
E. Kessel- und Maschinenhaus.
F. Flügelbau für ruhige Kranke I. u. II. Classe.
G. Flügelbau für ruhige Kranke III. Classe.
H. Flügelbau für unruhige Kranke.
J. Flügelbau für Schwachsinnige und Unreinliche.
K. Flügelbau für tobsüchtige Kranke.

Irren-Anstalt zu München.
Arch.: *Bernatz*.

weiterung derselben als nothwendig sich herausgestellt hatte, wurden die Flügel H ausgeführt und dadurch die beiden innerhalb der Gebäudetheile J, K, H gelegenen Höfe gebildet.

An das Verwaltungsgebäude A schliesst sich rechts in der Axe der Anstalt das Wirthschaftsgebäude B mit der Küche, der Wasch-Anstalt und darüber dem Festsaale an. Im Anschlusse daran befindet sich der Bau C mit den Werkstätten, über denen die Kirche liegt. In der Richtung der Axe fortschreitend, folgt das Gebäude D mit einer Turnhalle und den Bädern und darauf das Kessel- und Dampfmaschinengebäude E. An das Verwaltungsgebäude A schliessen sich rechts und links die Flügel F für die ruhigen Kranken I. und II. Classe, und darauf folgen, sich rechtwinkelig ansetzend, die Flügel G für die ruhigen Kranken III. Classe. In der Fortsetzung dieser Flügel findet man die nachträglich gebauten Flügel H für unruhige Kranke; J und J' sind die Gebäude für Schwachsinnige und Unreinliche und K, K endlich die Flügelbauten für tobsüchtige Kranke.

Irren-Anstalt zu Klingenmünster (Fig. 17). Diese in der bayerischen Pfalz bei Landau gelegene, nach den Plänen und unter Leitung *Hagemann*'s erbaute Anstalt war ursprünglich für 300 Kranke eingerichtet. Im Empfangsgebäude *A* liegen unten das Empfangszimmer, die Bureaus, die Apotheke mit einem Laboratorium und das Pförtnerzimmer, oben die Dienstwohnung für den Director etc. Hinter demselben befindet sich das Gebäude *B* mit der Küche, von welcher im Quergebäude *H* mit Magazin und Vorrathsräumen ein Flurgang zum Abholen der Speisen nach beiden Kranken-Abtheilungen für Männer und Frauen führt. Ferner find im Gebäude *B* unten die Wafch-Anftalt, die Werkftätten und am äufserften Ende das Leichenzimmer, oben die Plätt- und Rollftube und die Trockenanftalt untergebracht. Dann folgt in der Axe das Gebäude *C* mit Raum für Geräthfchaften, Feuerungsmaterial und eine Feuerfpritze. Auf einer Anhöhe bei *D* ift die Kirche für die Anftalt projectirt.

Rechts und links von diefen in der Axe liegenden Gebäuden find die beiden Abtheilungen für Männer und Frauen, jede für fich eine Hufeifenform bildend, angeordnet. *G* ift der vordere Flügel für

Fig. 17.

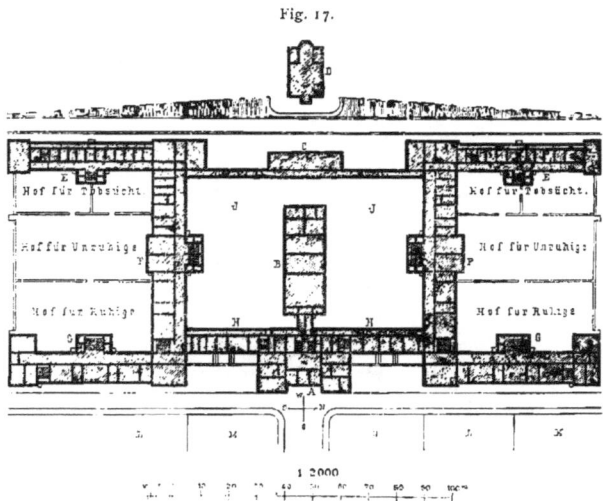

Irren-Anftalt zu Klingenmünfter.
Arch: *Hagemann*.

A. Verwaltungsgebäude.
B. Wirthfchaftsgebäude.
C. Remife.
D. Kirche.
E. Flügelbau und Hof für Tobfüchtige.
F. Flügelbau und Hof für Unruhige.
G. Flügelbau und Hof für Ruhige
H. Magazin.
J. Hof für die Verwaltung.
K. Garten für Ruhige I. u. II. Claffe.
L. Garten für Ruhige III. Claffe.
M. Garten des Directors.
N. Garten des Oekonomen.

ruhige und *F* der Flügel für unruhige unbemittelte Kranke, welche im unteren Gefchofs ihre Wohnräume und im I. Obergefchofs ihre Schlafräume haben, während im II. Obergefchofs Wohnungen für bemittelte Kranke gelegen find. Im hinteren Theile der Flügel *F* liegen im unteren Gefchofs die Bade-Einrichtungen, zu welchen die Kranken in gefchloffenen Flurgängen aus allen Abtheilungen gelangen können.

Die hinteren Flügel *E* endlich enthalten die Abtheilungen der Tobfüchtigen mit den Räumen zum Aufenthalte und zum Effen an den Enden und den Zellen in der Mitte, hinter welchen ein zweiter Flurgang als Dienft- und Beobachtungsgang angelegt ift. Wie aus dem Grundriffe hervorgeht, find innerhalb der Flügelbauten Höfe für die verfchiedenen Abtheilungen angelegt; aufserhalb der Anftalt find die Gärten *K*, *K* für Ruhige I. und II. Claffe, die Gärten *L*, *L* für Ruhige III. Claffe. der Garten *M* für den Director und *N* für den Oekonomen angeordnet.

Irren-Anstalt zu Osnabrück (Fig. 18 [15]). Diese Anstalt, unter der oberen Leitung des Verfassers von *Stüve* 1863—66 entworfen und ausgeführt, war ursprünglich für 200 Kranke und mit den Tobsüchtigen und körperlich Kranken für 236 Kranke eingerichtet. Sie liegt an einer Lehne des *Gertruden*-Berges mit der Ansteigung 1 : 10, etwa 10 Minuten von der Stadt Osnabrück entfernt. Daraus entspringt die Anordnung, dass die vordere Reihe der Gebäude *A* und *F*, so wie das Gebäude *B* um eine Geschoss-höhe tiefer liegen, als die hinteren Gebäude *C*, *D* und *E*, und dass die geschlossenen Verbindungsgänge zwischen den Gebäuden *D* und *F* aus dem unteren Geschoss der Gebäude *D* in das I. Obergeschoss der Gebäude *F* führen. Dadurch ist erreicht, dass die aus dem Küchengebäude *B* abgeholten Speisen in den dreigeschossigen Gebäuden *F* nur eine Treppe nach oben oder nach unten getragen zu werden brauchen.

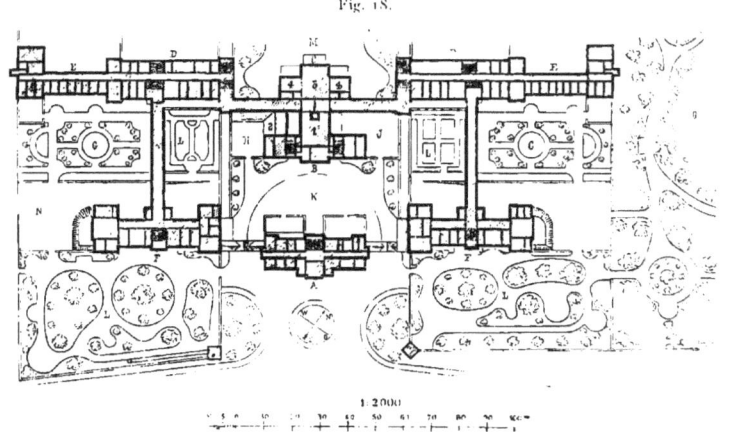

Fig. 18.

1 : 2000

Irren-Anstalt zu Osnabrück.
Arch.: *Funk*.

A. Verwaltungsgebäude.
B. Wirthschaftsgebäude.
C. Gebäude für Festlichkeiten.
D. Gebäude und Hof für Unruhige und Unreinliche.
E. Gebäude und Hof für Tobsüchtige.
F. Gebäude für ruhige Kranke I., II., III. Classe und Gebildete III. Classe.
G. Hof für Unruhige.
H. Kohlenhof.
J. Küchenhof.
K. Wirthschaftshof.
L. Bleichplatz.
M. Gemeinschaftlicher Garten.

A ist das Verwaltungsgebäude, unten mit dem Empfangs-, Conferenz- und Bibliothek-Zimmer, den Bureaus und der Wohnung des Inspectors [16]. Im I. Obergeschoss des Mittelbaues liegt die Wohnung des Directors, und im II. Obergeschoss sind die Wohnungen des zweiten Arztes, des Assistenz-Arztes und des Oberwärters mit getrennten Treppenaufgängen angelegt.

In den Gebäuden *F* liegen im unteren Geschoss die Lesezimmer, Musik- und Billard-Zimmer, so wie Besuchzimmer, ferner am äusseren Ende die Abtheilungen für körperlich Kranke und ein Beobachtungszimmer für neu angekommene Kranke. Im I. Obergeschoss sind die Abtheilungen für ruhige Kranke I. und II. Classe und für gebildete Kranke III. Classe untergebracht; im II. Obergeschoss befinden sich die Abtheilungen für ruhige Kranke III. Classe. In allen diesen Abtheilungen sind die Schlafräume neben den Wohnräumen an einem 2,7 m breiten Flurgang angelegt. In dem nach der Vorderseite ganz über der Erde liegenden hohen Sockelgeschoss des Gebäudes *F* der Männerseite sind die Werkstätten, bezw. Arbeitsräume angeordnet und stehen mit den Werkhöfen *N*, *N* in Verbindung.

---

[15]) Siehe: FUNK, A. Die Irrenanstalt zu Osnabrück. Zeitschr. d. Arch.- u. Ing.-Ver. zu Hannover 1876, S. 21.
[16]) Bei der Nothwendigkeit, nach Erweiterung der Anstalt die Bureau-Räume zu vergrössern, ist in neuester Zeit die Wohnung des Inspectors in ein Gebäude des alten *Gertruden*-Klosters verlegt.

In dem Gebäude *D* befinden sich unten die Bade-Einrichtungen und die Abtheilungen für Unreinliche und Epileptische, im Obergefchofs die Abtheilungen für unruhige Kranke. In den anfchliefsenden eingefchofsigen Flügeln *E* find die Abtheilungen für tobfüchtige Kranke angeordnet.

Vor den Gebäuden *F* liegen die Gärten *L* für ruhige Kranke, vor den Gebäuden *D* und *E* die Gärten *G* für die Unruhigen, fo wie die Bleichplätze *L*, *L*. Hinter den Gebäuden *D* befinden fich die Gärten für die Unreinlichen, und hinter den Gebäuden *E* find die Gärten für die Tobfüchtigen untergebracht.

Durch die zwifchen dem Verwaltungsgebäude *A* und den Gebäuden *F*, *F* hergeftellten bedeckten Verbindungsgänge führen Einfahrten in den Wirthfchaftshof *K*, an welchem das Wirthfchaftsgebäude *B* gelegen ift. In diefem Gebäude befinden fich im Erdgefchofs die Wafch-Anftalt mit dem Wafchraume *i* und den Nebenräumen zum Rollen, Plätten und Flicken der Wäfche etc., der Dampfmafchinenraum und das Keffelhaus *2*, daneben der Kohlenhof *H*. Im I. Obergefchofs in gleicher Höhe mit dem Erdgefchofs der Gebäude *D*, *E* und *C* liegen die Küche *r* mit den Nebenräumen, Spülküche, Speifekammer, Gemüfe-Putzraum und der Speiferaum für das weibliche Dienft-Perfonal. An der Rückfeite der Küche neben den beiderfeitigen Verbindungsgängen find die Speifen-Ausgaberäume angeordnet, von wo aus die Speifen in bedeckten Gängen in der ganzen Anftalt vertheilt werden können. Im II. Obergefchofs liegen die Wohnungen für das Wäfcherei- und Küchen-Perfonal, darüber der Trockenboden und die Behälter für kaltes und warmes Wafser. Der eiferne Schornftein für die Dampfkeffel, mit einem gemauerten Lüftungsmantel umgeben, führt durch den Wafchraum und die Kochküche und dient zur Lüftung derfelben, fo wie der Schnelltrocken-Einrichtung und des Trockenbodens. *I* ift der von der Küche durch eine Treppe zugängliche Küchenhof.

C ift das Gefellfchaftsgebäude für Feftlichkeiten mit einem grofsen Saale *3* und den Nebenräumen *4*, *4*, welche durch die Flurgänge von den beiden Hauptabtheilungen für Männer und Frauen zugänglich find und mit dem daran ftofsenden mittleren Feftgarten *M* in unmittelbarer Verbindung ftehen.

Neben der Nord-Oftfeite der Anftalt liegt ein Gehölz mit fchönen alten Bäumen, von welchem ein Theil *O* zur Anftalt gezogen und eingefriedigt, mit Spazierwegen und Ruheplätzen verfehen und mit dem Feftgarten *M* in Verbindung gefetzt ift.

Die Kirche für die Anftalt ift in dem etwa 150 m von der Mitte derfelben entfernten ehemaligen *Gertruden*-Klofter, in welchem die alte, wohl erhaltene romanifche Kirche aus dem XIII. Jahrhundert zu diefem Zwecke reftaurirt ift und von den Männern durch die füdöftlichen, von den Frauen durch die nordweftlichen Gärten erreicht werden kann.

Irren-Anftalt bei Düren (Fig. 19[17]). Diefe für 300 Kranke eingerichtete, etwa 8 Minuten vom Bahnhofe Düren entfernte Anftalt ift auf einem flachen Hügel 1874—76 erbaut, und deren Axe ftöfst faft rechtwinkelig auf die benachbarte Landftrafse nach Jülich. Die Anftalt ift, wie Fig. 19 zeigt, nach dem Pavillon-Syftem mit einzelnen Gebäuden errichtet, welche durch bedeckte Gänge mit einander in Verbindung gefetzt find.

In der Mitte der vorderen Gebäudereihe liegt das Verwaltungsgebäude *A*, unten an der rechten Seite mit dem Aufnahmezimmer, den Bureaus für den Director, Verwalter und den Rendanten, der Regiftratur, einem Conferenz-Zimmer und einem Befuchzimmer für männliche Kranke, an der linken Seite mit dem Pförtnerzimmer, Wohnungen für 2 unverheirathete Affiftenz-Aerzte, einer Bibliothek, einem kleinen Laboratorium und dem Befuchzimmer für weibliche Kranke. Im I. Obergefchofs befindet fich in der Mitte der grofse Feftfaal mit Nebenräumen; ferner find in diefem und im II. Obergefchofs die Wohnungen für den zweiten Arzt, den Verwalter und den Rendanten untergebracht. Für den Director ift ein abgefondertes Wohnhaus *I* erbaut.

Rechts und links vom Verwaltungsgebäude find die Gebäude *B*, *B* für Penfionäre, d. h. gebildete Kranke I., II. und III. Claffe, mit einem dreigefchofsigen Mittelbau und zweigefchofsigen Seitenbauten angeordnet und mit dem Verwaltungsgebäude durch gedeckte Hallen verbunden.

In den parallel zur Hauptaxe gerichteten Gebäuden *C*, *C* find die Abtheilungen für ruhige Kranke der III. Verpflegungs-Claffe hergerichtet. Das Gebäude befteht aus einem dreigefchofsigen Mittelbau und zwei dreigefchofsigen Eck-Pavillons, zwifchen welchen zweigefchofsige Zwifchenbauten angeordnet find. Im unteren Gefchofs liegen die Tagräume, ein grofser Speifefaal, Abfonderungszimmer, Badezellen etc., im I. Obergefchofs 6 Schlaffäle und 18 Einzelfchlafzimmer, fo wie die Kleider- und 2 Wafchräume; im II. Obergefchofs der Mittel- und der Eckbauten befinden fich kleinere Krankenabtheilungen mit den dazu gehörenden Räumen.

Die weiter rückwärts gelegenen Gebäude *D*, *D* enthalten die Krankenabtheilungen für Unreinliche, Unruhige und Neuaufgenommene; die erfteren find im unteren, die übrigen vorzugsweife in den oberen Gefchofsen untergebracht. Auch in diefen Gebäuden find befondere Badezellen angelegt.

---

[17] Siehe: Die Provinzial-Irren-, Blinden- und Taubftummen-Anftalten der Rheinprovinz. Düffeldorf 1880.

Fig. 19.

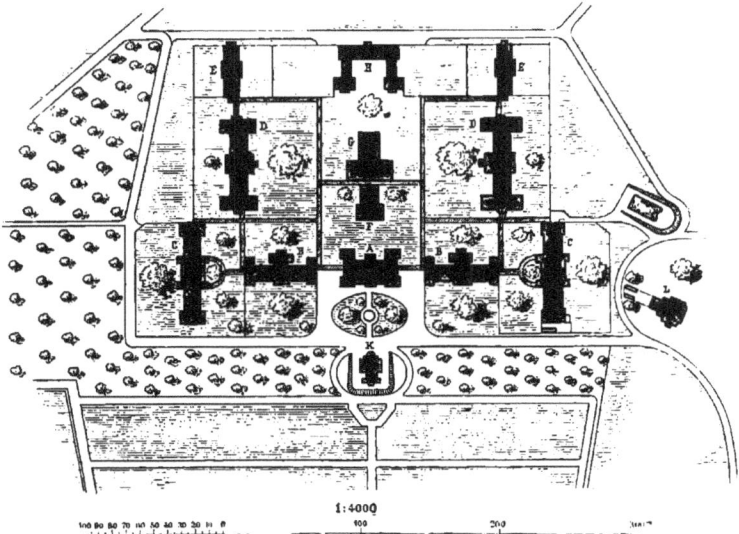

1 : 4000

Irren-Anftalt bei Düren [17]).

A. Verwaltungsgebäude.
B. Penfionär-Gebäude.
C. Gebäude für ruhige Kranke III Claffe.
D. Gebäude für unruhige Kranke.
E. Abfonderungsgebäude

F. Kochhaus.
G. Wafch-, Keffel- und Mafchinenhaus.
H. Wirthfchaftsgebäude.
K. Capelle.
L. Director-Wohnhaus.

 Die Gebäude *E, E* umfaffen die Abtheilungen für Tobfüchtige mit Tagräumen und Ifolirzellen, Badezimmer, Spülküche u. f. w.
 In der Axe der Anftalt liegen hinter dem Verwaltungsgebäude das Küchengebäude *F* und das Wafch- und Mafchinenhaus *G*, deren Sondergrundriffe und -Einrichtungen in Art. 24 und Fig. 4 (S. 19 u. 20) mitgetheilt worden find. Das landwirthfchaftliche Gebäude *H* enthält eine Scheune, Stallungen, Milchkammer, Räume für Feuerlöfchgeräthe, Remife und den Leichenraum; ferner Wohnungen für den Kutfcher, den zweiten Pförtner und den die Milchwirthfchaft beforgenden Schweizer.
 In der Mitte vor der Anftalt ift die Capelle *K* angeordnet, welche nicht allein für die Irren-Anftalt, fondern auch für die nahe gelegene Blinden-Anftalt benutzt wird.
 Wie aus der Zeichnung hervorgeht, find die fämmtlichen Gebäude durch gedeckte Hallen, welche theils gefchloffen, theils feitlich offen find, mit einander in Verbindung gefetzt. Durch diefe Hallen wird der mittlere, um die Gebäude *F* und *G* gelegene Raum als Wirthfchaftshof von den äufseren, für die verfchiedenen Krankengebäude als Gärten eingerichteten freien Räumen abgefchieden und eingefriedigt.
 Das villenartig behandelte Wohnhaus des Directors *L* hat zwei Gefchoffe und feinen Eingang an der dem Hauptzufuhrwege zugekehrten Seite.
 Irren-Anftalt bei Hamburg (Fig. 20 [18]). Diefe Anftalt ift am Friedrichsberg bei Barmbeck, nicht zu entfernt von der Stadt Hamburg, nach dem Entwurfe und unter Leitung *Timmermann's* 1862—64 auf einem flachen Hügel in freier Lage etwa 14 m über dem Nullpunkte des Elbfluthmeffers erbaut. Die für etwa 300 Kranke eingerichtete Anlage zerfällt, wie aus dem Grundrifs in Fig. 20 hervorgeht, in drei Theile: der mittlere Haupttheil enthält in der Mitte das Verwaltungsgebäude mit den Flügelbauten für

---

[18]) Nach Hamburg Hiftorifche, topographifche und baugefchichtliche Mittheilungen. Hamburg 1868.

ruhige Kranke; der durch Mauern davon getrennte nördlich gelegene hintere Theil enthält die Abtheilungen für Unruhige, für Blödfinnige, Epileptifche und die Zellenabtheilung für Tobfüchtige; füdlich der Anftalt, dem Verwaltungsgebäude gegenüber, ift die Penfions-Anftalt für wohlhabende Geifteskranke erbaut.

Im mittleren Eingangs- und Verwaltungsgebäude liegen im unteren Gefchofs die ärztlichen Bureaus,

Fig. 20.

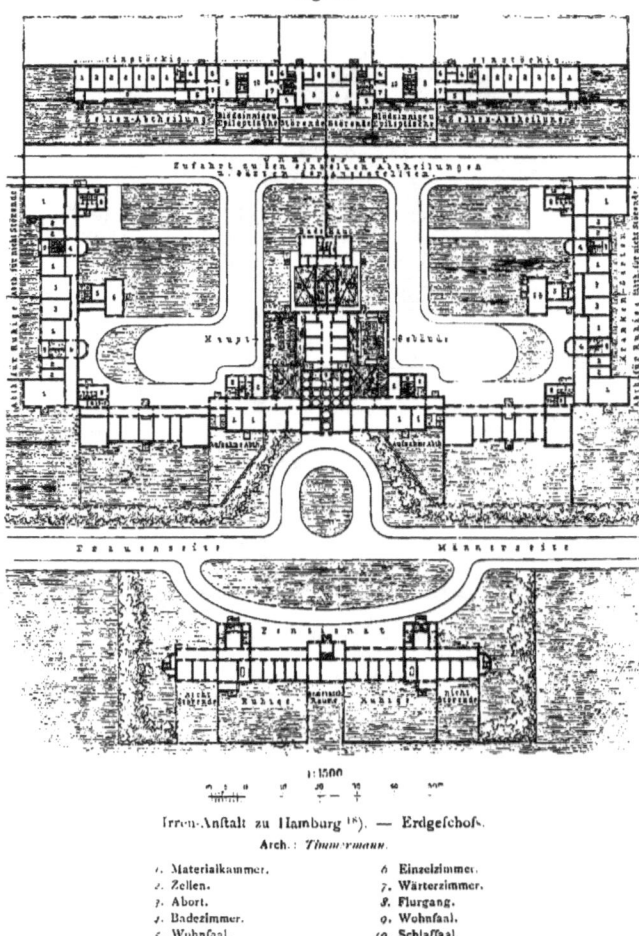

Irren-Anftalt zu Hamburg [18]. — Erdgefchofs.
Arch.: *Thumermann*.

1. Materialkammer.
2. Zellen.
3. Abort.
4. Badezimmer.
5. Wohnfaal.
6. Einzelzimmer.
7. Wärterzimmer.
8. Flurgang.
9. Wohnfaal.
10. Schlaffaal.

Conferenz-Zimmer und die Verwaltungsräume, im I. Obergefchofs der Feftfaal und die Capelle und im II. Obergefchofs Beamtenwohnungen. Unmittelbar mit diefem Gebäude verbunden befinden fich zu beiden Seiten die Abtheilungen für aufzunehmende und zunächft genau zu beobachtende Kranke, und zwar im Erdgefchofs die Wohnräume und im I. Obergefchofs die Schlafräume mit den nöthigen Nebenräumen an

Theeküchen etc. Alsdann folgen an beiden Seiten zwei rechtwinkelig zu einander geftellte Flügelbauten für ruhige und nicht ftörende Kranke, und zwar im Erdgefchofs mit den Wohnfälen, Wohn-Flurgängen, Einzelzimmern, mit Arbeits-, Lefe-, Mufik- und Billard-Zimmern, im Obergefchofs mit den Schlaf- und Nebenräumen. Diefe Gebäude find in Abtheilungen für 20 bis 40 Kranke eingerichtet, welche jede für fich eine Art Familienwohnung bildet.

Das nördliche abgefonderte Gebäude umfafst fowohl auf der Männer-, wie auf der Frauenfeite drei Abtheilungen, und zwar für Unruhige, für Blödfinnige und Epileptifche, fo wie für Tobfüchtige. Die Abtheilungen für Unruhige enthalten im Erdgefchofs die Wohnräume und im Obergefchofs die Schlafräume, während die Abtheilungen für Blödfinnige, Epileptifche und Tobfüchtige nur eingefchoffig erbaut find.

Das füdlich dem Verwaltungsgebäude gegenüber errichtete Penfionshaus ift zweigefchoffig, hat im vortretenden Mittelbau Lefe-, Billard- und Rauchzimmer und in beiden Flügeln, ebenfalls in Gruppen für ruhige und nicht ftörende Kranke eingetheilt, Wohnungen für wohlhabende Kranke, welche den gefellfchaftlichen Anfprüchen derfelben gemäfs eingerichtet und ausgeftattet find.

Mit fämmtlichen Krankenabtheilungen find, wie aus dem Plane hervorgeht, Gärten und bezw. Höfe verbunden, in welche die Kranken unmittelbar eintreten können.

Hinter dem Verwaltungsgebäude liegen in Kellergefchofshöhe die Dampfwäfcherei B, die Dampfkocherei C und das Keffelhaus A mit der Dampfmafchine. Erftere ftehen mit den Kellerräumen des Frontbaues in Verbindung und werden zum Theile von tief liegenden Höfen D erleuchtet. Den Schlufs diefer Gebäudegruppe bildet, an das Keffelhaus anfchliefsend, die Bade-Anftalt für die ruhigen Kranken der mittleren Anftalt, während in den Abtheilungen für Unruhige, Blödfinnige, Epileptifche und Tobfüchtige, wie auch im Penfionshaufe befondere Badezimmer angelegt find.

Irren-Anftalt zu Königsfelden im Canton Aargau (Fig. 21[19]). Diefe für den Canton Aargau beftimmte Anftalt ift 1868—72 auf dem Hoch-Plateau von Windifch, 10 Minuten vom Bahnhofe Brugg entfernt, erbaut. Die für 300 Kranke eingerichtete Anlage ift in einem 12^{ha} grofsen Park gelegen, nordweftlich nur etwa 150^m vom alten, früher als Krankenhaus benutzten Klofter entfernt, welches nunmehr als Pflegeanftalt für unheilbare Irre der neuen Irren-Anftalt beigegeben ift.

Das Hauptgebäude befteht aus einem 130,5^m langen Vorderbau mit zwei rechtwinkelig nach hinten abgehenden Flügeln, wodurch ein grofser, gegen Norden durch ein Drahtgitter abgefchloffener Hof gebildet wird. Diefer Hof, mit vier laufenden Brunnen, ift von gedeckten Galerien durchzogen, welche das Verwaltungsgebäude mit dem Wirthfchaftsgebäude und diefes mit den einzelnen Krankenabtheilungen in Verbindung bringen, und ift mit fchattigen Bäumen und Geftrüuchgruppen bepflanzt.

Der vordere Mittelbau ift das Verwaltungsgebäude und enthält aufser den Bureaus für die Direction und die Verwaltung im Erdgefchofs 2 Zimmer für die erfte Aufnahme und für Befuche der Kranken, ein Pförtnerzimmer und 2 Zimmer für die Oberwart-Perfonal; ferner im I. Obergefchofs Wohnungen für die Aerzte und im II. Obergefchofs einen grofsen Feftfaal, einen Betfaal, fo wie 4 Kranken- und 3 Gaftzimmer. Das Erdgefchofs zeigt in der Mitte eine Durchfahrt mit Eingängen für Fufsgänger an beiden Seiten.

An diefen Mittelbau fchliefst fich fymmetrifch rechts die Männer-, links die Frauen-Abtheilung an, welche jede in 5 Unterabtheilungen für Ruhige, Penfionäre, Unruhige, Unreinliche und Tobfüchtige zerfällt, die je für fich ein abgefchloffenes Ganze bilden und die nöthigen Räume und Einrichtungen (Treppenhaus, Flurgang, Aufenthaltsfäle, Schlafzimmer, Spülküchen, Wafch- und Kleiderzimmer, Bäder und Aborte) in fich vereinigen.

In der Linie der Hauptfront liegen die Abtheilungen für die Ruhigen, in den nach hinten fich abzweigenden Flügeln die Abtheilungen für die Unruhigen, fodann für die Unreinlichen und ganz hinten für die tobfüchtigen Kranken. In den Eck-Pavillons zwifchen den Abtheilungen der Ruhigen und Unruhigen befinden fich die Abtheilungen für die Penfionäre. Die Gebäudetheile für die Ruhigen, die Penfionäre und Unruhigen haben ein Erdgefchofs und 2 Obergefchoffe, die übrigen 2 Abtheilungen für Unreinliche und Aufgeregte befitzen nur ein Erdgefchofs.

Im Erdgefchofs der erfteren 3 Abtheilungen liegen die Tagräume, Aufenthaltsfäle, Cabinette, Speifefäle, Spülküchen, Badezimmer, Depot für das Oberwärter-Perfonal, Aborte und Piffoirs, in den beiden Obergefchoffen die Schlaffäle, Abfonderungszimmer, Wärterzimmer, Ankleideräume, Kleiderzimmer und Aborte.

Die Abtheilung der Unreinlichen enthält in dem einen Gefchoffe in der Mitte einen zum Garten führenden Speifefaal, 4 Schlafzimmer zu je 4 Betten, zwei Abfonderungszimmer zu je einem Bette, 2 Wärterzimmer, gegentheilt, durch einen 3^m breiten Flurgang getrennt, ein Badezimmer, Ankleideraum, Kleiderzimmer, Spülküche und Aborte.

---

[19] Nach: Technifche Mittheilungen. Zürich 1876.

1. Versammlungssaal.
2. Speisesaal.
3. Absonderungszimmer.
4. Büffet.
5. Spülküche.
6. Baderzimmer.
7. Aborte.
8. Geräthekammer.
9. Pissoir.
10. Flurgang.
11. Versammlungssaal.
12. Speisesaal.
13. Flurgang.
14. Aborte.
15. Versammlungssaal.
16. Speisesaal.
17. Absonderungszimmer.
18. Spülküche.
19. Bäder.
20. Aborte.
21. Flurgang.
22. Abort.
23. Speisesaal.
24. Schlafzimmer.
25. Warterzimmer.
26. Kleiderzimmer.
27. Flurgang.
28. Aborte.
29. Bäder.
30. Spülküche.
31. Waschraum.
32. Speisesaal.
33. Versammlungssaal.

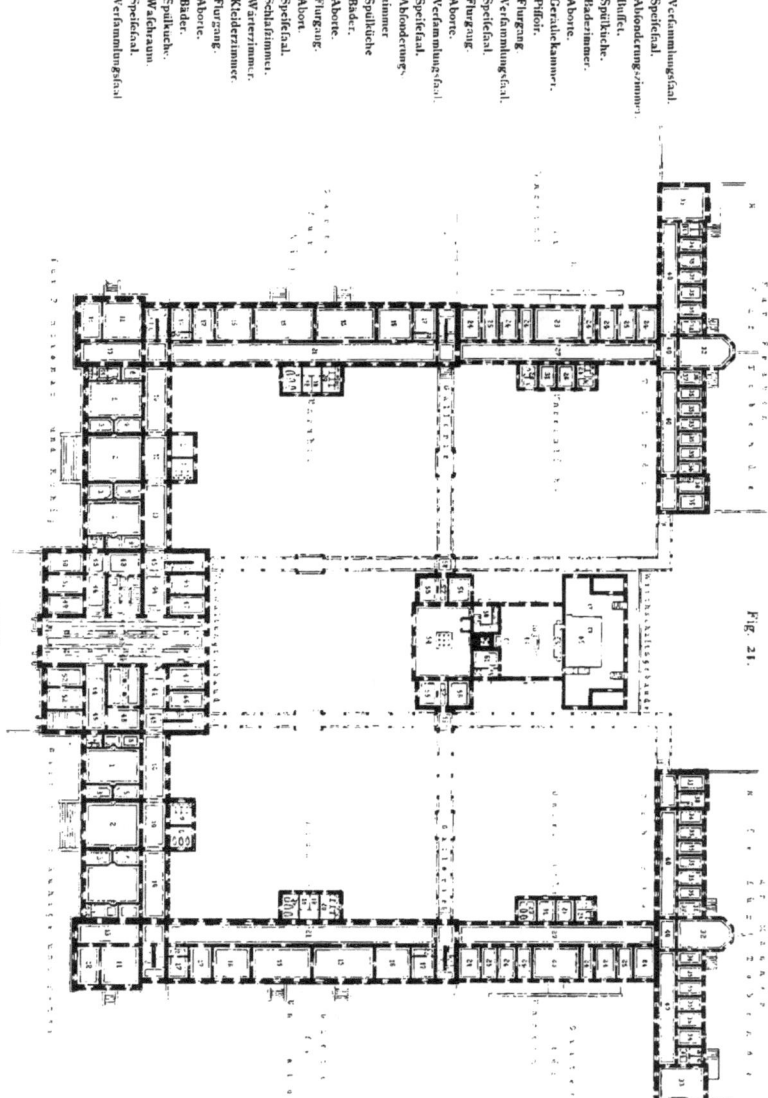

Fig. 21.

1:1000

Verwaltungsgebäude.

1. Vorplatz
2. Flurgang
3. Pförtner.
4. Empfangszimmer.
5. Bureau.
6. Conferenz-Zimmer.
7. Bibliothek.
8. Bureau des Inspectors.
9. Caffe.
10. Stube ⎫
11. Kammer ⎬ Wohnung
12. Stube ⎬ des
13. Kammer ⎭ Inspectors.
14. Aborte

Flügelbauten

15. Besuchszimmer.
16. Raum für Ackergeräthe.
17. Feuerspritze.
18. Brennstoff.
19. Theeküche.
20. Schlafzimmer für 1 unruhigen Kranken II. Classe.
21. Stube ⎫ für je 1 unruhigen Kranken I. Classe.
22. Kammer ⎭
23. Schlafzimmer für 3 Unruhige II. Classe.
24. desgl. " desgl.
25. desgl. 3 Ruhige III. Classe höherer Bildung.
26. desgl. 2 Ruhige III. Classe.
27. Stube.
28. Kleiderzimmer
29. Absonderungsraum.
30. Wachraum.
31. Tagraum für 10 Unruhige III. Classe
32. desgl. 20 Unruhige III. Classe.
33. Schlafsaal
34. Isolir-Schlafraum.
35. Warterschlafraum
36. Tagraum für 12 Unreinliche und Epileptische
37. Schlafzimmer.
38. Warterzimmer.

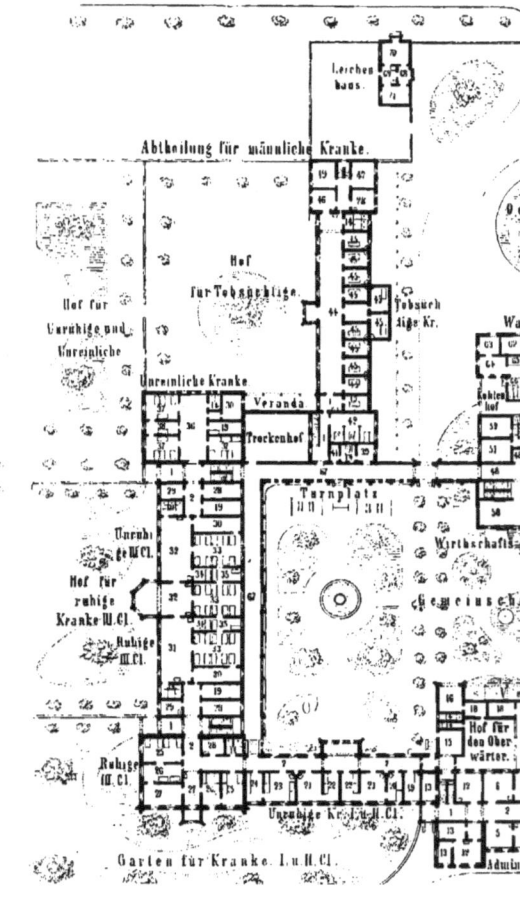

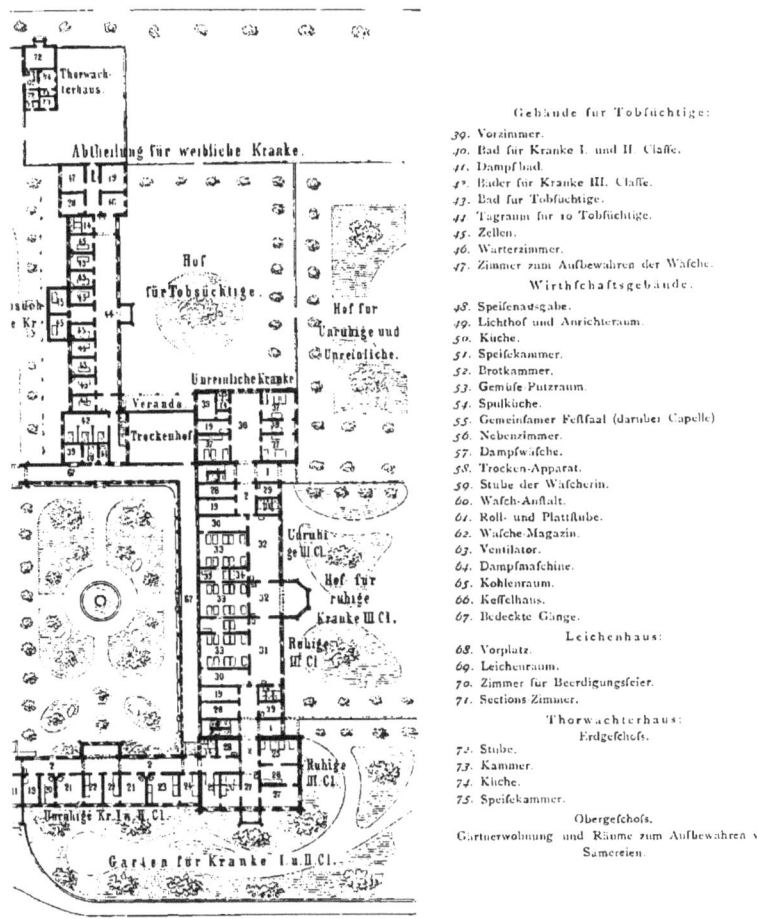

Gebäude für Tobsüchtige:
39. Vorzimmer.
40. Bad für Kranke I. und II. Classe.
41. Dampfbad.
42. Bäder für Kranke III. Classe.
43. Bad für Tobsüchtige.
44. Tagraum für 10 Tobsüchtige.
45. Zellen.
46. Wärterzimmer.
47. Zimmer zum Aufbewahren der Wäsche.

Wirthschaftsgebäude:
48. Speisenausgabe.
49. Lichthof und Anrichteraum.
50. Küche.
51. Speisekammer.
52. Brotkammer.
53. Gemüse Putzraum.
54. Spülküche.
55. Gemeinsamer Festsaal (darüber Capelle).
56. Nebenzimmer.
57. Dampfwäsche.
58. Trocken-Apparat.
59. Stube der Wäscherin.
60. Wasch-Anstalt.
61. Roll- und Plättstube.
62. Wäsche-Magazin.
63. Ventilator.
64. Dampfmaschine.
65. Kohlenraum.
66. Kesselhaus.
67. Bedeckte Gänge.

Leichenhaus:
68. Vorplatz.
69. Leichenraum.
70. Zimmer für Beerdigungsfeier.
71. Sections Zimmer.

Thorwächterhaus:
Erdgeschoss.
72. Stube.
73. Kammer.
74. Küche.
75. Speisekammer.

Obergeschoss.
Gärtnerwohnung und Räume zum Aufbewahren von Samereien.

Facs. Repr. nach: Zeitschr. d. Arch.- u. Ing.-Ver. zu Hannover 1862, Bl. 217.

Die Abtheilung für die Aufgeregten (Tobenden, ebenfalls ein nur eingeschoffiges Gebäude, welches fich T-förmig an die Abtheilung für Unreinliche anfetzt, enthält 10 durch einen Speifefaal und einen Vorflur in zwei Gruppen getheilte Zellen von je 43 cbm Rauminhalt, 2 Wärterzimmer und einen Aufenthaltsfaal nebft Spülküche, Badezimmer, Kleiderraum und Aborten. Von beiden Seiten kann man in den Garten gelangen.

Im Hofe der Anftalt befindet fich das Wirthfchaftsgebäude, im Erdgefchofs mit Küche, Wafch Anftalt und Mafchinenhaus, im Obergefchofs mit Räumen zum Trocknen, Plätten, Ausbeffern und Auflbewahren der Wäfche, im Keller mit Räumen zum Aufbewahren von Fleifch, Gemüfe, Milch, Butter, Wein etc.

Wie fchon oben bemerkt, ift das Wirthfchaftsgebäude mit den einzelnen Abtheilungen durch gedeckte, an den Seiten offene Galerien aus einer Eifen-Conftruction mit Afphalt-Trottoirs verbunden, um dem Dienftperfonal einen gefchützten Verkehr mit der Küche und der Wafch-Anftalt zu gewähren.

Die Gärten der Krankenabtheilungen find aufserhalb der Gebäude fo angelegt, dafs die Kranken aus ihren Tagräumen unmittelbar in diefelben gelangen können. Die Gärten der Ruhigen find von einem 3,6 m hohen Eifengeländer, welches durch Gebüfch beiderfeits maskirt ift, begrenzt; die Gärten der Unruhigen und Unreinlichen find durch eine verfenkte Mauer *(fauts de loups)* von 3,6 m Höhe, die Gärten der Aufgeregten durch ähnliche Mauern von 4,2 m Höhe umfchloffen. In jedem Garten fteht ein laufender Brunnen.

Die Flurgänge aller Gefchoffe laufen den Hoffeiten entlang und ermöglichen einen leichten und bequemen Verkehr zwifchen den einzelnen Abtheilungen. Sie dienen aufserdem im Erdgefchofs als Wandelgänge für die Kranken, in den Obergefchoffen, fo wie im Erdgefchofs der Abtheilungen für Unreinliche und Aufgeregte zugleich als Luftvorrathsräume der Schlafzimmer, mit denen fie durch Lüftungsfchieber in den Thüren oder durch kleine Fenfter über denfelben in Verbindung ftehen. Die Flurgänge werden Nachts durch Gas erleuchtet und find im Erdgefchofs mit Divans zum Ausruhen der Kranken verfehen.

Die Anftalt hat eine Central-Dampfanlage mit nur einer Feuerftelle, von welcher aus

1) in den Abtheilungen der Ruhigen, der Penfionäre und Unruhigen eine Dampf-Wafferheizung mit Cylinderröhren nach *Sulzer*'fchem Syftem,

2) in den Abtheilungen für die Unreinlichen und Aufgeregten eine Dampf-Luftheizung mit Drucklüftung mittels Dampfleitungen zu den Heizkörpern im Kellergefchofs, eine 8pferdige Dampfmafchine.

3) in der Wafch-Anftalt die Wafchmafchine, ein Hydro-Extractor, Beuche- und Dampfkeffel,

4) in der Küche ein Dampfkochherd für 8 Keffel, Dampfkartoffelfieder, Kaffeemafchine etc. und endlich

5) für die Wafferverforgung eine Dampfpumpe
mit Dampf verfehen werden.

Irren-Anftalt zu Göttingen (fiehe die neben ftehende Tafel [20]). Wie in der vorftehend befchriebenen Irren-Anftalt zu Königsfelden das Corridor-Syftem mit den Wohnräumen im Erdgefchofs und den Schlafräumen in den Obergefchoffen vollftändig durchgeführt ift, fo dafs in jedem Gefchofs durchlaufende Corridor-Verbindungen beftehen, wurde in der Irren-Anftalt zu Göttingen, welche unter der oberen Leitung des Verfaffers von *Rafch* entworfen und 1862—65 ausgeführt wurde, das Syftem der Wohn- und Schlafräume in demfelben Gefchoffe, in einem grofsen Theile der Anftalt ohne durchlaufende Flurgänge zur Anwendung gebracht. Wenn der auf der neben ftehenden Tafel dargeftellte Grundrifs des Erdgefchoffes einen grofsen inneren Garten mit an allen vier Seiten umfchliefsenden Flurgang zeigt, welcher in der ganzen Anftalt eine gefchützte Verbindung herbeiführt, fo liegt diefer nur in den Seitenflügeln der Vorderfront (2a, 2a) im Gebäude, während die Theile 2 und 67 an das Gebäude angelehnt und fo tief liegend ausgeführt find, dafs die etwas erhöhten Fenfter im Erdgefchofs der Gebäude über dem flachen Dache des Flurganges liegen. Dadurch ift im Erdgefchofs die Verbindung fämmtlicher Abtheilungen der Kranken fowohl mit dem Verwaltungsgebäude G, als auch mit den Bade-Anftalten E, E, mit den gemeinfchaftlichen Gefellfchaftsfälen und der darüber liegenden Capelle H, H und dem Küchengebäude J hergeftellt, während im Obergefchofs eine folche durchlaufende Corridor-Verbindung nicht vorhanden ift und das obere Anftalts-Perfonal nur durch die vorhandenen Verbindungsthüren von einer Abtheilung zur anderen gelangen kann.

Die Eintheilung der Anftalt ift in der Weife angeordnet, dafs an das mittlere Verwaltungsgebäude G fich rechts und links zweigefchoffige Flügelbauten A, A anfchliefsen, in welchen die Kranken I. und II. Claffe, und zwar unten die Unruhigen und oben die Ruhigen, wohnen; die Eck-Pavillons B, B ent-

---

[20] Siehe: FUNK, A. & J. RASCH. Die Irrenanftalten zu Göttingen und Osnabrück. Zeitfchr. d. Arch. u. Ing.-Ver. zu Hannover 1867, S. 17 u. III 217.

halten im unteren Gefchofs Wohnungen für eine Anzahl ruhiger gebildeter Kranken III. Claffe, welche nach ihrem Bildungsftande mit den Kranken I. und II. Claffe verkehren, und die im oberen Gefchofs des Eck-Pavillons liegenden Mufikzimmer, Lefezimmer und Billard-Zimmer diefer Kranken mit benutzen können. Die an diefe Eck-Pavillons fich rechtwinkelig anfchliefsenden zweigefchoffigen Flügelbauten *C, C* enthalten die Abtheilungen für die Kranken III. Claffe, und zwar im unteren Gefchofs für die Unruhigen und im Obergefchofs für die Ruhigen. In den hinteren Pavillons *D, D* liegen im unteren Gefchofs die Abtheilungen für die Unreinlichen und Epileptifchen; im oberen Gefchofs befinden fich die Abtheilungen für die körperlich Kranken III. Claffe, und in thunlichfter Nähe diefer Abtheilungen find, mit denfelben durch den Flurgang verbunden, die eingefchoffigen Bade-Anftalten *E, E* hergeftellt. An diefe endlich fchliefsen fich die Flügelgebäude der tobfüchtigen Kranken *F, F* an.

In der Axe der Anftalt liegt vorn das Verwaltungsgebäude, unten rechts mit Empfangzimmer, Conferenz-Saal, Bibliothek und Bureaus, links mit Pförtnerzimmer und Wohnung des Infpectors; im I. Obergefchofs befindet fich die Wohnung des leitenden Arztes, und im II. Obergefchofs find die Wohnungen des zweiten Arztes, des Affiftenz-Arztes und des Oberwärters angeordnet. Hinter dem Verwaltungsgebäude liegen zunächft kleine zu den Dienftwohnungen gehörende Höfchen, an deren Einfaffungsmauern fich Veranden anfchliefsen, die nach dem inneren gemeinfchaftlichen Garten offen find. Vor den diefen Garten an der Hinterfeite abfchliefsenden Flurgang tritt das Gebäude vor, welches unten einen grofsen Gefellfchaftsfaal mit 2 Nebenfälen für gemeinfchaftliche Fefte und darüber die Capelle enthält. Diefe Räume find durch die Flurgänge von der Männer- und Frauenfeite getrennt zugänglich, und der Feftfaal fteht in unmittelbarer Verbindung mit dem vor der Küche *50* gelegenen Anrichteraum *49*, fo dafs bei den Feftlichkeiten die Verpflegung in einfachfter Weife beforgt werden kann.

Das Küchengebäude *J* enthält die Kochküche mit Speifekammer, Brotkammer, Spülküche und Gemüfe-Putzraum, und unmittelbar an diefelbe fchliefst fich der Keffelraum *66* und Dampfmafchinenraum *92* an, fo dafs der als Eifenrohr mit ummauertem Mantel hergeftellte Dampfmafchinen-Schornftein zur Lüftung der Küche und der daran ftofsenden Wafch-Anftalt *K*, der Trocken-Einrichtungen und des Trockenbodens benutzt werden kann.

Hinter dem Küchen- und Wafchanftalts-Gebäude liegt der Wirthfchaftshof, zu welchem man durch eine Einfahrt vom Zufuhrwege an der Rückfeite der Anftalt gelangt. Neben der Einfahrt liegt rechts das Thorwächterhaus *M*, unten mit einer Wohnung für den Wächter und oben für den Gärtner, links das Leichenhaus mit dem Sections-Zimmer, Leichenraum und einem Raum für die Beerdigungs-Feierlichkeiten.

Wie aus der umftehenden Tafel hervorgeht, fchliefsen fich aufserhalb der Gebäudegruppe an die verfchiedenen Abtheilungen der Kranken an der Männer-, wie an der Frauenfeite je 5 getrennte Gärten an, in welche die Kranken unmittelbar aus ihren Abtheilungen gelangen können. Der fchon oben erwähnte grofse Garten im Inneren der Anftalt dient in Verbindung mit den Feftfälen für gemeinfchaftliche gefellige Unterhaltungen.

Hinter der Anftalt ift nach und nach eine gröfsere Fläche Ackerland etc. angekauft, welche von einer auf derfelben angelegten Ackerbau-Colonie mit Zuhilfenahme der dazu geeigneten Kranken bewirthfchaftet wird. Ueber diefelbe werden wir fpäter ausführlichere Mittheilung machen.

3) Grofse Irren-Anftalten.

Grofse Irren-Anftalten für 400 und mehr Kranke find in Deutfchland wenig vorhanden, während in England, Frankreich und Nordamerika eine gröfsere Zahl folcher grofser Anftalten ausgeführt worden ift. Von denfelben find folgende zu erwähnen.

In England ift die Anftalt zu Exeter (Fig. 22 [21]) für die Graffchaft Devonfhire in Strahlenform mit einem in Mittelpunkte liegenden Verwaltungs- und Wirthfchafts-Gebäude und 6 ftrahlenförmigen Flügeln; ferner die Anftalt zu Wakefield (Fig. 23), urfprünglich in ⊢-Form erbaut, durch Anbau der äufseren Flügel aber in eine doppelte Kreuzform umgeändert, und mit 3, theilweife 4 Gefchoffen ausgeführt; weiters die neue Irren-Anftalt zu Haywards Heath (Fig. 24) in einer Längenerftreckung von 270 m und mit Flügelbauten von 85 m Länge; fodann die Irren-Anftalt zu Colney Hatch, 1858 erbaut, welche für 2200 Kranke eingerichtet ift und

---

[21] Siehe: Allg. Bauz. 1848, S. 307 u Bl. 216—211.

aus rechtwinkelig zu einander gestellten Gebäuden, welche 8 zum grossen Theile geschlossene Höfe umgeben, besteht; endlich die Irren-Anstalt zu Dublin, für 800 Kranke eingerichtet, welche sich aus dreistöckigen Gebäuden zusammensetzt, die

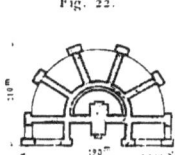

Fig. 22.

Irren-Anstalt zu Exeter [22].

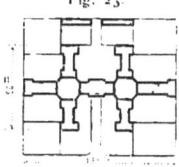

Fig. 23.

Irren-Anstalt zu Wakefield.

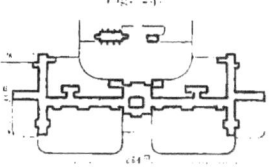

Fig. 24.

Irren-Anstalt zu Haywards Heath.

2 grosse viereckige Höfe umgeben; zur Erweiterung dieser Anstalt ist 1875 ein neues, nach dem Corridor- und Pavillon-System eingerichtetes Gebäude erbaut worden.

In Frankreich ist die Mehrzahl der grossen Anstalten nach dem Pavillon-System ausgeführt; doch kommen dort auch andere Formen vor. Ein System, welches längere Zeit zur Anwendung gebracht ist, zeigt die Irren-Anstalt zu Charenton bei Paris (Fig. 25 [22]).

Fig. 25.

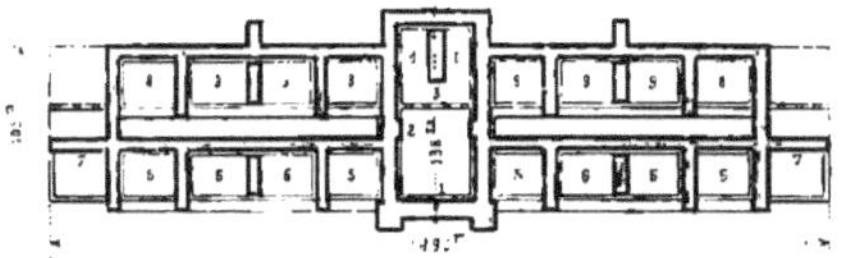

Irren-Anstalt zu Charenton [24].

Die rechtwinkelig zur Axe des Gebäudes einstöckig erbauten Flügel liegen, dem flach ansteigenden Terrain entsprechend, in verschiedenen Höhen, und an diese langen Flügel schliessen sich parallel zur Axe zweigeschossige Pavillons an.

In der Mitte vorn liegt das Verwaltungsgebäude *1*; bei *2* befindet sich die Küche; *3* ist die Capelle; *4* sind die Abtheilungen für Genesende, *5* die Abtheilungen für melancholische und epileptische im Obergeschoss für ruhige Kranke, *6* die Abtheilungen für Unreinliche; *7* sind grosse Säle für ruhige Kranke, *8* die Abtheilungen für Monomanen und *9* die Abtheilungen für tobsüchtige Kranke.

Die noch zur französischen Zeit erbaute Irren-Anstalt zu Stephansfeld im Elsass (Fig. 26) zeigt im Allgemeinen die Linienform.

Der Hauptbau, mit einer offenen Veranda in der ganzen Ausdehnung desselben, hat eine Länge von 200 m, und es schliessen sich an denselben 4 rechtwinkelig dazu gestellte getrennte Gebäude an. Das Verwaltungsgebäude *1* ist weit vor den Hauptbau vorgerückt und mit demselben nicht verbunden.

Fig. 26.

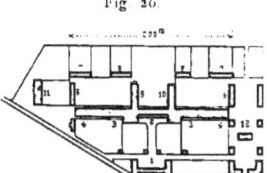

Irren-Anstalt zu Stephansfeld.

2 ist das Gebäude für Pensionäre höherer Stände; *3* sind die Abtheilungen für die ruhigen, *4* und *5* jene für die unruhigen Kranken; *6* ist die Kranken-Station; *7* sind die Abtheilungen für die Tobsüchtigen, *8* jene für die Epileptischen, *9* ist die Kirche, *10* die Küche, *11* die Waschküche und Bäckerei; *12* ist die mit der Anstalt verbundene landwirthschaftliche Station.

Die neuen Irren-Anstalten für das Seine-Departement von *Ste.-Anne*, von *Ville-Evrard* und von *Vaucluse* sind für je 500 bis 600 Kranke eingerichtet.

Die erstere besteht aus 4 Pavillons für Männer und 4 für Frauen, welche zweigeschossig durch offene Hallen verbunden und durch einen breiten Hof in zwei Gruppen getrennt sind, in welchem sich die Küche, die Bäder, Kirche, Wasserbehälter etc. befinden.

---

[22] Siehe: Allg. Bauz. 1852, S. 296 u. Bl. 504. 505.

Von den grofsen Irren-Anftalten in Amerika feien die folgenden angeführt.

Die Irren-Anftalt des Staates New-York (Fig. 27 [23]), welche etwa 1868—69 erbaut und für 750 Kranke beftimmt ift, befteht aus einem zwei Höfe umfchliefsenden Mittelbau und aus an diefen treppenförmig fich anfchliefsenden Flügelbauten.

A ift das viergefchoffige Verwaltungsgebäude mit den Gefchäfts-, Empfangs- und Unterfuchungszimmern, Apotheke und Bibliothek und in den oberen Gefchoffen mit den Wohnungen des leitenden Oberarztes und des erften Affiftenten. *B* ift die Capelle, *C* die Küche und darüber das Theater, *D* das Keffel- und Dampfmafchinenhaus. In den Flugeln *F* liegen, der Capelle gegenüber, die Unterhaltungsräume, Billard-Zimmer, Turnfaal etc., hinten bei *E* die Befchäftigungsräume, Werkftätten, Bügel- und Schneiderzimmer etc. Die Flügel *G* und *H* enthalten die Wohnräume für ruhige Kranke; die Flügel *J* für Tobfüchtige und die Flügel *K* find für körperlich Kranke und Bettlägerige beftimmt. Die Flügel *G* und *H* haben mittlere Flurgänge, die Flügel *J* und *K* feitliche Flurgänge; zum Aufenthalte der Kranken bei Tage dienen grofse Räume, während diefelben faft durchweg in kleinen Zimmern fchlafen.

Fig. 27.   Fig. 28.

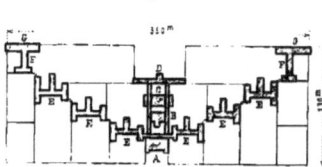

Irren-Anftalt des Staates New-York [23].   Irren-Anftalt des Staates Kanfas [24]).

Die Irren-Anftalt des Staates Kanfas zu Topeka (Fig. 28 [24]), für etwa 400 Kranke eingerichtet, hat einen noch verwickelteren Grundrifs als die vorhergehende Anlage.

A ift das Verwaltungsgebäude, *B* die Capelle, *C* unten die Küche und oben der Gefellfchaftsraum; der Querflügel *D* enthält die Dampfmafchine, die Wafch-Anftalt mit den dazu gehörenden Räumen zum Trocknen, Plätten etc. Die Pavillons *E* enthalten die Räume für die Kranken mit grofsen Tagräumen, breiten feitlichen Flurgängen und kleinen Schlafräumen; in den Flügelgebäuden *F* und *G* find die Abtheilungen für Tobfüchtige untergebracht. Die ganze Anftalt hat eine Länge von etwa 350 m und eine Tiefe von 130 m, während die einzelnen Pavillons *E* 40 m lang find.

In Deutfchland find die intereffanteften grofsen Irren-Anftalten die beiden folgenden.

Irren-Anftalt zu Neuftadt-Eberswalde (fiehe die neben ftehende Tafel [25]). Diefelbe ift nach den Plänen und unter der Leitung von *Gropius* 1862—65 erbaut und befteht aus der auf neben ftehender Tafel im Erdgefchofs dargeftellten Heil- und Pflege-Anftalt für 400 Kranke und dem neben derfelben erbauten Siechenhaufe für 100 Kranke, zufammen alfo für 500 Kranke. Im hohen Kellergefchofs find die Wohnungen des Oekonomen, des Oberwärters, der beiden Oberwärterinnen, des Mafchinenwärters und des Pförtners, fo wie die Arbeitsräume, Werkftätten, der Turnfaal, die Heiz- und Kohlenräume etc. angeordnet.

Im Verwaltungsgebäude *A* liegen im Erdgefchofs die Empfangszimmer mit Vorzimmer *1*, die Bibliothek *2*, der Conferenz-Saal *3*, die Caffe *4*, die Verwaltungsräume *5* und *6*, ein Laboratorium *7* und ein Badezimmer *8*, ferner die Gefellfchaftsräume *9*. Im I. Obergefchofs diefes Gebäudes find die Wohnungen des Directors und des Rendanten, fo wie über dem Gefellfchaftsfaale die Capelle, im II. Obergefchofs die Wohnungen der beiden Affiftenz-Aerzte und des Predigers untergebracht.

Zu beiden Seiten des Verwaltungsgebäudes, mit demfelben im Erdgefchofs durch einen kurzen Flurgang verbunden, liegen die zweigefchoffigen Gebäude *B*, *B* für je 20 männliche und weibliche ruhige Kranke der höheren Stände, in welchen *a* die Schlafzimmer, *b* die Wärterzimmer, *c* den Salon, *d* Flurgänge, *e* Aborte, *f* das Badezimmer und *g* ein Vorzimmer bezeichnen.

---

[23]) Siehe: Deutfche Bauz. 1878, S. 23, 25.
[24]) Siehe ebendaf., S. 24, 25.
[25]) Nach Gropius, M. Die Provinzial-Irrenanftalt zu Neuftadt-Eberswalde. Berlin 1869.

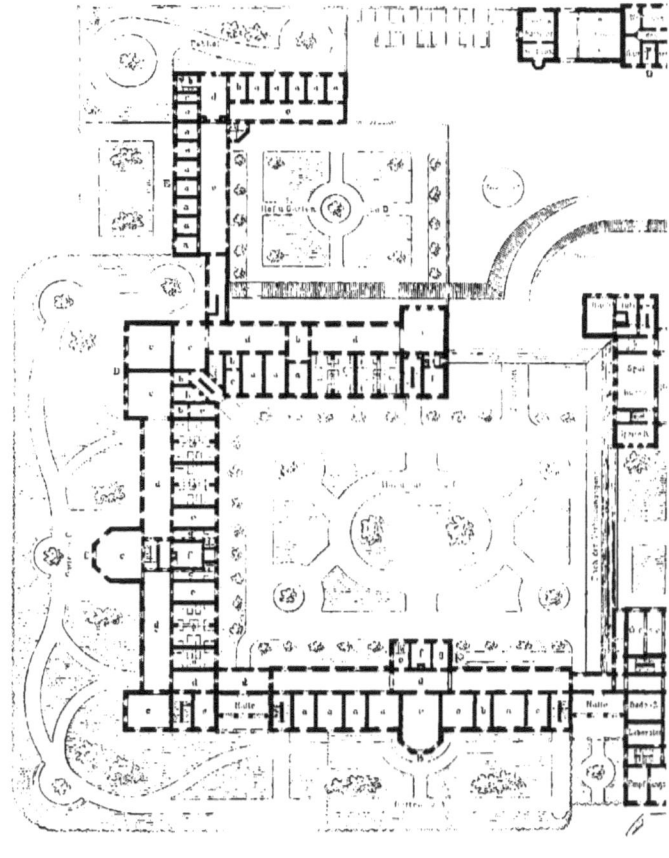

Land-Irren-Anstalt

Gebäude D.
a. Schlafzimmer.
b. Warterzimmer.
c. Salon.
d. Flurgang.
e. Absonderungszimmer.
f. Bad.
g. Waschraum.
h. Geräthe.
i. Aborte.

Gebäude E.
a. Absonderungszelle.
b. Waschraum.
c. Warterzimmer.
d. Warter- und Aufenthaltsraum.
e, f. Flurgänge.

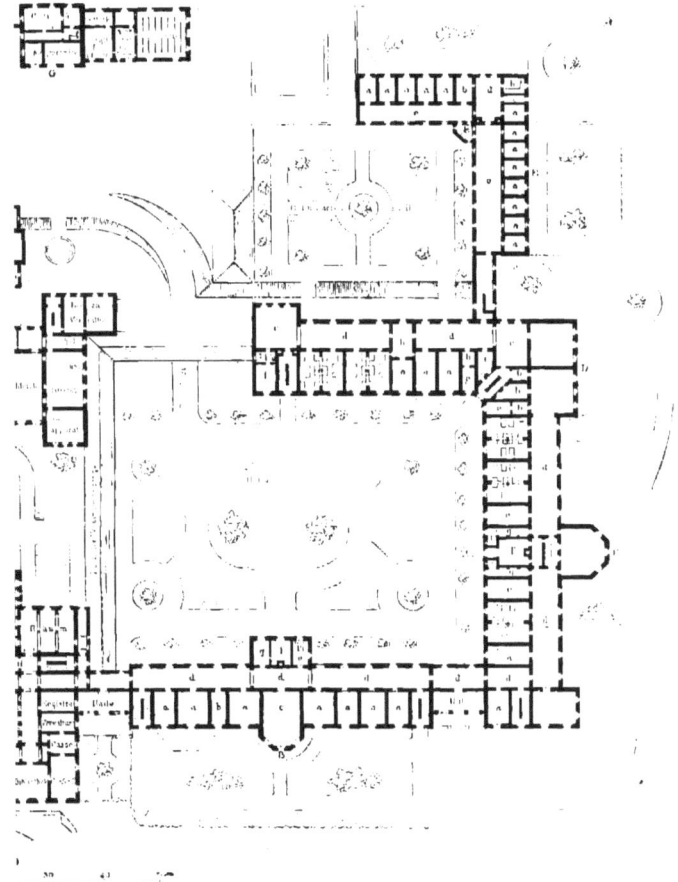

Neustadt-Eberswalde.

Mit diefen Gebäuden wiederum im Erdgefchofs durch einen kurzen Flurgang und eine offene Halle verbunden find die Gebäude C, C für durchfchnittlich 80 ruhige und unruhige Kranke der arbeitenden (III.) Claffe, in welchen wiederum a die Schlafzimmer, b die Wärterzimmer, c Salons, d Flurgänge, e Abfonderungszimmer, f Badezimmer, g Wafchräume, h Geräthräume und i die Aborte find.

Rechtwinkelig an diefe Gebäude C, C fchliefsen fich die Gebäude D, D für je 50 männliche und weibliche präfumptiv unheilbare Kranke höherer und niederer Stände, in welchen eben fo a die Schlafzimmer, b die Wärterzimmer, c Salons, d Flurgänge, e Abfonderungszimmer, f Badezimmer, g Wafchräume, h Geräthraum und i Aborte bezeichnen. Hinter diefen Gebäudeflügeln liegen die einftockigen Abfonderungsgebäude E, E für tobfüchtige Kranke, in welchen a die 12 Abfonderungszellen, b Wafchräume, c Wärterzimmer, d den Wärter- und Aufenthaltsraum für die nicht abgefonderten Kranken und e Flurgänge bezeichnen.

In der Axe der Anftalt liegt hinter dem Verwaltungsgebäude das Wirthfchaftsgebäude F mit der Kochküche 1, der Spülküche 2, der Speifekammer 3 und der Backftube 4, ferner der Wafchküche 5, der Trocken-Einrichtung 6, der Roll- und Plattftube 7, den Räumen für Leinenvorräthe 8, dem Dampfmafchinenraum 9, der Werkftätte 10, dem Raume für den Mafchinenwärter 11, dem Keffelhaufe 12, dem Kohlenraum 13 und neben dem Gebäude der Brunnen 14.

Das Wirthfchaftsgebäude ift durch einen mit der Kellerfohle in gleicher Höhe liegenden Flurgang fowohl mit dem Verwaltungsgebäude, wie mit den Krankenabtheilungen D, D verbunden, und es fetzt fich diefer »neutrale Flurgang« durch die fämmtlichen Krankengebäude im Kellergefchofs fort, fo dafs man durch denfelben zu allen Abtheilungen gelangen kann, ohne die einzelnen Abtheilungen durchfchreiten zu müffen.

An die Gebäude für die Kranken fchliefsen fich Gärten an, welche von den einzelnen Abtheilungen

Fig. 29.

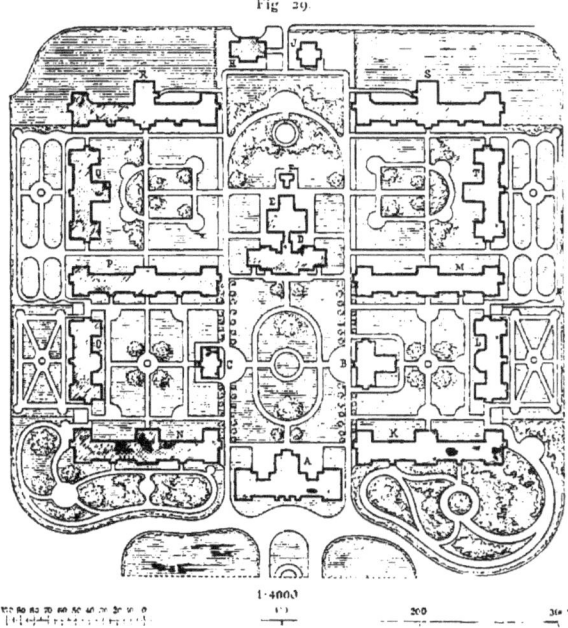

A. Verwaltungsgebäude
B. Wafchküche
C. Werkftatten Gebäude
D. Bäder und Kochküche
E. Keffelhaus
F. Spritzenhaus
G. Eiskeller.
H. Leichenhaus
J. Beamten-Wohnhaus
K, M, N, P. Gebäude für je 100 ruhige Irre.
L, O. Gebäude für je 50 unruhige Irre.
R, S. Gebäude für je 150 Sieche
Q, T. Gebäude für je 100 Epileptifche.

1:4000

Irren-Anftalt zu Dalldorf.
Arch. *Blankenftein*

unmittelbar zugänglich find. Zu den inneren Gärten führen von der Rückfeite Durchfahrten für Feuerfpritzen bei etwaiger Feuersgefahr, zu Düngerfuhren etc.

Endlich find an der Rückfeite der Anftalt, fymmetrifch zur Axe, zwei einflöckige Wirthfchaftsgebäude G, G mit Wohnungen für den Pförtner und den Gärtner und Schlafräumen für das männliche Dienft-Perfonal, ferner mit Wagen-Remife, Stallung für Pferde und Kühe, mit Scheunenraum, Spritzenraum und endlich mit dem Leichenraum und Sections-Zimmer. Zwifchen diefen Gebäuden ift die Einfahrt zum Hofe angelegt, welcher zwifchen den Wirthfchaftsgebäuden fich bildet und für wirthfchaftliche Zwecke beftimmt ift.

Die Wafferverforgung der Anftalt gefchieht aus einem 4 m im Durchmeffer haltenden, 6 m tiefen Brunnen, welcher, in feinem Sande neben einem flachen Hügel gelegen, reichlich Waffer liefert. Der Bedarf von täglich 0.15 cbm für den Kopf wird durch eine Dampfmafchine von 4 Pferdeftärken mittels 3 doppelt wirkender Pumpen in den 100 cbm haltenden Hochbehälter gepumpt, welcher etwa 3 m höher als die Dachgefchoffe der Krankenhäufer liegt, fo dafs fich die kleinen auf letzteren gelegenen Behälter für die Bäder in den Krankenhäufern mittels communicirender Röhren ftets füllen und mittels eines Schwimmkugelhahnes von felbft abfchliefsen.

51.
Beifpiel XXIII.

Irren-Anftalt zu Dalldorf bei Berlin (Fig. 29 [26]). Diefelbe wurde nach den Plänen und unter Leitung *Blankenftein's* 1877—79 erbaut, ift zur Aufnahme von 1000 Irren, darunter etwa 500 körperlich Gefunden und eben fo vielen körperlich Kranken, beftimmt und ift ausfchliefslich Pflegeanftalt, nicht Heilanftalt im engeren Sinne. Die abgefondert erbauten Gebäude umfchliefsen 2 grofse mit Gartenanlagen ausgeftattete Höfe, in deren gemeinfamer Hauptaxe, bezw. in deren Nähe die Verwaltungs- und Wirthfchaftsgebäude gelegen find. Vorn am Eingange befindet fich das Verwaltungsgebäude A; dann folgt rechts die Wafchküche B und links das Werkftättengebäude C; in der Axe das Gebäude D mit Kochküche und Bädern, das Keffelhaus E, von welchem der Dampf einer Sammel-Dampfheizung nach allen Gebäuden der Anftalt, mit Ausnahme des durch Feuer-Luftheizung erwärmten Verwaltungsgebäudes und des durch Kachelöfen geheizten Beamten-Wohnhaufes, geleitet wird. In der Axe find ferner das Spritzenhaus F, das Leichenhaus H und ein Beamten-Wohnhaus J angeordnet. An der rechten Seite liegen die Gebäude für die weiblichen und an der linken Seite für die männlichen Kranken; die Gebäude K, N, M und P find für je 100 ruhige Irren, O und L für je 50 Unruhige, Q und T für je 100 Epileptifche, R und S für je 150 Sieche beftimmt.

Die Gebäude find fämmtlich in Backftein-Rohbau, wenn auch ziemlich fchmucklos, doch folid und fachgemäfs durchgeführt und machen einen harmonifch wohlthuenden Eindruck.

4) Irren-Anftalten mit Ackerbau-Colonien.

52.
Fortfetzung.

Die neueften gröfseren Irren-Anftalten in Deutfchland find faft regelmäfsig mit Ackerbau-Colonien verbunden, wozu die folgenden Erfahrungen und Erwägungen Veranlaffung gegeben haben.

α) Schon feit mehreren Jahrzehnten haben die meiften Irrenärzte die Ueberzeugung gewonnen, dafs eines der wirkfamften Heilmittel für die dazu geeigneten Kranken die regelmäfsige Befchäftigung mit ländlichen Arbeiten im Freien ift. Es wurden daher fchon für eine grofse Anzahl von neueren Irren-Anftalten gleich bei der erften Anlage oder nachträglich ausgedehntere Grundflächen angekauft, als für die Anftalt felbft und deren Ziergärten und Parks erforderlich waren. Diefe Grundflächen wurden Anfangs bei einer befchränkteren Ausdehnung meiftens als Gemüfegärten behandelt, und nur nach und nach ging man bei gröfserer Ausdehnung zur Bearbeitung als Ackerland über. Diefe Grundflächen lagen in der Regel im unmittelbaren Anfchluffe an die Anftalt felbft, und die zu den Arbeiten verwendeten Arbeiter hatten ihre Wohnung und Verpflegung in der Anftalt, von der fie zu den Arbeiten geführt wurden und wohin fie zu den Mahlzeiten und Abends nach beendigter Arbeit zurückkehrten.

β) Bei diefen Arbeiten und auch durch fonftige Erfahrungen ftellte fich heraus, dafs bei einer forgfältigen Auswahl derfelben ein Entweichen der Kranken von den

---

[26] Nach: Deutfche Bauz. 1879, S. 139.

Arbeitsfeldern, welche ohne Einfriedigungen frei lagen, sehr selten versucht und noch seltener ausgeführt wurde, und so bildete sich unter den deutschen Irrenärzten immer mehr eine Ansicht aus, welche dem in England schon länger mehr verbreiteten *Non-restrain*-Systeme sich zuneigte, wenn dieses System hier auch nicht in seinen äusersten Consequenzen, z. B. Beseitigung aller Zwangsmassregeln, jeder Vergitterung der Fenster, der hohen Einfriedigungen etc., allgemeiner zur Anwendung gekommen ist. Man neigte sich vielmehr der Vermittelung zu, für die geeigneten Kranken die Zwangsmassregeln zu beseitigen und die übrigen Kranken in geschlossenen Anstalten zu behandeln. Diese sich immer mehr verbreitende Ansicht trug auch zur Ausbildung der Ackerbau-Colonien bei.

γ) Ein fernerer, wenn auch nicht so durchschlagender Grund für Ackerbau-Colonien wurde in der Möglichkeit gefunden, bei Colonien in der Nähe der Hauptanstalten in Folge der immer mehr sich ausbreitenden Anwendung einer Wasserspülung der Aborte die geeigneten Grundflächen mit den Abortstoffen berieseln und dieselben dadurch bequemer nutzbar, auch die Flüssigkeiten reinigen und zur Ableitung in kleinere Wasserläufe geeignet machen zu können.

δ) Der wesentlichste Anstoss zur Anlage und weiteren Ausdehnung von Ackerbau-Colonien wurde jedoch durch das fortwährende rasche Anwachsen der Kosten für den Bau und den Betrieb der geschlossenen Irren-Anstalten herbeigeführt. Diese gewaltige Zunahme der Kosten für den Bau von Irren-Anstalten hatte seinen Grund einmal in dem Wachsen der Zahl der Kranken mit der Zunahme der Bevölkerung, sodann in der verbreiteten Ansicht, dass nur in kleinen und mittleren Anstalten für 200 bis 400 Kranke mit genügender Sonderbehandlung für die Kranken gesorgt werden könne, während die Baukosten für kleinere Anstalten, auf einen Kranken reducirt, selbstverständlich erheblich gröfser sind, als für gröfsere Anstalten, endlich aber auch darin, dafs die Anstalten in ihrer ganzen Anlage und Ausführung zu solid, zum Theile sogar luxuriös, hergestellt wurden.

Nachdem man die Erfahrung gemacht hatte, dafs es für eine grofse Zahl ruhiger und körperlich rüstiger Kranker nicht erforderlich ist, die Grundsätze, welche sich nach und nach für den Luftraum und die Lüftung der Wohn- und Schlafräume herausgebildet hatten, für die Sicherungsmassregeln etc. in den geschlossenen Anstalten allgemein anzuwenden, kam man zu der Ueberzeugung, dafs man in den Baukosten erheblich sparen könne, wenn man für diese Kranken in Ackerbau-Colonien einfache Wohnungen, ohne die für geschlossene Anstalten anzuwendenden Sicherungsanlagen, errichte.

Aus der in Art. 62 noch zu gebenden Zusammenstellung der Kosten von 27 Irren-Anstalten geht hervor, dafs die Baukosten (ohne Grunderwerb und Inventar der theuersten deutschen Anstalt (Merzig) für 240 Kranke, auf einen Kranken reducirt, 8230 Mark betragen, während die Baukosten der billigsten deutschen Anstalt (Alt-Scherbitz) für 150 Kranke, 140 Sieche und 430 Colonisten, zusammen 720 Kranke, auf einen Kranken reducirt, nur 1400 Mark, also etwa den sechsten Theil jener betragen. Allerdings kommen zu letzterer Anstalt noch die gröfseren Kosten für Grunderwerb hinzu; diese können jedoch, auf einen Kranken reducirt, nicht sehr hoch sein und werden aufserdem zum gröfsten Theile durch die Reinerträge der Colonien ausgeglichen, welche bei den geringen Arbeitslöhnen verhältnifsmäfsig hoch ausfallen.

ε) Dies führt uns auf den letzten der für die Ackerbau-Colonien sprechenden Gründe, die Ermäfsigung der Betriebskosten. Es ist neben dem Heilzwecke in Beziehung auf die Beschäftigung der dazu geeigneten rüstigen Arbeiter auch unbedingt erwünscht, die Kräfte derselben nützlich zu verwenden und dadurch die Betriebskosten der Anstalten zu vermindern. Dafs dies in Wirklichkeit in einem bemerkenswerthen Mafse der Fall ist, zeigen die Betriebsüberfichten der rationell bewirthfchafteten Ackerbau-Colonien mehrerer Irren-Anftalten.

<small>53.
Beifpiel
XXIV.</small>

Nachdem wir in Art. 6 (S. 3) fchon eine kurze allgemeine Ueberficht über eine Anzahl von Irren-Anftalten gegeben haben, mit welchen Ackerbau-Colonien verbunden find, wollen wir nun als Beifpiele folcher Anftalten auf einige derfelben etwas näher eingehen.

Irren-Anftalt Alt-Scherbitz (in der preufsifchen Provinz Sachfen). Diefe an der Chauffee von Leipzig nach Skeuditz gelegene Anftalt, welche auf der neben ftehenden Tafel im Lageplan dargeftellt ift, ift diejenige deutfche Irren-Anftalt, bei welcher das Syftem der Ackerbau-Colonien am weit gehendften und confequenteften durchgeführt wurde. Diefelbe wurde 1876 auf dem 300 ha grofsen Rittergute Alt-Scherbitz gegründet, und zwar für 150 Kranke in einer gefchloffenen Anftalt und zunächft für 250 Kranke in der Ackerbau-Colonie, in welcher diefelben in gröfseren oder kleineren ländlichen Gebäuden, in der Nähe der gefchloffenen Anftalt, wohnen. Später find öftlich neben der gefchloffenen Anftalt zwei Siechenhäufer, mit einem befonderen kleinen Verwaltungsgebäude, für 140 Sieche errichtet und in der Colonie neben den zu benutzenden älteren Gebäuden nach und nach mehrere kleinere neue Wohnhäufer, Villen genannt (4 für Männer und 3 für Frauen), erbaut, fo dafs die Anftalt gegenwärtig (1888) in der gefchloffenen Anftalt, wie fchon angedeutet, etwa 150 Kranke, im Siechen-Afyl 140 Sieche und in der Colonie etwa 430 Coloniften, zufammen 720 Kranke beherbergt.

In der gefchloffenen, nördlich der Ackerbau-Colonie gelegenen Anftalt, mit einer Grundfläche von 4,25 ha einfchl. des Parks, ift A das Verwaltungsgebäude, von deffen Axe öftlich die Männer-Abtheilung und weftlich die Frauen-Abtheilung liegt. In diefen Abtheilungen find B und B₁ die Beobachtungs-Stationen, C und C₁ die Aufnahme-Stationen, D und D₁ die Abfonderungshäufer für die unruhigen Kranken. Hinter dem Verwaltungsgebäude, in der Axe der Anftalt, befindet fich zunächft das Lazarethgebäude E für körperlich Kranke und noch weiter zurück an der Grenze der gefchloffenen Anftalt das Leichenhaus und Sections-Gebäude F.

Für das Siechen-Afyl ift G das Verwaltungsgebäude, und H, J find die Siechenhäufer, jedes für 70 Sieche. Einfchliefslich des das Afyl umgebenden Parks hat daffelbe eine Grundfläche von 2 ha.

Die Ackerbau-Colonie umfafst eine Grundfläche von 290 ha, welche faft ganz durch Kranke bewirthfchaftet wird. Die Gebäude der Colonie find nicht nach einem einheitlichen Plane ausgeführt, da die Gebäude des früheren Rittergutes und auch eine Anzahl angekaufter kleiner Privathäufer zu den Wohn- und Wirthfchaftsgebäuden benutzt werden, und erft nach und nach einfache neue Gebäude ausgeführt worden find, von denen die Wohngebäude XIII, XIV, XV und XVI die Villen für Männer, die Wohngebäude XX, XXI und XXII die Villen für Frauen genannt werden. Diefe Gebäude, wie auch die zu Wohnungen benutzten Dorfhäufer IV bis XII, liegen ganz frei ohne Einfriedigung, wie denn auch die Gebäude des Siechen-Afyls eine Einfriedigung nicht haben und von der gefchloffenen Anftalt die zuletzt gebauten beiden Aufnahme-Stationen C und C₁ nur mit niedrigen Latten-Stacketen eingefriedigt find, während die übrigen Theile der gefchloffenen Anftalt hohe Mauereinfriedigungen befitzen.

Zur vollftändigen Bezeichnung der Beftimmung der einzelnen Gebäude der Ackerbau-Colonie führen wir das Folgende an.

I ift das Directorial-Gebäude, mit der einen Längenanficht nach dem Elfterthale zugekehrt und mit ausgedehnten Parkanlagen umgeben, mit der anderen Längenanficht am Gutshofe gelegen; neben dem Directorial-Gebäude, ebenfalls an den Park und den Gutshof grenzend, liegt das Gewächshaus II. Das Gebäude III hat unten Pferdeftälle, im Obergefchofs Wohnungen für kranke Männer. Die 9 Gebäude IV bis XII find alle, angekaufte Dorfhäufer, welche vorerft als Wohnungen für kranke Männer eingerichtet find. Nachdem diefe zu den Wohnungen für Kranke nicht mehr ausreichen, find die 4 Villen XIII, XIV, XV und XVI erbaut, in welchen ebenfalls kranke Männer der Colonie wohnen.

Zu Wohnungen für Frauen find eingerichtet: das Gebäude XVII, in welchem auch der Guts-Infpector wohnt, ferner das Gebäude XVIII, verbunden mit dem Wafchküchengebäude XXIII, das Gebäude XIX, verbunden mit dem Kochküchengebäude XXIV, fo wie endlich die 3 Villen XX, XXI und XXII.

Das Gebäude XXV ift eine Scheune mit einem daran gebauten Schweineftall; XXVI ift das Schlachthaus, XXVII ein Holzftall, XXVIII die Brennerei, XXIX ein Rindviehftall, XXX eine zweite Scheune,

Anstalt:
A. Verwaltungsgebäude.
B, B₁. Beobachtungs-Stationen.
C, C₁. Aufnahme-Stationen.
D, D₁. Absonderungshäuser für unruhige Kranke.
E. Krankenhaus für körperlich Kranke.
F. Leichenhaus und Sections-Gebäude.

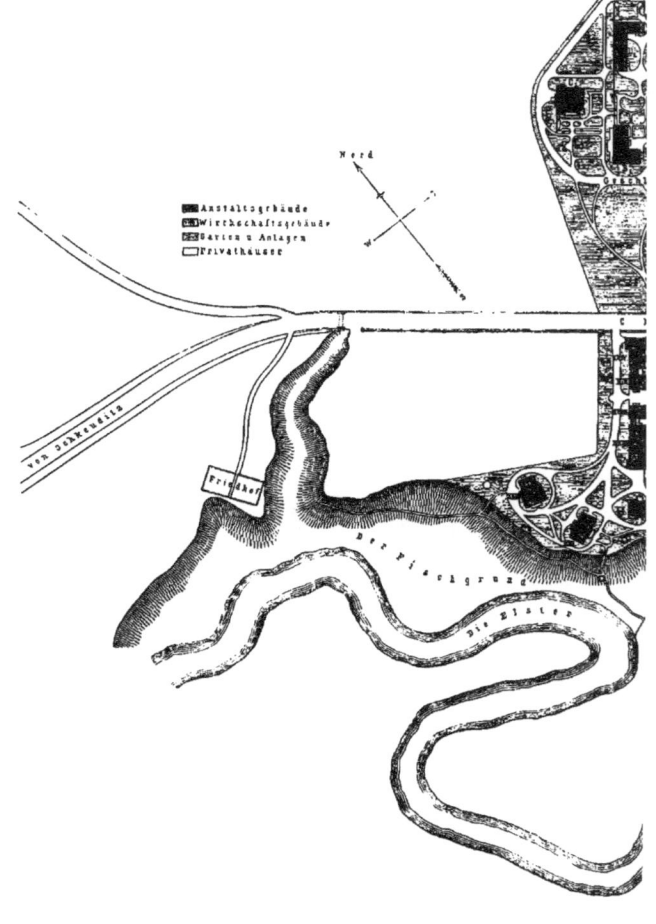

der Provi
„Ritterg

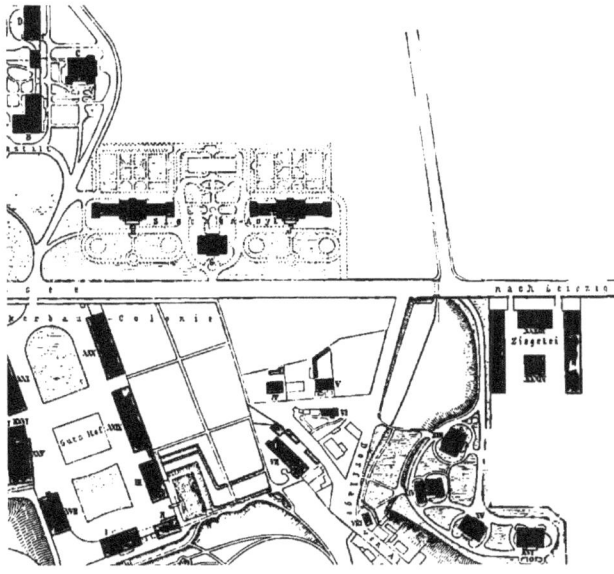

Ackerbau-Colonie:

I. Directions-Gebäude.
II. Gewächshaus.
III. Pferdeställe (im Obergeschofs Wohnungen für kranke Männer.)
IV—XII. Dorfhäuser, zu Wohnungen für kranke Männer eingerichtet.
XIII—XVI. Villen für kranke Männer.
XVII—XIX. Wohnungen für kranke Frauen.
XX—XXII. Villen für Frauen.
XXIII. Wafchküche.
XXIV. Kochküche.
XXV. Scheune mit Schweineftall.
XXVI. Schlachthaus.

XXXI ein Schaf- und Rindviehstall und *XXXII* ein Schuppengebäude. *XXXIII* sind drei Werkstätten gebäude, und *XXXIV* ist eine Ziegelei mit zwei langen Trockenschuppen und einem Brennofen; *XXXVI* endlich ist ein kleines Hirtenhaus.

In der Nähe und zum Theile zwischen den Wohnhäusern für die Männer liegt eine Anzahl von Privathäusern von Alt-Scherbitz, welche auf dem Plane nur mit einfachen Linien ohne Schraffirung angegeben find. Westlich der Anstalt, durch einen von der Chauffee abzweigenden Weg zugänglich, befindet fich auf dem das Elsterthal begrenzenden Rande der Friedhof.

An Abfonderungszellen besitzt die Gesammtanstalt nur 20, also nicht ganz 3 Procent der Kranken, und von diesen werden nur 16 als Einzel-Schlafzimmer benutzt.

Die Anstalt hat auch in der geschlossenen Abtheilung nur Ofenheizung, mit Ausnahme der in einem besonderen Gebäudetheile zusammengelegten Abfonderungszellen des Detentionshaufes, welche mit einer Heisswasser-Heizung versehen find. Künstliche Lüftungs-Einrichtungen bestehen in der Anstalt nicht. Die Aborte find mit beweglichen Kübeln eingerichtet, welche in kurzen Zwischenräumen entleert werden.

Die Kosten dieser Anstalt, wie erwähnt für 150 Kranke in einer geschlossenen Anstalt, 140 Sieche und für 430 Kranke in der Ackerbau-Colonie, ausschl. des Grund und Bodens und der inneren Ausstattung mit Möbeln und sonstigem Inventar, betragen, auf einen Kranken reducirt, rund 1400 Mark.

Provinzial-Irrenanstalt zu Lauenburg (in Pommern). Diese in Fig. 30 im Lageplan dargestellte, gegenwärtig (1888) noch im Bau begriffene Anstalt ist für 600 Kranke entworfen, wird vorläufig jedoch nur für 300 Kranke ausgeführt. Von der Nordseite her führt ein Zufahrtsweg zum Verwaltungs-

54
Beispiel
XXV

Fig. 30.

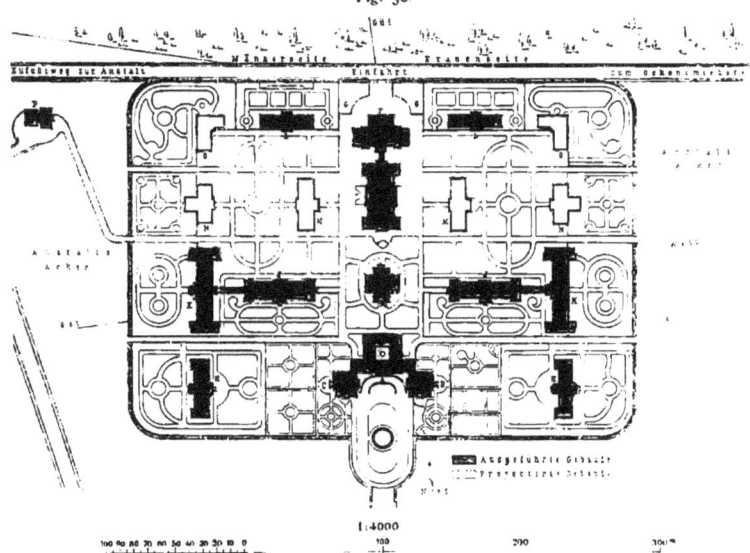

Provinzial-Irren-Anstalt zu Lauenburg

A. Verwaltungsgebaude.
B. Wohnung des Directors.
C. Wohnungen des Rendanten und des Verwalters.
D. Gesellschaftshaus.
E. Wirthschaftsgebäude.
F. Kesselhaus.
G. Kohlenlagerplatz.

H, H₁ Gebäude für Pensionäre.
J, J₁. Beobachtungs-Stationen.
K, K₁. Gebaude für Unruhige.
L, L₁. Gebaude für Ruhige.
M, M₁. Gebaude für Sieche.
N, N₁. Gebäude für halbruhige ruftige Kranke.
O, O₁. Gebäude für ruhige ruftige Kranke.
P. Leichenhalle.

gebäude, während von der Südfeite eine Zufahrt zum Wirthfchaftsgebäude, fowohl vom öffentlichen Wege, wie vom Wirthfchaftshofe her vorhanden ift. Von letzterem können wir leider keinen Lageplan bringen; der Wirthfchaftshof ift etwa 50 m vom eigentlichen Anftaltsgebäude entfernt, hat ein Infpector- und ein Arbeiterhaus, ferner die nöthigen Scheunen, Pferdeftall, Kuhftall und Schweineftall. Das zur Ackerwirthfchaft benutzte Terrain hat eine Gröfse von 47 ha, während das Terrain der in Fig. 30 dargeftellten Irren-Anftalt felbft eine Gröfse von 9 ha befitzt.

Der nördlichen Zufahrt der gefchloffenen Anftalt gegenüber liegt das Verwaltungsgebäude A; mit demfelben durch eine Thür verbunden find die Dienftwohnung B des Directors und die Dienftwohnungen C für den Rendanten und den Verwalter. In der Axe der Anftalt befindet fich hinter dem Verwaltungsgebäude zunächft das Gefellfchaftshaus D; dann folgt das Wirthfchaftsgebäude E mit dem Keffelhaufe F, und neben demfelben befinden fich die Kohlenlagerplätze G, G. Oeftlich der Axe ift die Männerfeite und weftlich derfelben die Frauenfeite; an beiden Seiten find fymmetrifch die Gebäude H und H_1 für Penfionäre, fo wie die Gebäude J und J_1 der Beobachtungs-Stationen angeordnet; mit diefen find durch bedeckte Gänge verbunden die Gebäude K und K_1 für Unruhige, fo wie die Gebäude L und L_1 für Ruhige; P ift die Leichenhalle.

Die vorftehend angeführten Gebäude A bis P find gleich in der ganzen Ausdehnung für eine Anftalt von 600 Kranken hergeftellt, während die Gebäude H und H_1, J und J_1, K und K_1, L und L_1 für die Aufnahme von 300 Kranken ausreichen. Bei einer nothwendig werdenden ferneren Erweiterung follen dann nach und nach die Gebäude M und M_1 für Sieche, N und N_1 für halbruhige rüftige Kranke und endlich O und O_1 für ruhige rüftige Kranke ausgeführt werden, fo dafs dann die Anftalt im Ganzen 600 Kranke aufnehmen kann. Die Gebäude N, N_1, O und O_1 fcheinen dann mit den Kranken befetzt werden zu follen, welche in der nahe gelegenen Ackerbau-Colonie mit landwirthfchaftlichen Arbeiten zu befchäftigen fein werden, aufser den Kranken, welche in der Colonie felbft wohnen.

In den Gebäuden für die Unruhigen find 6 Einzelzellen für Männer und 6 für Frauen hergerichtet. Die Heizung in den Gebäuden für die Kranken ift eine Dampf-Luftheizung. Eine künftliche Lüftung ift in diefen Gebäuden nicht angelegt. Die Aborte find für Wafferfpülung eingerichtet, und mit den Abwaffern werden die Felder beriefelt.

Aufser den Koften für den Grund und Boden und für die innere Ausftattung mit Möbeln und fonftigem Inventar find die Anlagekoften der Anftalt zu 1 380 000 Mark veranfchlagt, fo dafs die Koften für einen der 300 Kranken berechnet, 4600 Mark betragen.

Irren-Anftalt zu Saargemünd (in Elfafs-Lothringen, Fig. 31). Diefelbe ift nach den Plänen und unter Leitung Plage's 1875—80 erbaut und für 500 Kranke beftimmt, von welchen 400 in der neu erbauten Anftalt und 100 in den Gebäuden einer Ackerbau-Colonie untergebracht find. Die Anftalt ift nach dem Pavillon-Syfteme mit einzelnen von einander abgefonderten Gebäuden für folgende Krankengruppen errichtet:

α) Penfionäre und gebildete Ruhige	25 Männer und	25 Frauen,
β) Ruhige Kranke der niederen Claffe	70	110
γ) Unreinliche und Epileptifche	35	40
δ) Halbruhige und Neuaufgenommene	30	35
ε) Unruhige	15	15
ζ) Landwirthfchaftliche Colonie	75	25
	zufammen 250 Männer und 250 Frauen.	

Aufserdem ift noch eine VII. Abtheilung mit 14 Betten für körperlich kranke Männer und für eben fo viele kranke Frauen und eine Referve-Abtheilung im Obergefchofs der Abtheilung β hergeftellt, welche zum Aufenthalt von Kranken beftimmt ift, wenn deren Räume gröfseren Ausbefferungen unterworfen werden müffen.

Im Lageplane (Fig. 31) ift A das Verwaltungsgebäude, vor welchem ein grofser Rafenplatz mit Blumenbeeten etc. angelegt ift. In der Axe der Anftalt folgen dann die Kirche H, die Kochküche J, das Keffelhaus K, die Wafchküche L, die allgemeine Bade-Anftalt M, der Eiskeller N und das Leichenhaus O.

Zu beiden Seiten der Axe fymmetrifch befinden fich die Gebäude für die kranken Männer und Frauen, und zwar B, B für Penfionäre und gebildete ruhige Kranke, C, C für ruhige Ungebildete, D, D für Halbruhige und Neuaufgenommene, E, E für Unreinliche und Epileptifche, F, F für körperlich Kranke und G, G für Unruhige. Die landwirthfchaftliche Station ift mit P bezeichnet.

Die im Lageplane gezeichneten, urfprünglich projectirten gedeckten Gänge zur Verbindung des Verwaltungsgebäudes, des Küchengebäudes und der allgemeinen Bäder mit den einzelnen Krankenabtheilungen und diefer unter fich wurden mit Ausnahme des gedeckten Ganges zwifchen den Gebäuden A und B, B aus Erfparnifsrückfichten nicht ausgeführt.

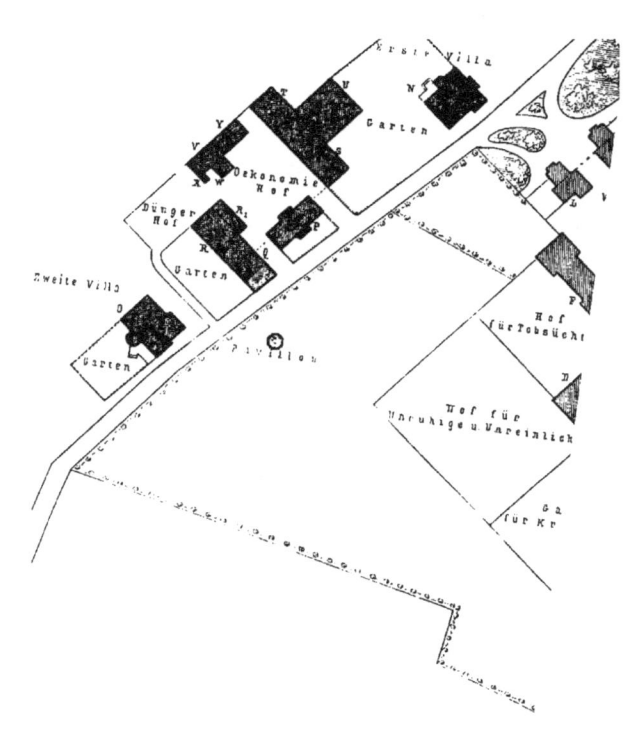

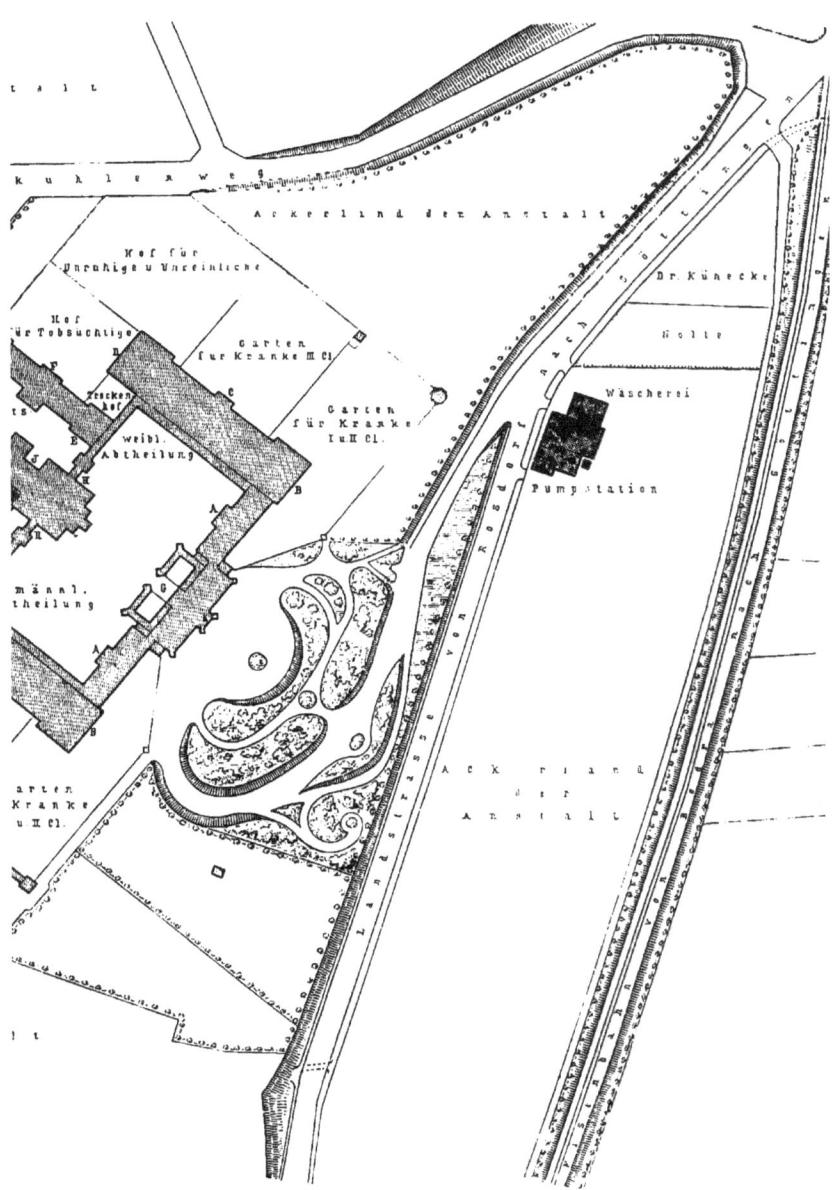

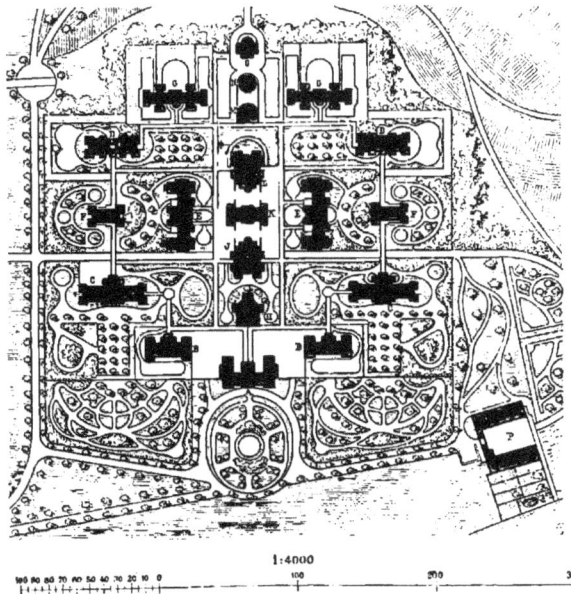

A. Verwaltungsgebäude.
B. Gebäude für Penfionäre und gebildete ruhige Kranke.
C. Gebäude für ruhige ungebildete Kranke.
D. Gebäude für Halbruhige.
E. Gebäude für Unreine und Epileptifche.
F. Gebäude für körperlich Kranke.
G. Gebäude für Unruhige.
H. Kirche.
J. Kochküche.
K. Keffelhaus.
L. Wafchküche.
M. Bade-Anftalt.
N. Eiskeller.
O. Leichenhaus.

1:4000

Irren-Anftalt zu Saargemünd.
Arch.: *Plage*.

Ackerbau-Colonie der Irren-Anftalt zu Göttingen (fiehe die neben ftehende Tafel). Die in Art. 46 (S. 39) und auf der Tafel bei S. 39 mitgetheilte Anlage zeigt die Irren-Anftalt zu Göttingen, wie diefelbe in den Jahren 1862—65 nach einem Programm für 200 Kranke (einfchl. der Tobzellen und der Zimmer für körperlich Kranke für 236 Kranke) auf einer Grundfläche von 9,5 ha ausgeführt worden ift. Die im Laufe der Jahre gemachten Erfahrungen über die gunftigen Ergebniffe der Befchäftigung einer Mehrzahl der Kranken mit landwirthfchaftlichen Arbeiten, fo wie die Nothwendigkeit, für die Unterbringung einer gröfseren Zahl von Kranken mehr Raum zu fchaffen, veranlafsten den Ankauf einer ferneren gröfseren Grundfläche von 27 ha neben der Hauptanftalt und nach und nach die Anlage einer Ackerbau-Colonie, wie folche auf der neben ftehenden Tafel an der Weftfeite der Hauptanftalt dargeftellt und mit den Buchftaben N, O und P bis Y bezeichnet ift. P enthält die Wohnungen für den Oberauffeher, für einen Affiftenzarzt und 15 arbeitsfähige Kranke; Q ift ein Stallgebäude für 5 Pferde; R ift ein Stallgebäude für 24 Kühe und R_1 ein offenes Vordach für das Grünfutter. S ift eine alte Scheune mit Remife für einen Kutfchenwagen und einem Raume für Sämereien. T ift ein Wagenfchuppen und U ein neue Scheune mit einer grofsen Tenne. V ift der alte und Y ein neuer Schweineftall mit einem darüber gelegenen Hühnerftalle. W ift das Schlachthaus mit Futterküche, und X find die Aborte.

Das Gebäude N ift ein Wohnhaus (Villa) für 25 männliche Kranke und O die zweite Villa für 35 männliche Kranke, welche zur Befchäftigung in der Colonie geeignet find. Die Grundriffe der erften Villa find in Fig. 32 u. 33 dargeftellt, aus welchen zu erfehen ift, dafs im Erdgefchofs vorzugsweife die Wohnräume und im Obergefchofs die Schlafräume angeordnet find. Die Gebäude find einfach, aber folid ausgeführt, haben keine Fenftervergitterung und keine Einfriedigungen als Schutz gegen das Entweichen der Kranken. Die Verpflegung der Coloniften gefchieht von der Hauptanftalt aus; die etwa körperlich Erkrankten und Siechen werden in der Hauptanftalt behandelt.

56. Beifpiel XXVII.

Handbuch der Architektur. IV. 5, b. 4

Etwa gleichzeitig mit der Anlage der Ackerbau-Colonie wurden auch in der Hauptanstalt einige Erweiterungen und Abänderungen vorgenommen, so dafs die Zahl der Kranken, einfchl. der Coloniften, im Sommer 1888 im Ganzen 360 betrug, während die Anftalt urfprünglich nur für 236 Kranke beftimmt war, von denen 40 bis 50 rüftige Kranke regelmäfsig in der Landwirthfchaft befchäftigt werden.

Diefe Vergröfserung der Zahl der Kranken machte aber auch eine Vergröfserung der Speifeküche und der Wafch-Anftalt, fo wie eine Vermehrung der Wafferbefchaffung nothwendig. Zu diefem Zwecke wurde im Thale des Leineflufses eine Pumpftation, verbunden mit einer Dampf-

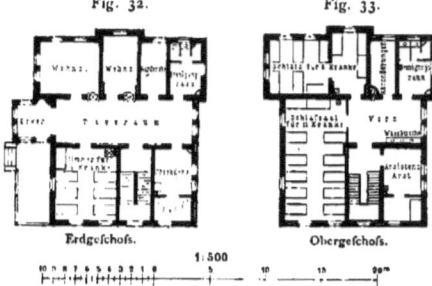

Erfte Villa der Irren-Anftalt zu Göttingen.

wäfcherei, angelegt (auf der neben ftehenden Tafel rechts neben der Landftrafse von Rosdorf), und es wurden die neben der Speifeküche gelegenen Räume der urfprünglichen Wafch-Anftalt (auf der Tafel bei S. 39 die Räume *58* bis *61*) zu der Speifeküche hinzugezogen. Das der Anftalt überwiefene Gelände ift im Laufe der Zeit erheblich erweitert; davon werden 20,7 ha durch Kranke landwirthfchaftlich bearbeitet.

Die urfprünglich nach dem *d'Arcet*'fchen Syfteme angelegten Aborte der Hauptanftalt find nach und nach in folche mit Wafferfpülung umgewandelt worden, und die Schwemmmaffen werden zum Theile zur Beriefelung von Wiefen verwendet, welche nordweftlich der Ackerbau-Colonie in einer Gröfse von faft 2 ha angelegt find. Die Anlage hat fich fehr gut bewährt, und es werden fünf Schnitte des Grafes erzielt.

Die Anlage der Colonie hat, abgefehen vom Ankauf des Grund und Bodens und Inventars, gekoftet:

α) Baukoften der Colonie-Gebäude . . . . 72 000 Mark
β) »   der erften Villa für 25 Kranke (255 qm) . . 31 200 »
γ) »   der zweiten Villa für 35 Kranke (269 qm) . . 37 000 »

zufammen 140 200 Mark

Rechnet man dazu noch die Koften der Veränderungen in der Hauptanftalt mit zufammen 108 700 Mark, fo wurden die Baukoften der Hauptanftalt mit der Colonie um 248 900 Mark vermehrt, dagegen die Baukoften für einen Kranken, welche urfprünglich (bei 236 Kranken) 3375 Mark betrugen, auf 2904 Mark herabgemindert.

Irren-Anftalt zu Tübingen (fiehe die neben ftehende Tafel). Diefer von *v. Schlierholz* bearbeitete Entwurf einer Irren-Anftalt in der Univerfitätsftadt Tübingen ift bis jetzt nicht zur Ausführung gekommen und wird, nachdem inzwifchen das Klofter Schuffenried zu einer Irren-Anftalt für das Königreich Württemberg ausgebaut und für 300 Geifteskranke eingerichtet ift, wohl auch fobald nicht zur Ausführung gebracht werden. Wenn wir hier auf diefen nicht ausgeführten Entwurf näher eingehen und deffen Grundrifs des Erdgefchoffes auf der neben ftehenden Tafel[21]) mittheilen, fo gefchieht dies, weil wir diefen Grundplan für ein gröfseres fanft anfteigendes Terrain als einen befonders günftig angeordneten erachten, welcher die Anordnung mancher auch neuer Irren-Anftalten an Zweckmäfsigkeit übertreffen dürfte.

Die Anftalt, welche zugleich zu dem pfychiatrifchen Unterrichte (als Irren-Klinik) dienen, auch mit einer Ackerwirthfchaft von etwa 22 ha zufammenhängenden Landes verbunden und zunächft für 300 Kranke eingerichtet werden follte, war dem Programm entfprechend fo anzuordnen, dafs fpäter, bei eintretendem Bedürfnifs, die Zahl der Kranken auf 500 vergröfsert werden konnte. Als Bauplatz wurde der fog. Krummfchenkel, mit einer in der Axe der Anftalt von Südoft nach Nordweft fich erhebenden Anfteigung von 1:14, in der Nähe des Univerfitäts-Gebäudes und des akademifchen Krankenhaufes mit Ausficht in das Ammerthal, das Käfebachthal und über die Stadt hinaus in das Neckarthal gewählt, für welchen zugleich ein reichliches gutes Trinkwaffer herbeigeleitet und eine Entwäfferung nach dem Käfebach ausgeführt werden konnte.

Die Bedingung des Offenhaltens einer Erweiterung der Anftalt von 300 auf 500 Kranke machte die Projectirung fchwierig, und es war nicht zu vermeiden, wenn man nicht einzelne Räume proviforifch

---

[21]) Nach: Allg. Bauz. 1874, S. 65.

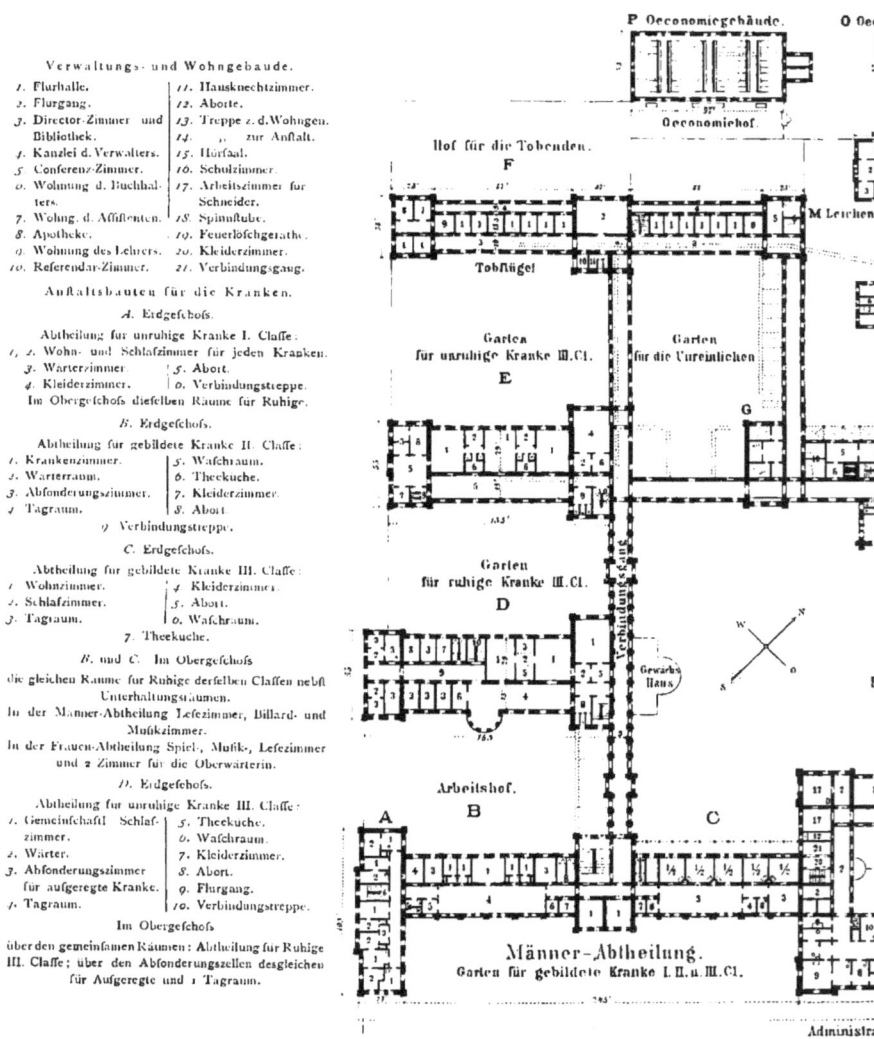

Verwaltungs- und Wohngebäude.

1. Flurhalle.
2. Flurgang.
3. Director-Zimmer und Bibliothek.
4. Kanzlei d. Verwalters.
5. Conferenz-Zimmer.
6. Wohnung d. Buchhalters.
7. Wohng. d. Assistenten.
8. Apotheke.
9. Wohnung des Lehrers.
10. Referendar-Zimmer.
11. Hausknechtzimmer.
12. Aborte.
13. Treppe z. d. Wohngen.
14. „ zur Anstalt.
15. Hörsaal.
16. Schulzimmer.
17. Arbeitszimmer für Schneider.
18. Spinnstube.
19. Feuerlöschgeräthe.
20. Kleiderzimmer.
21. Verbindungsgang.

Anstaltsbauten für die Kranken.

A. Erdgeschofs.
Abtheilung für unruhige Kranke I. Classe:
1, 2. Wohn- und Schlafzimmer für jeden Kranken.
3. Wärterzimmer.
4. Kleiderzimmer.
5. Abort.
6. Verbindungstreppe.
Im Obergeschofs dieselben Räume für Ruhige.

B. Erdgeschofs.
Abtheilung für gebildete Kranke II. Classe:
1. Krankenzimmer.
2. Warterraum.
3. Absonderungszimmer.
4. Tagraum.
5. Waschraum.
6. Theeküche.
7. Kleiderzimmer.
8. Abort.
9. Verbindungstreppe.

C. Erdgeschofs.
Abtheilung für gebildete Kranke III. Classe:
1. Wohnzimmer.
2. Schlafzimmer.
3. Tagraum.
4. Kleiderzimmer.
5. Abort.
6. Waschraum.
7. Theeküche.

B. und C. Im Obergeschofs die gleichen Räume für Ruhige derselben Classen nebst Unterhaltungsräumen.
In der Männer-Abtheilung Lesezimmer, Billard- und Musikzimmer.
In der Frauen-Abtheilung Spiel-, Musik-, Lesezimmer und 2 Zimmer für die Oberwärterin.

D. Erdgeschofs.
Abtheilung für unruhige Kranke III. Classe:
1. Gemeinschaftl. Schlafzimmer.
2. Wärter.
3. Absonderungszimmer für aufgeregte Kranke.
4. Tagraum.
5. Theeküche.
6. Waschraum.
7. Kleiderzimmer.
8. Abort.
9. Flurgang.
10. Verbindungstreppe.

Im Obergeschofs
über den gemeinsamen Räumen: Abtheilung für Ruhige III. Classe; über den Absonderungszellen desgleichen für Aufgeregte und 1 Tagraum.

Handbuch der Architektur. IV. 5, b.

Entwurf einer Irr

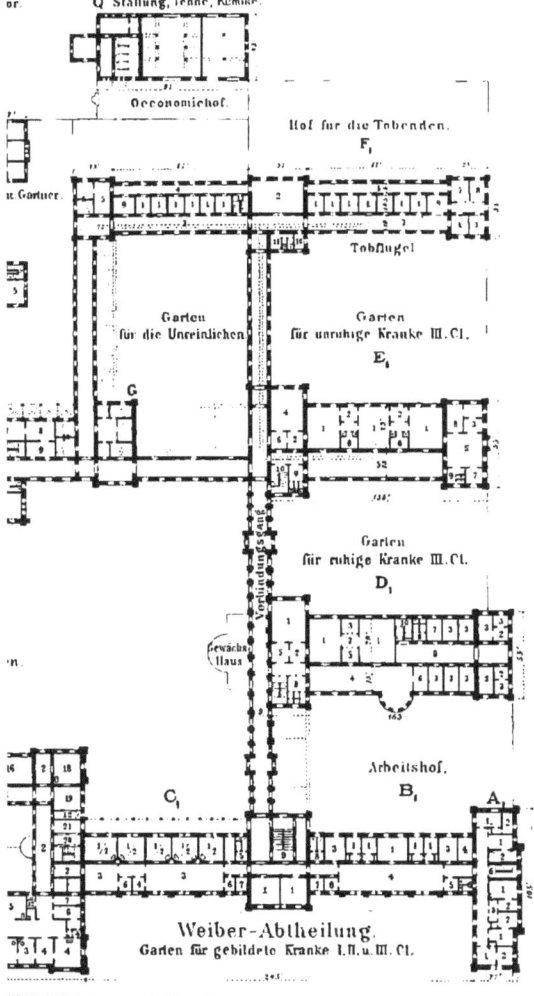

E. Erdgeschoſs.
Abtheilung für epileptiſche und unreinliche Kranke

1. Gemeinſchaftl. Schlaf- | 5. Tagraum.
zimmer. | 6. Theeküche.
2. Wärter. | 7. Waſchraum.
3. Abſonderungszimmer. | 8. Kleiderzimmer.
4. Krankenzimmer. | 9. Aborte.
10. Verbindungstreppe.

Im Obergeſchoſs:
Abtheilung für Ruhige III Claſſe.

F. Erdgeschoſs.
Abtheilung für Tobende

1. Tobzellen. | 7. Warmküche.
2. Tagraum. | 8. Trockenraum.
3. Kranken-Flurgang. | 9. Durchgang.
4. Wärter-Flurgang. | 10. Waſchraum.
5. Wärterzimmer. | 11. Aborte.
6. Badezimmer. | 12. Verbindungstreppe.

G. Bäder für Normalkranke und Unreinliche.
H. Feſtraum, oben Kirche.
I. Küchengebäude.

1. Küche. | 6. Backraum.
2. Anrichteraum. | 7. Spülküche.
3. Ausgange. | 8. Gemüſe Putzraum.
4. Speiſekammer. | 9. Weibl. Gehilfinnen.
5. Brotkammer. | 10. Badezimmer für Gebildete.

Im Obergeſchoſs:
Zimmer der Geiſtlichen nebſt Paramenten-Raum,
Magazine, Arbeitsräume u. Zimmer f. Küchen-Perſonal.

K. Keſſelhaus.
L. Waſchküchen-Gebäude:

1. Waſchraum. | 6. Dorröfen.
2. Dampfbottichraum. | 7. Abort.
3. Trockenraum. | 8. Dampfmaſchinenraum
4. Mangelzimmer. | mit Ventilatoren und
5. Bügelzimmer. | Luft-Canälen.

Im Obergeſchoſs:
Lufttrockenräume u. Kammern für das Waſch-Perſonal.

M. Leichenhaus.

1. Vorplatz. | 3. Sections-Zimmer.
2. Leichenzimmer. | 4. Präparaten-Zimmer.
5. Verſammlungszimmer.

N. Pförtner- und Gärtnerwohnung
mit einem Zimmer für den Maſchiniſten.
O. Wohnung des Oekonomie-Inſpectors.
P. Stallung für Rindvieh,
Knecht- und Geſchirrkammer.
Q. Stallung für Pferde,
Knechtkammer, Geſchirr- und Futterkammer
ſo wie Remiſe.
Für den vorderen Eingang iſt ein kleines Pförtner-
häuschen vorgeſehen. — In der Nähe vor dem Haupt-
flügel: Gärten für die Bedienſteten.

1 Fuſs (württemb.) = 0,286 m.

ausführen und bei der Erweiterung eine unliebfame Störung in der Anftalt vermeiden wollte, einzelne Theile, insbefondere das Verwaltungsgebäude und die übrigen gemeinfchaftlichen Bauten G, H, J, K, L, M, N, fo wie auch einzelne Gebäude für Kranke, für den Anfang etwas weiträumig herzuftellen. Man hielt dies um fo mehr für angezeigt, als nach der Statiftik alsbald eine Erweiterung auf einen Krankenftand von 400 Kranken für in naher Ausficht ftehend gehalten werden mußte. Die für eine Erweiterung bis zu 500 Kranken erforderlichen Bauten find auf der neben ftehenden Tafel zwifchen den Gebäuden F und G, E und G, fo wie B und D mit punktirten Linien angedeutet, welche fämmtlich ohne Eingriff in das Beftehende ausgeführt werden konnten.

Im mittleren Verwaltungsgebäude liegen, wie aus dem Plane des Näheren hervorgeht, im Erdgefchofs die Verwaltungsräume, das Conferenz-Zimmer, die Bibliothek, der Hörfaal, zwei Schulzimmer für die beiden (Männer- und Frauen-) Abtheilungen und Wohnungen für einige unverheirathete Beamte. Im I. Obergefchofs find die Wohnungen des Directors, des Oekonomie-Verwalters, des zweiten Lehrers und des Oberwärters, fo wie einige Wohnzimmer für Referendare angeordnet. Im II. Obergefchofs befinden fich Wohnungen für 2 Secundär-Aerzte und Referendare, und an der Nordweftfeite ift die Abtheilung für körperlich Kranke untergebracht.

Links von der Axe der Anftalt fchliefst an das Verwaltungsgebäude die Abtheilung für die Männer und rechts für die Frauen; diefelben find in folgende Unterabtheilungen gefchieden. Die Flügel A und A_1 enthalten im Erdgefchofs die Abtheilung für unruhige Kranke I. Claffe, im I. Obergefchofs diefelben Räume für Ruhige. Der Mittelbau B und B_1, fo wie der Zwifchenbau B und B_1 enthält im Erdgefchofs die Abtheilung für gebildete Kranke II. Claffe und der Zwifchenbau C und C_1 die Abtheilung für gebildete Kranke III. Claffe. Im Obergefchofs der Gebäudetheile B und C liegen diefelben Räume für ruhige Kranke derfelben Claffen nebft Unterhaltungsräumen, und zwar an der Männerfeite Lefe-, Billard- und Mufikzimmer, und an der Frauenfeite Lefe-, Spiel- und Mufikzimmer und 2 Zimmer für die Oberwärterin. Im Pavillon D und D_1 find im Erdgefchofs die Abtheilung für unruhige Kranke III. Claffe, im Obergefchofs über den gemeinfamen Räumen die Abtheilung für ruhige Kranke III. Claffe, über den Abfonderungszellen desgleichen für Aufgeregte und ein Tagraum untergebracht. Im Pavillon E und E_1 ift im Erdgefchofs die Abtheilung für epileptifche und unreinliche Kranke, im Obergefchofs für Ruhige III. Claffe angeordnet. Der hintere Pavillon F und F_1 bildet die Abtheilung für Tobende, jeder Pavillon mit 14 Tobzellen, Tagräumen, Badezimmern etc. Zu beiden Seiten des Küchengebäudes liegen die BadeAnftalten G und G_1, jede mit 6 Badezellen für die Normalkranken und die Unreinlichen.

In der Axe der Anftalt befinden fich die bei den Abtheilungen gemeinfchaftlich dienenden Anlagen, und zwar ift H der Feftfaal mit Nebenräumen, welche mit dem die Mitte der Anftalt bildenden Feftgarten und dem Anrichteraum neben der Küche verbunden find. Ueber dem Feftraume liegt die Kirche, zu welcher man von den beiderfeitigen Abtheilungen durch die bedeckten Verbindungsgänge und die beiden Treppen neben denfelben gelangt.

J ift das Küchengebäude mit den dazu gehörenden Räumen, Speifekammer, Spülküche etc. und in der Mitte vor derfelben der Anrichteraum, von welchem die Speifen nach beiden Seiten zu den Verbindungsgängen und zum Feftfaale ausgegeben werden. Im Obergefchofs des Küchengebäudes find neben der Kirche die Zimmer der Geiftlichen und der Paramenten-Raum, ferner Magazine, Arbeitsräume und Zimmer für das Küchen-Perfonal angeordnet. Durch die Verbindungsgänge kann man zu den fämmtlichen Krankenabtheilungen, gegen Wind und Wetter gefchützt, gelangen. Zwifchen der Küche J und dem Wafchküchengebäude L befindet fich der Keffelraum K, von welchem der Dampf fowohl zu den Kochgefäfsen in der Küche, als auch zu den verfchiedenen Verbrauchsftellen in der Wafchküche, fo wie zu den Bädern geleitet wird. Im Obergefchofs des Wafchküchengebäudes liegen die Lufttrockenräume und die Kammern für das Wafch-Perfonal.

M ift das Leichenhaus mit dem Sections-Zimmer und dem bei Gelegenheit der Beerdigungen benutzten Verfammlungszimmer. Im Gebäude N find die Wohnungen für den Pförtner und für den Gärtner untergebracht. O ift das Wohnhaus für den Oekonomie-Infpector, und P und Q endlich find die Wirthfchaftsgebäude mit Stallungen für Rindvieh, Pferde etc., mit der Drefchtenne, Remifen, Gefchirr- und Knechtekammern.

Die Gärten für die Kranken find neben ihren Abtheilungen, von diefen leicht zugänglich, angeordnet; die Gärten der Normalkranken I., II. und III. Claffe haben eine Ausficht in das Freie mittels in flachen Gräben verfenkter Mauern. Für den Feftgarten in der Mitte der Anftalt find ein Springbrunnen und zu beiden Seiten ein Gewächshaus vorgefehen. Die Kellergefchoffe find fämmtlich als überwölbt vorgefehen, die Treppen desgleichen durchgängig maffiv projectirt.

Die auf diefe Weife entworfene Anftalt war ohne Erwerbung des Grund und Bodens bei der erften Anlage für 300 Kranke und bei Berückfichtigung einer fpäteren Erweiterung für 500 Kranke veranfchlagt

zu rund . . . 1 715 000 Mark;
der fpätere Ausbau für 500 Kranke war veranfchlagt zu rund . . . . 246 000 » ,
alfo zufammen auf . . . . 1 961 000 Mark.

Es betragen demnach die Koften (ohne Grunderwerb), auf einen Kranken reducirt, bei der erften Anlage für 300 Kranke 5717 Mark und bei einer fpäteren Erweiterung für 500 Kranke 3922 Mark. Es würde diefe Anftalt alfo nicht eigentlich als eine folche mit einer Ackerbau-Colonie zu bezeichnen fein; doch würde die in Ausficht genommene Grundfläche von 22 ha Gröfse einen immerhin fchon anfehnlichen landwirthfchaftlichen Betrieb veranlafst haben.

5) Geftaltung des Aeufseren und Inneren.

38. Aeufsere Erfcheinung.
Die Irren-Anftalten follen fowohl im Aeufseren wie im Inneren den Eindruck einer freundlichen Zufluchtsftätte, eines grofsen Familienhaufes machen und fich eben fo fehr von einem zu grofsen Reichthum an Formen, wie von einer eintönigen gefängnifs- oder cafernenähnlichen Erfcheinung entfernt halten. Wenn *Roller*, der berühmte einftige Director der Irren-Anftalt in Illenau, fagt: »Je mehr ein chriftlicher »Sinn alle Glieder der Anftalt durchdringt und belebt, um fo ficherer wird fie ihre »Beftimmung erfüllen,« fo ift damit für die äufsere Erfcheinung ein beftimmter Charakter vorgefchrieben, welcher an kirchliche Architektur erinnern darf, ohne fich jedoch von der Wohnhaus-Architektur zu fehr zu entfernen.

Die zur Sicherung und Heilung der Kranken erforderlichen aufsergewöhnlichen Einrichtungen müffen in einer thunlichft wenig bemerkbaren Art ausgeführt werden, fo dafs, wie *Meier* in feinem fchon angeführten Werke [28]) fagt, »der Kranke den Schein der Freiheit hat, während er in der That nicht nur durch Wärter, fondern fchon durch die Baulichkeiten aller Orten überwacht ift«.

39. Geftaltung im Inneren.
Das Innere der Anftalt foll wohnlich und freundlich eingerichtet fein; die Wohnräume follen in thunlichft naher und bequemer Verbindung mit den Gärten ftehen; die Gärten follen anfprechend angelegt und forgfältig unterhalten werden, follen fowohl unter Bäumen Schatten gewähren, als auch mit gedeckten Veranden ausgeftattet fein, welche fowohl gegen Sonnenfchein, als auch gegen Regenfchauer fchützen.

Bei den an fich fchon grofsen Koften, welche die Anlage der Irren-Anftalten erfordert, müffen diefelben einfach, jedoch folid ausgeführt werden, und es foll die innere Zweckmäfsigkeit die Hauptmotive für die Geftaltung der Bauten geben, welche Einheit und Mannigfaltigkeit verbinden müffen. Einförmigkeit ift eben fo zu vermeiden, wie zu grofse Mannigfaltigkeit, weil erftere ermüdet und erlahmt, letztere die kranke Seele überreizt.

In der Irren-Heilanftalt haben alle Einrichtungen dem einen höchften Zwecke, der Heilung der Kranken, zu dienen. Wenn demnach die Seelenheilkunde immer fortfchreitet, fo ift die Irren-Anftalts-Baukunde ebenfalls eine in beftändiger Entwickelung begriffene Wiffenfchaft. Ihr höchftes Ziel ift die Verwirklichung derjenigen Anforderungen, welche die Seelenheilkunde an die Irren-Heilanftalt, als einen wefentlichen Theil des pfychifchen Heilapparates, zu ftellen hat [29]).

Ift eine Anftalt in folcher Weife in allen ihren Theilen einfach und folid, zugleich wohnlich und freundlich ausgeführt, fo wird fie ihren Zweck am beften

---

[28]) Die neue Krankenanftalt in Bremen. S. 28.
[29]) Siehe: SEIFERT, G. Die Irrenheilanftalt. Leipzig und Dresden 1862. S. 23.

erfüllen. Die Angehörigen werden fich nicht fcheuen, ihre Kranken der Anftalt bald und gern zuzuführen, und es wird diefelbe durch ihre Erfcheinung und innere Zweckmäfsigkeit das Heilverfahren erleichtern und fördern.

Durch eine einfache und folide Ausführung müffen häufige, koftfpielige und in einer Irren-Anftalt befonders ftörende Ausbefferungen möglichft vermieden werden.

Den vorftehenden Anforderungen entfprechend ift in Deutfchland eine Mehrzahl von Irren-Anftalten ausgeführt, und wir würden gern verfchiedene derfelben als muftergiltige Beifpiele der Architektur für folche Anftalten hier mittheilen. In Rückficht auf den verfügbaren Raum theilen wir in Fig. 34 nur die Anficht einer Anftalt, und zwar der Anftalt zu Göttingen, mit, von welcher wir auf der Tafel bei S. 39 auch den Grundrifs dargeftellt haben.

Fig. 34.

Irren-Anftalt zu Göttingen.
Arch.: *Funk*.

Diefelbe ift in allen von aufsen fichtbaren Façaden aus Sandftein-Quadern und Bruchfteinen, im inneren Hofe aus hellen Ziegeln ausgeführt und macht bei diefer foliden Ausführung aus hellem Material einen freundlichen Eindruck; es wurde erftrebt, an kirchliche Architektur zu erinnern, ohne fich von der Bauweife der Wohnhäufer zu fehr zu entfernen.

6) Baukoften.

Die Baukoften der Irren-Anftalten können und müffen von einander fehr abweichen, je nach den Preifen der Bauftoffe und Arbeiten, nach den Annahmen, welche als Erfordernifs an Grundflächen oder Luftraum für einen Kranken gemacht werden, ferner nach der Gröfse der Anftalten, da, auf einen Kranken berechnet, die Koften bei grofsen Anftalten geringer werden müffen, als bei kleinen; endlich hängen die Baukoften aber auch wefentlich von der Art der Ausführung ab.

Ueber die Preife der Bauftoffe und Arbeiten läfst fich felbftverftändlich etwas Allgemeines nicht anführen, während die Gröfse der Gefchofsgrundflächen, auf einen Kranken reducirt, bei den deutfchen neueren Anftalten mittlerer Ausdehnung nicht weit von einander liegende Zahlen ergiebt. So z. B. beträgt die Gröfse der Gefchofs-Grundflächen der Krankenabtheilungen für einen Kranken nach der Normalbefetzung:

in Frankfurt a. M. mit 206 Kranken: 47,9 qm
» München . . » 300 » 48,7 »
» Osnabrück . . » 236 » 50,0 »
» Göttingen . . » 236 » 50,8 »
» Klingenmünster » 320 » 52,4 »
» Oldenburg . . » 80 » 55,0 ».

62. Einheits- koften. Nach den über verfchiedene Irren-Anftalten vorliegenden Nachrichten find diefe Zahlen als Gröfstwerthe anzufehen, da die Anftalten ohne nachtheilige Ueberfüllung eine nicht unerhebliche Zahl von Kranken mehr aufgenommen haben, fo dafs auf einen Kranken eine geringere Gröfse der Grundfläche entfällt. Beim erften Entwurf find die Räume für die Kranken demnach reichlich grofs bemeffen. Je nachdem bei Bearbeitung der Entwürfe folches in einem gröfseren oder geringeren Mafse gefchehen ift, müffen die auf einen Kranken berechneten Baukoften der Anftalten, auch wenn fonft die Verhältniffe gleich find, wefentlich verfchieden ausfallen.

Im Nachftehenden ftellen wir die Baukoften — ohne Grunderwerb und ohne bewegliches Inventar — einer Anzahl von Irren-Anftalten, auf einen Kranken berechnet, zufammen, wobei in der Regel die programmmäfsige Zahl der Kranken und die urfprünglichen Baukoften, bei der Mehrzahl der Anftalten ohne die Koften der fpäter etwa vorgenommenen Vergröfserungen derfelben zu Grunde gelegt find.

Diefe Koften haben in folgenden Irren-Anftalten betragen:

1) Alt-Scherbitz . 720 Kranke, je 1400 Mark
2) Schleswig . . . 946 » 1645 »
3) Nietleben bei Halle . 630 » 2205 »
4) Illenau . . . . 400 » 2357 »
5) Emmendingen (Baden) 1005 » 3069 » 30)
6) Neuftadt-Eberswalde . 500 » 3350 »
7) Göttingen . . . . 236 » 3375 »
(7a » nach Anlage der Colonie 360 » 2904 »)
8) München . . . . . 300 » 3426 »
9) Osnabrück . . . . 236 » 3465 »
(9a » nach Anlage der Colonie
und fonftigen Erweiterungen . 501 » 2454 »)
10) Klingenmünfter . 320 » 3480 »
11) Schwetz . . . . . 200 » 3519 »
12) Dalldorf . . . . . 1020 » 3800 »
13) Kortau bei Allenftein 600 » 4166 » 30)
14) Saargemünd . . . . . 500 » 4268 »
15) Frankfurt a. M. . . . 200 » 4284 »
16) Lauenburg (Preufsen) 300 » 4600 » 31)
17) Napa (Californien) . 500 » 4926 »
18) Oldenburg . . . . . . 80 » 5154 »
19) Dobran (Böhmen) . 600 » 5750 »
20) Marburg (Heffen) . . . 250 » 5988 »
21) Königsfelden (Schweiz) . 300 » 5990 »
22) Wien . . . . 400 » 6300 »
23) Grafenberg (Rheinland) . 342 » 6392 »
24) Düren . . . . . . 360 » 6761 »
25) Andernach 240 » 7619 »
26) Bonn . 300 » 8000 »
27) Merzig 240 » 8230 »

30) Höhe des Koftenanfchlages, 1888 noch im Bau begriffen.
31) In den Central-Anlagen fchon zu einer Erweiterung bis zu 600 Kranken angelegt.

Berechnet man für die 10 billigften und die 10 theuerften Anftalten den Durchfchnitt der Baukoften, fo ergiebt das für die erfteren den Betrag von 2777 Mark, für die letzteren den Betrag von 6618 Mark für einen Kranken, ohne die Koften des Grunderwerbes und des beweglichen Inventars. Hiernach betragen im Durchfchnitt die Anlagekoften der 10 theuerften Anftalten rund 2,3-mal fo viel, als die der 10 billigften Anftalten, und die theuerfte Anftalt (in Merzig) ift, für einen Kranken gerechnet, faft 6-mal fo theuer, als die billigfte Anftalt (zu Alt-Scherbitz), mit welcher letzteren Anftalt eine Ackerbau-Colonie und ein Siechen-Afyl verbunden find. Es find dies fo grofse Unterfchiede, dafs bei den theuerften Anftalten die fämmtlichen Gründe für grofse Anlagekoften, hohe Preife der Bauftoffe und Arbeitslöhne, fehr reichliche Annahmen für das Raumbedürfnifs und eine koftfpielige Art der Ausführung zufammengewirkt haben müffen, während mit mehreren der billigften Anftalten Ackerbau-Colonien verbunden find, welche mit ihren einfachen Baulichkeiten die Anlagekoften fehr herabgemindert haben.

Schlufsbemerkungen.

63. Gegenwärtiger Zuftand.

Nachdem wir im Vorftehenden den Bau der Irren-Anftalten von den erften Anfängen derfelben im Beginne diefes Jahrhundertes bis in die Gegenwart verfolgt haben, glauben wir auch unfere Anficht über die wahrfcheinliche Entwickelung desfelben in der nächften Zukunft kurz darlegen zu follen.

Mit wahrer Genugthuung haben wir die rafche Entwickelung des Irren-Bauwefens in den Culturftaaten in der neueren Zeit verfolgt, glauben jedoch, dafs daffelbe jetzt an einem Punkte angekommen ift, welcher als die gröfste Höhe und als ein Wendepunkt anzufehen fein dürfte. Es bezieht fich dies nicht auf die Zahl der Anftalten und der darin zu verpflegenden Kranken, vielmehr auf die fehr koftfpielige und vollkommene Art der Ausführung, insbefondere in Preufsen und in den übrigen deutfchen Staaten. Während in den Culturftaaten die Zahl der Geifteskranken und Blödfinnigen zu der Gefammtbevölkerung fich wie 1 : 300 bis 1 : 400 verhält, wurden in Preufsen im Anfange der 1870-ger Jahre in den Anftalten 1 auf 2095 Einwohner verpflegt. Es war diefes Verhältnifs dagegen zu gleicher Zeit in England 1 : 442, in Belgien 1 : 770, in Frankreich 1 : 1000 und in mehreren kleineren Staaten Deutfchlands (Sachfen) ebenfalls 1 : 1000.

Diefes günftige Verhältnifs in England ift im Wefentlichen mit dadurch erreicht, dafs die Baupreife, auf einen Kranken berechnet, für die dortigen Verhältniffe fehr niedrig find. Zwei der neueren Anftalten in England, jene zu Brockwood mit 650 Kranken und die zu Haywards-Heath mit 720 Kranken, haben in den Baukoften für einen Kranken 3240, bezw. 2550 Mark gekoftet, und die Zufammenftellung der 13 neueften Anftalten in England ergab im Jahr 1869 im Durchfchnitt auf einen Kranken an Baukoften 4200 Mark. In Deutfchland erzielten nur die billigften Anftalten einen ähnlich niedrigen Preis, da nur die 10 billigften der im vorhergehenden Artikel angeführten Anftalten (ohne Grunderwerb und Inventar) im Durchfchnitt den Preis von 2777 Mark, die 10 theuerften dagegen einen Preis von 6618 Mark für ein Krankenbett ergaben.

Es wird hiernach in Deutfchland die Zahl der in Anftalten zu verpflegenden Geifteskranken noch wefentlich wachfen, und das Beftreben der neueren Zeit ift in Deutfchland wohl begründet, die Baukoften der Anftalten und auch die Verpflegungsfätze in denfelben möglichft zu vermindern. Diefes Ziel wird dadurch angeftrebt, dafs mit den gefchloffenen Anftalten Ackerbau-Colonien verbunden find, auf welchen zur Unterbringung der dazu geeigneten Kranken (Coloniften) ganz einfache Wohnhäufer errichtet werden, dafs die gefchloffenen Anftalten eine verhältnismäfsig nur geringe Ausdehnung erhalten und dafs für die fchwachen und unheilbaren Siechen, welche zu Ackerbau-Arbeiten nicht geeignet find und welche auch nicht entweichen können, einfache Siechenhäufer ohne fichernde Einfriedigungen errichtet werden.

Welche Summen auf diefe Weife für den Bau erfpart werden können, zeigt das Beifpiel von Alt-Scherbitz, welches bei 150 Kranken in einer gefchloffenen Anftalt, bei 140 Siechen in zwei Siechenhäufern und 430 Coloniften in der Ackerbau-Colonie an Baukoften auf einen Kranken 1400 Mark veranlafst hat, während die 5 theuerften der oben angeführten Anftalten zu Gravenberg, Düren, Andernach, Bonn und Merzig, mit welchen Ackerbau-Colonien nicht verbunden find, für einen Kranken im Durchfchnitt 7400 Mark gekoftet haben. Wenn diefe 5 Anftalten auch nicht unerheblich mehr Kranke aufnehmen können und werden, als für welche fie nach dem urfprünglichen Programme entworfen find (342 + 360 + 240 + 300 + 240 = 1482 Kranke), fo bleibt ihr Bau doch immer ein fehr koftfpieliger, auch wenn nachträglich Ackerbau-Colonien mit ihnen verbunden werden follten, weil die Zahl der unter diefer Annahme programmmäfsig in die 5 gefchloffenen Anftalten aufzunehmenden Kranken eine zu grofse ift.

64. Mafsnahmen für die Zukunft.

Um die zu erbauenden Irren-Anftalten den Verhältniffen entfprechend rationell einzurichten, dürften folgende Mafsnahmen zu treffen fein:

1) Zur Aufftellung des Programms, Auswahl des Bauplatzes und oberen Leitung des Baues wird eine Commiffion zu beftimmen fein, welche aus einem oder mehreren Irrenärzten, einem oberen Bautechniker und einem Verwaltungsbeamten befteht, welch letzterer auch mit den ökonomifchen Verhältniffen der Gegend vertraut ift.

2) Von diefer Commiffion ift das Programm für die Anftalt nach den Gefichtspunkten aufzuftellen, dafs

α) die gefchloffene Anftalt nur für einen verhältnifsmäfsig kleinen Theil der Gefammtzahl der Kranken eingerichtet wird (im Durchfchnitt für etwa $1/3$ oder $1/4$),

β) dafs für die Siechen Siechenhäufer mit einfachen Einrichtungen und ohne Einfriedigungen hergerichtet werden (im Durchfchnitt für etwa $1/6$ oder $1/4$),

γ) dafs für die Colonie eine angemeffen grofse Grundfläche angekauft und diefelbe mit einfachen Wohnhäufern und Oekonomiegebäuden verfehen wird (im Durchfchnitt etwa für $1/2$ der Gefammtzahl).

Wenn man früher 200 Kranke für eine angemeffene Anzahl in einer gefchloffenen Anftalt hielt, um von einem Arzte fpeciell behandelt werden zu können, fo dürfte man jetzt für ausgedehntere Bezirke die Zahl von 600 Kranken nicht zu grofs halten, von denen etwa

200 Kranke in der gefchloffenen Anftalt,
100 „ in einfachen Wohnhäufern,
300 „ in Ackerbau-Colonien

unterzubringen fein dürften.

3) Wenn, wie vorftehend angegeben, die Zahl der Geifteskranken und Blödfinnigen in den verfchiedenen Ländern zur Einwohnerzahl fich wie 1 : 300 bis 1 : 400 verhält, fo kommen auf 1000 Einwohner etwa 3 Geifteskranke. Diefelben brauchen nicht alle in Anftalten untergebracht zu werden; doch follte wenigftens $1/3$, alfo von

1000 Einwohnern wenigftens 1 Kranker, in einer Anftalt untergebracht werden. Zur Füllung einer Anftalt von der angegebenen Gröfse (600 Kranke) würde es bei einem Verhältniffe 1 : 1000 einer Bevölkerung von 600 000 Seelen bedürfen, d. i. etwa die Gröfse eines mittleren preufsifchen Regierungsbezirkes.

4) Man foll die Anftalt in einem folchen Bezirke möglichft in die Nähe des Punktes legen, der ihrer am meiften bedarf, was in der Regel die Hauptftadt des Bezirkes fein wird. Es ift, wie bereits in Art. 38 (S. 28) erörtert worden ift, eine allgemeine Erfahrung, dafs mit der Entfernung von der Anftalt auch die Benutzung derfelben abnimmt.

Naffe hat aber auch nachgewiefen, dafs die Heilungen der Kranken aus den entfernteren Gegenden ein viel ungünftigeres Verhältnifs zeigen, weil die Kranken, je näher der Anftalt, um fo früher und um fo zurechnungsfähiger zur Anftalt kommen.

Die neuen Irren-Anftalten werden daher thunlichft in einer centralen Lage des Landes, des Regierungsbezirkes etc., in der Nähe einer grofsen Stadt, wohin in der Regel auch die meiften Eifenbahnlinien führen, anzulegen fein. Die Entfernung von 3 bis 4 km von einer gröfseren Stadt wird auch in der Beziehung nicht zu klein fein, als man dort meiftens fchon Grundflächen für Ackerbau-Colonien zu nicht zu hohen Preifen wird käuflich erhalten können, wobei wohl zu beachten ift, dafs eine fpätere Vergröfserung der Grundfläche für die Ackerbau-Colonie offen gehalten werden mufs.

5) Wie man bei den Grundflächen auf eine fpätere Vergröfserung der Anftalt Rückficht zu nehmen hat, fo foll dies auch beim Plane felbft gefchehen, und zwar nicht allein beim Plane für das Verwaltungsgebäude, fondern auch für das Wirthfchaftsgebäude, die Küche, die Wafch-Anftalt und für die Krankenabtheilungen felbft. In letzterer Beziehung empfiehlt fich befonders das Pavillon-Syftem.

6) Die Gründe für eine wagrechte oder lothrechte Trennung der Krankenabtheilungen find in Art. 14 (S. 9) dargelegt, und es will uns fcheinen, als möchte in den meiften Fällen eine lothrechte Trennung vorzuziehen fein.

7) Die Beantwortung der Fragen, ob die allgemeinen Anlagen der Küche, der Wafch-Anftalt, der Bäder etc. für die Ackerbau-Colonie mit zu benutzen oder ob in derfelben beffer gefonderte Anlagen für die in der Colonie befchäftigten Kranken anzulegen find, hängt von den örtlichen Verhältniffen, der Entfernung der Colonie von der gefchloffenen Anftalt etc. ab; und wegen der Erfparnifs im Betriebe ift die Verbindung der allgemeinen Anlage der gefchloffenen Anftalten, der Siechenhäufer und der Colonie mit einander thunlichft aufrecht zu erhalten.

Literatur
über »Irren-Anftalten«.

a) Anlage und Einrichtung.

JACOBI. Irrenheilanftalten. Berlin 1834.
ROLLER. Grundfätze für Einrichtung von Irrenanftalten. Carlsruhe 1838.
DAMEROW. Irren-Heil- und Pflegeanftalt. Leipzig 1840.
ESQUIROL. *Rapport de la commiffion chargée par Mr. le miniftre de la juftice de préparer un plan pour l'amélioration de la condition des aliénés en Belgique.* Brüffel 1842.
FOWLER, CH. *On the arrangement of lunatic afylums. Builder,* Bd. 4 S. 349.
SCHLEMM. Bericht über das britifche Irrenwefen. Berlin 1848.

GIRARD. *De la construction et de la direction des asiles d'aliénés.* Paris 1848.
Einrichtung von Irrenanstalten. Allg. Bauz. 1851, Lit.-Bl., S. 161.
ESQUIROS, A. & E. WEIL. Die Irrenhäuser, die Findelhäuser und die Taubstummen-Anstalten zu Paris etc. Stuttgart 1852.
LÄHR, H. Ueber Irresein und Irren-Anstalten. Halle 1852.
Ueber die Irrenanstalten Frankreichs im Allgemeinen und über das Irrenhaus in Charenton bei Paris insbefondere. Allg. Bauz. 1852, S. 286.
Ueber den Bau und die Organisazion der Irrenanstalten. Allg. Bauz. 1855, S. 309.
Mémoire sur la construction et l'organisation des hospices d'aliénés. Nouv. annales de la const. 1856, S. 42.
Lunatic asylums; and the treatment of the insane. Builder, Bd. 17, S. 721.
Lunatic asylums in Scotland. Builder, Bd. 18, S. 3.
On the planning of lunatic asylums. Building news, Bd. 7, S. 196.
SEIFERT, G. Die Irrenanstalt in ihren administrativen, technischen und therapeutischen Beziehungen etc. Leipzig u. Dresden 1862.
Travaux de Paris. Établissements de bienfaisance. Revue gén. de l'arch. 1862, S. 223.
BRANDES, G. Die Irrencolonien etc. Hannover 1865.
Lunatic asylums. Builder, Bd. 23, S. 495.
Lunatic asylums. Builder, Bd. 24, S. 457.
Ueber Irrenanstalten. Zeitschr. d. Arch.- u. Ing.-Ver. zu Hannover 1871, S. 140.
SCHLIERHOLZ. Ueber Irrenhäuser etc. Allg. Bauz. 1874, S. 65.
LAEHR, H. Die Heil- und Pflegeanstalten für Psychisch-Kranke in Deutschland, der Schweiz und den benachbarten deutschen Ländern. Berlin 1875.
ERLENMEYER. Ueberficht über die öffentlichen und privaten Irrenhäuser Deutschlands, der Schweiz und der Niederlande. Neuwied 1875.
REIMER, H. Die Reform der Irrenanstalten. Im neuen Reich 1876, S. 605.
STOLL. Amerikanische Irrenhäuser. Deutsche Bauz. 1878, S. 23.
PELMAN. Allgemeine Ideen über die Errichtung von Irren-Anstalten. Deutsche Bauz. 1878, S. 207, 222, 231.
Die Provinzial-Irren-, Blinden- und Taubstummen-Anstalten der Rheinprovinz etc. Düsseldorf 1880.
DITTMAR, C. Die rheinischen Provinzial-Irrenanstalten. Wochbl. f. Arch. u. Ing. 1880, S. 197, 202, 218.
DAWES, W. *Asylums for the insane. Builder,* Bd. 38, S. 274, 308.
Lunatic asylums. Architect, Bd. 26, S. 234.
LAEHR, H. Die Heil- und Pflege-Anstalten für psychisch Kranke des deutschen Sprachgebietes. Berlin 1882.
PELMANN, C. Ueber Irre und Irrenwesen. Centralbl. f. allg. Gesundheitspfl. 1882, S. 16, 54.
PLAGE, E. Zur Reform des Irrenhauswesens. Wochbl. f. Arch. u. Ing. 1882, S. 213, 224.
FALRET, J. *Les aliénés et les asiles d'aliénés etc.* Paris 1890.

Ferner:

Der Irrenfreund. Psychiatrische Monatsschrift für praktische Aerzte. Red. von BROSIUS. Heilbronn. Erscheint seit 1859.
Archiv für Psychiatrie und Nervenkrankheiten. Red. von C. WESTPHAL. Berlin. Erscheint seit 1868.
Allgemeine Zeitschrift für Psychiatrie und psychisch-gerichtliche Medicin. Red. von H. LAEHR. Berlin. Erscheint seit 1884.
Jahrbücher für Psychiatrie. Unter Verantwort. von J. FRITSCH. Wien. Erscheint seit 1879.
Centralblatt für Nervenheilkunde, Psychiatrie und gerichtliche Psychopathologie. Herausg. u. red. von A. ERLENMEYER. Leipzig. Erscheint seit 1878.

β) Ausführungen und Projecte.

Entwürfe zum Bau einer neuen Irren-Anstalt zu Berlin. (Als Manuscript gedruckt.)
GOURLIER, BIET, GRILLON & TARDIEU. *Choix d'édifices publics projetés et construits en France depuis le commencement du XIXme siècle.* Paris 1845—50.
    Bd. 1, Pl. 128, 129: *Asile d'aliénés à Rouen.*
            151, 152: *Asile d'aliénés au Mans.*
    Bd. 2, Pl. 292, 293: *Grand hospice d'aliénés à Marseille.*
            89, 90: *Quartier d'aliénés à Cadillac.*
    Bd. 3, Pl. 346—348: *Asile d'aliénés à Dijon.*
            175: *Asile d'aliénés à Lafond.*
            43, 44: *Asile d'aliénés à Charenton.*

Bauausführungen des Preufsifchen Staates. Herausgegeben von dem Kgl. Minifterium für Handel, Gewerbe und öffentliche Arbeiten. Berlin 1851.
    Bd. II: Die Irren-Heilanftalt zu Owinsk im Grofsherzogthum Pofen.
FLEMMING. Die Irrenheilanftalt Sachfenburg. Schwerin 1851.
Middlefex county afylum, Colney Hatch. Builder, Bd. 9, S. 415.
GILBERT. *Maifon de fanté de Charenton pour le traitement des aliénés hommes et femmes. Revue gén. de l'arch.* 1852, S. 384 u. Pl. 28—34; 1856, S. 134 u. Pl. 17—20.
Lunatic afylum for the counties of Monmouth Hereford, Brecknock, and Radnor. Builder, Bd. 10, S. 299.
The Eglinton lunatic afylum. Builder, Bd. 10, S. 754.
RÖMER. Irrenanftalt in Schwetz. Zeitfchr. f. Bauw. 1854, S. 119, 211.
BORSTELL, G. & F. KOCH. Irrenanftalt zu Charenton bei Paris. Zeitfchr. f. Bauw. 1854, S. 289.
Hofpital for the infane, erected on Coton-Hill, near Stafford. Builder, Bd. 12, S. 509.
Effex county lunatic afylum. Builder, Bd. 15, S. 273.
CASTERMANS, A. *Parallèle des maifons de Bruxelles etc.* Paris 1858.
    .Serie 2, Pl. 20—25: *Gand. Etabliffement pour 350 hommes aliénés;* von PAULI.
FUNK & RASCH. Pläne der neuen Irrenanftalten zu Göttingen und Osnabrück. Zeitfchr. d. Arch.- u. Ing.-Ver. zu Hannover 1862, S. 17. — Auch als Sonderabdruck erfchienen: Hannover 1862.
PICHLER. Das neue Irrenhaus zu Frankfurt a. M. Allg. Bauz. 1863, S. 237.
DITTMAR. Irrenheil- und Pflege-Anftalt zu Lengerich in Weftfalen. Zeitfchr. f. Bauw. 1863. S. 654.
The Carmarthen lunatic afylum. Builder, Bd. 21, S. 605.
Clare county lunatic afylum, Ennis. Building news, Bd. 11, S. 78.
ILLENAU. Gefchichte, Bau, inneres Leben, Statut, Hausordnung, Bauaufwand und finanzielle Zuftände der Anftalt. Mit Anfichten und Plänen in 24 Bl. etc. Carlsruhe 1865.
RASCH. Irrenheilanftalt in Leubus a. d. O. Zeitfchr. d. Arch.- u. Ing.-Ver. zu Hannover 1865, S. 169.
Afile d'aliénés aux environs de Touloufe. Revue gén. de l'arch. 1865, S. 107, 147 u. Pl. 24—25.
CZERMAK, J. Die mährifche Landes-Irrenanftalt bei Brünn, ihre bauliche Einrichtung, Adminiftration, ärztliche Gebahrung und Statiftik. Wien 1866.
RASCH. Irrenanftalt zu Göttingen. Zeitfchr. d. Arch.- u. Ing.-Ver. zu Hannover 1867. S. 328.
Irrenhaus auf dem Friedrichsberg bei Barmbeck: Hamburg. Hiftorifch-topographifche und baugefchichtliche Mittheilungen. Hamburg 1868. S. 130.
WEBER. *Maifon modèle d'un gardien-chef dans une colonie d'aliénés. Revue gén. de l'arch.* 1868, S. 268 u. Pl. 57.
GROPIUS, M. Die Provinzial-Irrenanftalt zu Neuftadt-Eberswalde. Zeitfchr. f. Bauw. 1869, S. 147. — Auch als Sonderabdruck erfchienen: Berlin 1869.
QUESTEL. *Afile municipal d'aliénés, à Paris. Moniteur des arch.* 1869, 68; 1870—71, Pl. 1.
Berkfhire, reading, and newbury lunatic afylum. Builder, Bd. 28, S. 264.
KLOEPFEL, F. Erfter medicinifch-ftatiftifcher Bericht über die Irren-Heil- und Pflege-Anftalt Riga-Rothenburg von 1862—72. Riga 1872.
Propofed lunatic afylum, St. Ann's Heath, Virginia Water. Builder, Bd. 30, S. 609, 665.
Defign for propofed lunatic afylum. Building news, Bd. 23, S. 142, 282.
ERLENMEYER, A. Das Afyl für Gemüths- und Nervenkranke zu Bendorf bei Coblenz. Neuwied u. Leipzig 1873.
JOLLY, J. Bericht über die Irren-Abtheilung des Juliusfpitals zu Würzburg für die Jahre 1870, 1871 u. 1872. Würzburg 1873.
SCHASCHING, M. Die oberöfterreichifche Landes-Irrenanftalt zu Niedernhart bei Linz. Linz 1873.
The branch infane afylum, Napa, California. Builder, Bd. 31, S. 685.
BROSIUS, C. M. Die Afyle Bendorf und Sayn bei Coblenz und die damit verbundene Colonie für Gehirn- und Nervenkranke nebft Bemerkungen über Curmittel bei Irren. Berlin 1875.
Kreisirrenanftalt in München: Bautechnifcher Führer durch München. München 1876. S. 162.
Technifche Mittheilungen. Heft 1: Heil- und Pflege-Anftalt des Kantons Aargau. Von Königsfelden. Zürich 1876.
Die Privatheilanftalt für Gemüths- und Nervenkranke zu Ober-Döbling bei Wien feit ihrer Gründung (1819). Wien 1876.
FUNK. Die Irrenanftalt zu Osnabrück. Zeitfchr. d. Arch.- u. Ing.-Ver. zu Hannover 1876, S. 21.
Die kantonale Irrenanftalt im Burghölzli bei Zürich: Zürich's Gebäude und Sehenswürdigkeiten. Zürich 1877. S. 86.

SCHLIMP. Ueber die Projecte und die Bauausführung der Irrenanſtalt in Dobran. Wochſchr. d. öſt. Ing.- u. Arch.-Ver. 1877, S. 96, 127; 1878, S. 220, 225.
Aſile d'aliénés à Banſtead. Gaz. des arch. et du bât. 1877, S. 232, 238.
QUESTEL, CH. *Aſile d'aliénés de Sainte-Anne, à Paris. Revue gén. de l'arch.* 1877, S. 156, 211 u. Pl. 36—40.
Third Middleſex county lunatic aſylum, Banſtead. Builder, Bd. 35, S. 270.
Norwich lunatic aſylum. Builder, Bd. 35, S. 482.
HITZIG, E. Memorial über die Organiſation der Irrenanſtalt Burghölzli. Zürich 1878.
BECKER. Die Landes-Irren-Heil- und Pflege-Anſtalt zu Bernburg. Baugwks.-Ztg. 1879, S. 83.
Einiges über die neue Berliner Irren-Anſtalt zu Dalldorf. Deutſche Bauz. 1879, S. 439.
Irrenanſtalt bei Düren. Rohrleger 1879, S. 83.
Die ſtädtiſche Irrenanſtalt zu Dalldorf bei Berlin. Wochbl. f. Arch. u. Ing. 1879, S. 208, 215.
The Hull borough lunatic aſylum competition. Building news, Bd. 37, S. 209. 240.
Gloucester county lunatic aſylum. Builder, Bd. 37, S. 907.
Callan park hoſpital for the inſane, Sydney. Builder, Bd. 37, S. 996.
Die Irrencolonie bei Allenberg in Oſt-Preuſsen. Wochbl. f. Arch. u. Ing. 1880, S. 450.
Die Dr. *Erlenmeyer*'ſchen Anſtalten für Gemüths- und Nervenkranke zu Bendorf bei Coblenz. Leipzig 1881.
PLAGE, E. Die Lothringiſche Bezirks-Irren-Anſtalt bei Saargemünd. Deutſche Bauz. 1881, S. 37.
PELSER-BERENSBERG. Die Provinzial-Irrenanſtalt zu Düren. Deutſche Bauz. 1882, S. 500.
PLAGE. Gebäude für Unruhige der Lothringiſchen Bezirks-Irrenanſtalt zu Saargemünd. Zeitſchr. f. Baukde. 1882, S. 355.
NARJOUX, F. *Paris. Monuments élevés par la ville 1850—1880.* Paris 1883.
  Bd. 4: *Aſile d'aliénés Sainte-Anne;* von QUERTEL.
  Aſile d'aliénés de Vaucluſe; von LEBOUTEUX & MARÉCHAL.
  Aſile d'aliénés de l'ille Évrard; von LEQUEUX & MARÉCHAL.
Propoſed new lunatic aſylum for the city of Exeter. Builder, Bd. 43, S. 379.
The new Royal St. Anne's aſylum. Builder, Bd. 43, S. 426.
Die ſtädtiſche Irren-Anſtalt zu Dalldorf. — I. Geſchichte und Verwaltung des ſtädtiſchen Irrenweſens. Von C. IDELER. — II. Beſchreibung der neu erbauten Irren-Anſtalt zu Dalldorf. Von H. BLANKENSTEIN. Berlin 1883.
City of Exeter lunatic aſylum. Building news, Bd. 46, S. 750.
LANDERER, G. Die Privat-Irrenanſtalt »Chriſtophsbad« in Göppingen etc. Freiburg 1889.
Claybury aſylum. Builder, Bd. 57, S. 368.
Plymouth aſylum. Building news, Bd. 58, S. 341.
WULLIAM & FARGE. *Le recueil d'architecture. Paris.*
  4ᵉ *année, Pl. 47, 48, 51, 52, 53, 56, 57, 60, 69, 70: Aſile d'aliénés, à Bron.*
Croquis d'architecture. Intime club. Paris.
  1880, Nr. VI, f. 3—6: *Un aſile d'aliénés.*

---

2. Kapitel.

Entbindungs-Anſtalten.

Von † ADOLF FUNK.

a) Allgemeines.

Die Entbindungs-Anſtalten (Entbindungshäuſer, Gebärhäuſer, Gebär-Anſtalten) dienen entweder nur dazu, hilfsbedürftigen Wöchnerinnen Unterkunft und Hilfe vor und nach der Niederkunft zu gewähren, oder ſie dienen auch zu Unterrichtszwecken, um Hebammen in ihrem Berufe zu unterweiſen und praktiſch auszubilden (Hebammen-Lehranſtalten) und um an Univerſitäten junge Mediciner in der Geburtshilfe neben dem theoretiſchen Studium auch praktiſch anzuleiten (geburtshilfliche Kliniken).

Die Anstalten der ersteren Art, welche nur zur Aufnahme und Pflege hilfsbedürftiger Wöchnerinnen dienen, werden im Ganzen selten, in manchen Ländern überhaupt nicht ausgeführt. In einigen Ländern, in denen Findelhäuser bestehen, sind sie mit diesen in Verbindung gebracht. Die zweite Art der Entbindungshäuser, meistens »Hebammen-Lehranstalten« genannt, dienen aufser zur Aufnahme und Pflege der Wöchnerinnen auch zur Aufnahme der Hebammen-Schülerinnen, da diese jederzeit Tag und Nacht bereit sein müssen, zu den Entbindungen hinzugezogen zu werden. Die geburtshilflichen Kliniken an den Universitäten sind meistens mit Kliniken für Frauen-Krankheiten (Frauen-Kliniken oder gynäkologische Kliniken) verbunden, da beide in der Regel von demselben Professor geleitet werden. Die Frauen-Kliniken werden im nächsten Halbbande dieses »Handbuches«, Heft 2 (Abth. VI, Abschn. 2, C, Kap. 11, unter b) eingehend besprochen werden, so dafs im vorliegenden Kapitel nur die beiden erstgedachten Anstalten zu behandeln sind.

Bei der Wahl des Bauplatzes für diese Anstalten ist nicht allein auf eine thunlichst freie Lage mit gesunder Luft und auf einen guten, trockenen Baugrund zu sehen; der Bauplatz mufs auch in der Stadt oder doch in unmittelbarer Nähe derselben gelegen sein und doch eine stille Umgebung haben, ersteres, weil die Aufnahme von Wöchnerinnen oft dringend eilig wird, letzteres, weil die Anstalt auch als Krankenhaus anzusehen ist und lärmendes Geräusch für die kranken, wie die genesenden Wöchnerinnen störend und nachtheilig sein würde. Wünschenswerth erscheint es daher auch, dafs die Anstalten von der Strafse zurückgezogen erbaut und mit einem mäsig grofsen Garten verbunden werden, in welchem die Genesenden Spaziergänge machen können.

66. Bauplatz.

Die Gröfse des Bauplatzes hängt ganz von der Gröfse der Anstalten ab, welche in ihrem Umfange sehr verschieden sind, und es lassen sich darüber allgemeine Angaben nicht machen. Wünschenswerth ist es jedenfalls, dafs der Bauplatz für die beabsichtigte Gröfse der Anstalt reichlich bemessen wird, nicht allein, um das Gebäude nach allen Seiten frei zu legen und zu erhalten, sondern auch um genügenden Raum für eine später etwa nöthig werdende Erweiterung der Anstalt zur Verfügung zu haben.

Die Entbindungs-Anstalten, seien es nun nur Gebärhäuser oder Hebammen-Lehranstalten, müssen Wohnräume und Schlafräume für eine gewisse Zahl Schwangere enthalten, damit dieselben eine Zeit lang vor dem nicht genau zu bestimmenden Tage ihrer Niederkunft aufgenommen werden können. Ferner müssen sie Wohnungen für eine oder mehrere stets bereite Hebammen enthalten, die Hebammen-Lehranstalten auch Wohnungen für den dirigirenden Arzt und einen oder mehrere Assistenz-Aerzte, die kleineren Hebammen-Lehranstalten mindestens Wohnung für einen Assistenz-Arzt. In den Hebammen-Lehranstalten sind auch Wohnungen für die entsprechende Anzahl Schülerinnen erforderlich.

67. Erfordernisse.

Ferner sind in jeder dieser Anstalten ein oder mehrere Entbindungszimmer, Zimmer zur Aufnahme der Wöchnerinnen mit den neu geborenen Kindern, Theeküchen, Bade-Einrichtungen, Wärterinnen-Zimmer, so wie geeignet gelegene Aborte erforderlich. Auch werden in den meisten dieser Anstalten Abtheilungen oder doch einzelne Zimmer für heimlich Gebärende eingerichtet.

Selbstverständlich müssen mit diesen Anstalten auch die erforderlichen Wirthschaftsräume, die Wohnung für einen Hausverwalter, eine Kochküche mit Vorrathsräumen, eine Waschküche, Trockenräume, ein Bügelzimmer, Räume zur Aufbewahrung der Wäsche, Wohn- und Schlafräume für weibliche Dienstboten, die nöthigen Kellerräume und ein Raum zur Aufbewahrung von Stroh für die Matratzen verbunden sein.

Für Unterrichtszwecke sind ein Unterrichtssaal mit einem daneben gelegenen Präparaten-Zimmer und ein Secir-Zimmer neben dem Leichenraume erforderlich.

Bei der grofsen Ansteckungsfähigkeit des Kindbettfiebers (Puerperal-Fiebers) werden in den meisten Anstalten dieser Art auch Absonderungsräume oder vollständig getrennte kleine Gebäude für solche Kranke anzulegen sein. Auch halten es die meisten Aerzte für nothwendig, die Wöchnerinnen-Abtheilungen doppelt herzurichten, damit in der Benutzung vollständig (Winter und Sommer) gewechselt und nach jeder dieser Perioden eine besonders gründliche Reinigung und Lüftung vorgenommen werden kann.

b) Besonderheiten der Anlage, der Einrichtung und des inneren Ausbaues.

68. Entbindungszimmer und Nebenräume.

Die Entbindungszimmer in den Gebärhäusern, welche nicht für Unterrichtszwecke dienen, brauchen nur eine Gröfse von etwa 30 qm zu erhalten. In den Hebammen-Lehranstalten hängt die Gröfse derselben von der Zahl der zu den Entbindungen zuzulassenden Schülerinnen, so wie von der Zahl der Betten für Gebärende im betreffenden Zimmer ab. Da regelmäfsig nur ein oder zwei Betten in diesen Zimmern aufgestellt werden und die Zahl der Schülerinnen nicht grofs sein kann, so bleibt die Gröfse dieser Zimmer in gewissen Grenzen. Dieselbe beträgt in runden Zahlen in der Hebammen-Lehranstalt zu Hannover 40 qm, in der Hebammen-Lehranstalt zu Stuttgart 60 qm, in der Hebammen-Lehranstalt zu Bern 84 qm etc.

Mit dem Entbindungszimmer in Verbindung steht meistens ein kleiner Bade- oder Waschraum zum Waschen und Baden der Neugeborenen, oft auch ein Zimmer für eine Hilfshebamme und eine Schülerin, um jederzeit zur Hand zu sein; auch ist in der Nähe eine Theeküche anzuordnen, in welcher Wasser und Umschläge erwärmt werden können.

Ueber die Gröfse der Zimmer für die entbundenen Wöchnerinnen gehen die Ansichten der Aerzte sehr aus einander. Wegen der grofsen Ansteckungsfähigkeit des Kindbettfiebers und der daraus hervorgehenden Gefahren für die Wöchnerinnen haben Aerzte in Kopenhagen, Dublin, Paris etc. für jede Wöchnerin ein besonderes Zimmer von 12 bis 15 qm Grundfläche verlangt, in welchem die Wöchnerin von den anderen vollständig abgesondert gehalten wird; dieses Zimmer soll die eine Hälfte immer frei stehen, damit es gereinigt und gelüftet werden kann.

In Deutschland hat man eine solche vollständige Absonderung der einzelnen Wöchnerinnen, auch abgesehen von den damit verbundenen hohen Kosten, nicht eingeführt, weil dadurch die Ansteckung doch nicht vollständig vermieden werden kann, zumal es nicht möglich ist, jeder Wöchnerin eine besondere Wärterin oder gar einen besonderen Arzt zuzuweisen, und weil ein mehr gesicherter Erfolg erzielt wird, wenn für Wöchnerinnen, welche am Kindbettfieber erkranken oder bei denen sich Symptome dieser Krankheit zeigen, besondere, vollständig isolirte Abtheilungen mit besonderen Wärterinnen und einem besonderen Arzte eingerichtet werden, welche mit der ganzen übrigen Anstalt nicht in Berührung kommen. In den deutschen Entbindungs-Anstalten werden daher meistens Wöchnerinnen-Zimmer für je 4 Wöchnerinnen mit den Neugeborenen, weniger für je 2 oder 3 Wöchnerinnen eingerichtet, und es wird dabei für jede Wöchnerin 40 bis 50 cbm Luftraum angenommen.

Ueber die Einrichtung diefer Räume ift wenig zu bemerken. Diefelben muffen möglichft volle Wände, wenige Thüren und nur an einer Seite Fenfter erhalten. Die Betten müffen frei ftehen, mit dem Kopfende an der Wand, fo dafs man von beiden Seiten an diefelben herantreten kann. Die Höhe der Zimmer wird meiftens zu 4,0 bis 4,5 m angenommen, und die Lüftung derfelben gefchieht vielfach durch Anfaugen; feltener kommt Drucklüftung oder einfache natürliche Lüftung mittels der Fenfter und Thüren zur Anwendung.

Für die übrigen Räume, die Wohn- und Schlafräume der Schülerinnen und Schwangeren, die Wohnungen der Aerzte und Lehrhebammen, die Haushaltsräume u. f. w. find befondere Gröfsenangaben nicht zu machen; die Zahl und Gröfse der Zimmer richten fich nach dem Umfange der Anftalt, der Zahl der aufzunehmenden Schülerinnen u. f. w., und es find für diefe Räume die Regeln und Bedürfniffe fonftiger Wohnungen mafsgebend.

In Bezug auf die Conftruction und Ausführung unterfcheiden fich die Entbindungs-Anftalten nicht von den theils in Krankenhäufern, theils in Wohnhäufern gebräuchlichen Anordnungen. Als Hauptmotiv für die Conftruction und Art der Ausführung liegt die Nothwendigkeit der gröfsten Reinlichkeit und der vollkommenften Lufterneuerung vor. Zu diefem Zwecke werden die Fufsböden in den Entbindungs- und Wöchnerinnen-Zimmern meiftens von Eichenholz ausgeführt und mit Oelanftrich verfehen. Auch die Wände diefer Räume und der mit denfelben in Verbindung ftehenden Flurgänge etc. werden vielfach mit Oelfarbe angeftrichen, um diefelben öfter abwafchen und gründlich reinigen zu können.

6) Innerer Ausbau.

Von befonderer Wichtigkeit find die Heizung und Lüftung der Entbindungszimmer und der Zimmer für die Wöchnerinnen. Für diefelben wird in neuerer Zeit faft allgemein eine Sammelheizung, und zwar als Waffer-, Dampf- oder Feuer-Luftheizung gewählt, um in den Zimmern möglichfte Ruhe, Reinlichkeit und eine kräftige Lufterneuerung zu erzielen. Zu letzterem Zwecke werden jetzt in der Regel künftliche Lüftungs-Anlagen hergeftellt, und zwar fowohl für Saug-, wie für Drucklüftung. Erftere haben den Vorzug, dafs man das Mafs der Lufterneuerung ganz in feiner Gewalt hat, während auch letztere bei rationeller Anlage eine kräftige Lüftung herbeiführen und in neuerer Zeit meiftens vorgezogen werden, weil dabei das Uebertreten der Luft aus einem Raume in den anderen ficherer vermieden und fo die Gefahr der Anfteckung mehr hintangehalten werden foll. Das Nähere hierüber ift fchon an einer anderen Stelle ausführlich erörtert worden, und wir brauchen daher nicht näher darauf einzugehen.

7) Heizung und Lüftung.

Auch die Wafferverforgung bedarf in den Entbindungs-Anftalten einer eingehenden Erörterung nicht. In der Regel werden auf dem Dachboden zwei Wafferbehälter, einer für kaltes und einer für warmes Waffer, aufgeftellt, das Waffer mit Hilfe einer Dampfmafchine gehoben und daffelbe im Behälter durch den abftrömenden Dampf erwärmt. Von beiden Behältern führen Rohrleitungen zu den betreffenden Räumen: dem Entbindungszimmer, den Wöchnerinnen-Zimmern etc., um dort bequem kaltes und warmes Waffer zum Wafchen und Baden entnehmen zu können.

8) Wafferverforgung.

Die Aborte in den Entbindungs-Anftalten werden am zweckmäfsigften als Spülaborte angelegt, wie folche in neuerer Zeit in Krankenhäufern faft allgemein hergeftellt werden, wo eine genügende Waffermenge befchafft werden kann und Gelegenheit zur Abführung der Stoffe vorhanden ift.

9) Aborte.

c) Gefammtanlage, Baukoften und Beifpiele.

73. Grundrifs- anordnung.

Bei der grofsen Verfchiedenheit in der Ausdehnung und in den Zwecken diefer Anftalten, ob diefelben nur zur Aufnahme und Pflege einiger oder mehrerer hilfsbedürftiger Wöchnerinnen oder zum Unterricht und zur Ausbildung von Hebammen dienen, laffen fich allgemeine Regeln für die Grundrifsanordnung kaum aufftellen. Will man einige allgemeine Gefichtspunkte hervorheben, fo möchten folgende anzuführen fein. An der vorderen, der Strafse zugekehrten Seite des Gebäudes, neben dem Haupteingange, follen thunlichft nur Verwaltungsräume, Wohnräume und der Unterrichtsfaal liegen; die Entbindungszimmer und Zimmer für die Wöchnerinnen find in rückwärts gelegenen Gebäudetheilen anzuordnen, damit dort nicht allein möglichfte Ruhe herrfcht, fondern diefe Räume auch dem Strafsenverkehre und dem Einblicke von dort thunlichft entzogen werden, wobei die Entbindungszimmer in der Nähe der Wöchnerinnen-Zimmer gelegen und doch von denfelben thunlichft gefondert anzulegen find, damit die Wöchnerinnen von dem etwaigen Gefchrei der Gebärenden nicht geftört werden.

Ferner ift wohl als allgemeine Regel aufzuftellen, dafs die Gebäudetheile mit den Entbindungs- und Wöchnerinnen-Zimmern nicht mittlere Flurgänge, fondern nur eine Reihe Zimmer mit feitlichem Flurgang erhalten dürfen, damit eine möglichft gute Lüftung leicht herzuftellen ift, wobei die Wöchnerinnen-Zimmer thunlichft nach der Südoftfeite zu legen find. Bei gröfseren Anftalten diefer Art find, wegen der fchon oben erwähnten grofsen Anfteckungsfähigkeit des Kindbettfiebers, fo wie wegen der möglichft guten Lüftung der einzelnen Abtheilungen, getrennte Pavillons mit Zimmern für je 12 bis 16 Wöchnerinnen anzuordnen; auch find folche Abtheilungen mit nicht mehr als zwei Gefchoffen zu erbauen.

Als lehrreiches Beifpiel für diefe Regeln dient das 1853—56 erbaute ftädtifche Gebärhaus zu München [32]), ein 58,1 m langer, 29,2 m tiefer viergefchoffiger Bau mit mittleren Flurgängen für 200 Schwangere und Wöchnerinnen, in welchem die Wöchnerinnen-Zimmer von 8,16 m Länge, 5,81 m Breite und 4,08 m Höhe für 8 Wöchnerinnen eingerichtet find, fo dafs auf jede Wöchnerin nur 26 cbm Luftraum kommen. Diefe ungünftige Anlage hat den Erfolg gehabt, dafs vor einer Reihe von Jahren das Kindbettfieber fich in demfelben fo verbreitete, dafs das ganze Gebäude zeitweife geräumt werden mufste.

Die Wirthfchaftsräume, Küche, Speifekammer, Wafchraum, Bügelzimmer etc. werden bei den grofsen Anftalten meiftens in abgefonderten Gebäuden angelegt, bei den mittleren und kleinen Anftalten dagegen zweckmäfsig in den hoch aus der Erde geführten Keller-, bezw. Sockelgefchoffen angeordnet, wobei felbftverftändlich auf eine fichere Abfonderung von den Anftaltsräumen gehalten und für das mit der Haushaltung verkehrende Perfonal ein befonderer Eingang angelegt werden mufs.

74. Geftaltung des Aeufseren und des Inneren.

Ueber die Geftaltung des Aeufseren und Inneren der Entbindungs-Anftalten ift wenig anzuführen. Solche Gebäude follen einen einfachen ernften Charakter haben und fich von gewöhnlichen Wohnhäufern einigermafsen unterfcheiden. Die Ausführung foll einfach und folid fein und fich von reichen Formen eben fo fern halten, wie von einem gefängnifs- oder cafernenartigen Aeufseren.

Im Inneren foll die Anftalt hell und überfichtlich fein, um den Eindruck der gröfsten Reinlichkeit zu machen und dadurch die Erhaltung folcher Reinlichkeit

---

[32]) Siehe: Zeitfchr. f. Bauw. 1858, S. 7 u. Bl. 3—10.

auch wirklich zu erleichtern und möglich zu machen. Das Hauptmotiv für die Gestaltung dieser Gebäude muſs die innere Zweckmäſsigkeit abgeben, verbunden mit der erforderlichen Rückſichtnahme auf die in der Gegend des Baues ſich findenden oder ohne zu groſse Koſten herbeizuſchaffenden Baumaterialien.

Da wir bei dem verfügbaren Raume mehrere Beiſpiele des Aeuſseren von Hebammen-Lehranſtalten nicht mittheilen können, geben wir in Fig. 35 ⁾⁾ wenigſtens ein Beiſpiel, und zwar die vordere Anſicht der in Art. 81 in Grundriſſen wiederzugebenden Hebammen-Lehranſtalt zu Hannover, welche unter der oberen Leitung des Verfaſſers von *Raſch* im Bau begonnen und von *Göring* beendigt worden iſt.

Die vor dem Haupteingange angeordnete Vorhalle mit zwei Treppenaufgängen findet ihr Motiv in der Abſicht, den Perſonen, welche Einlaſs in die Anſtalt begehren und nicht ſelten bei Nacht ankommen, einen geſchützten Platz bis zum Oeffnen der Thur zu ſchaffen, ſo wie das Gebäude vor gewöhnlichen Privathäuſern entſprechend auszuzeichnen. Dieſe Anordnung geſtattete auch die zweckmäſsige Anlage einer

Fig. 35.

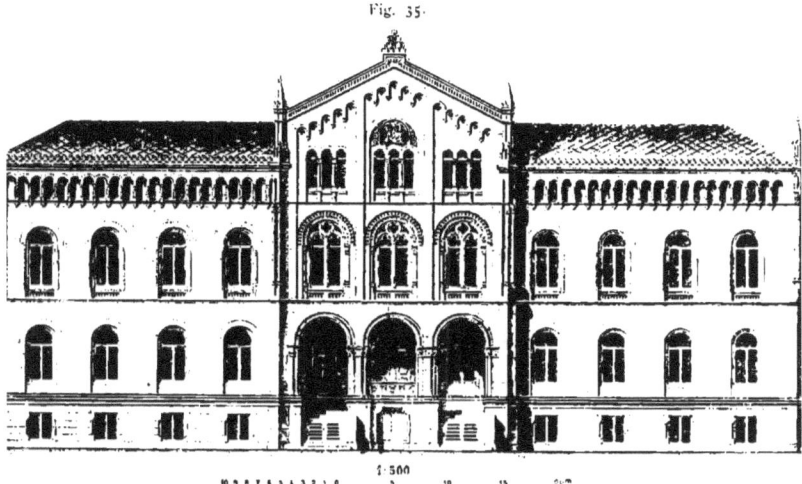

Hebammen-Lehranſtalt zu Hannover ⁾⁾.
Arch.: *Funk.*

mittleren Thür zum Kellergeſchoſs, durch welche der Wirthſchaftsverkehr vermittelt wird, ohne durch die Anſtalt ſelbſt gehen zu müſſen.

Das Kellergeſchoſs konnte, der nothwendigen Entwäſſerung wegen, mit ſeiner Sohle nur 0,. ᵐ in die Erde geſenkt werden, und man ging auf eine ſo hohe Lage um ſo lieber ein, als im Kellergeſchoſsverſchiedene Räume liegen, für welche eine trockene und helle Lage ſehr erwünſcht iſt. Der aus dieſem Grunde 2,₃₅ m über dem Terrain hohe Sockel iſt im Vorderbau mit Sandſteinquadern verblendet, während am hinteren, von der Strafse nicht ſichtbaren Theile des Gebäudes nur ein 0,₃₇ ᵐ hoher Sockel aus Sandſteinen angenommen iſt. Das vordere Gebäude iſt mit gelben gepreſſten Ziegeln verblendet, der hintere Flügelbau der Erſparung wegen jedoch auch im Aeuſseren aus rothen Ziegeln aufgeführt. Die ſämmtlichen Auſsenflächen ſind nicht ausgefugt, ſondern gleich durch Mauern mit vollen Fugen und Ausſchneiden des gewöhnlichen Mörtels fertig hergeſtellt.

Bei der ſo ſehr verſchiedenen Gröſse der Anſtalten, den abweichenden Zahlen für Wöchnerinnen, für Schwangere, für Hebammen-Schülerinnen etc. läſst ſich nicht erwarten, daſs irgend brauchbare Durchſchnittszahlen für eine Wöchnerin oder eine Hebammen-Schülerin, welche in der Anſtalt wohnen, anzugeben ſind, und es wird bei Abſchätzung der Koſten am gerathenſten ſein, die Bauſumme nach Quadr.-Meter der Gebäudefläche oder noch beſſer nach Cub.-Meter des ganzen Gebäudes überſchläglich zu ermitteln, wobei die Einheitsſätze von anderen ähnlichen Gebäuden zu entnehmen ſein werden.

Wir wollen jedoch die Baukoſten zweier Anſtalten dieſer Art mittheilen, um wenigſtens in dieſer Beziehung einige Anhaltspunkte zu geben.

1) Die kleine Hebammen-Anſtalt zu Hildesheim, mit 17 Betten für Wöchnerinnen (zum Wechſeln), Wohnung für 6 Schwangere und für 6 Hebammen-Schülerinnen, mit Wohnung für einen unverheiratheten Hilfsarzt, eine Lehrhebamme, welche zugleich den Haushalt beſorgt, und das nöthige Dienſtperſonal, hat ohne den Bauplatz 66 540 Mark gekoſtet. Da die Anſtalt einen Flächeninhalt von 448 qm hat, ſo koſtet 1 qm 148 Mark, und die Koſten für ein Wöchnerinnen-Bett betragen 3914 Mark.

2) Die Hebammen-Lehranſtalt zu Hannover, welche in Art. 81 noch beſchrieben werden wird und 34 Betten für Wöchnerinnen, Wohnungen für 12 Hebammen-Schülerinnen und 12 Schwangere, für einen verheiratheten Hausverwalter, für eine Haushälterin, 2 Lehrhebammen und einen unverheiratheten Hilfsarzt etc. enthält, hat ohne Ankauf des Bauplatzes 149 160 Mark gekoſtet. Da die Grundfläche 915,3 qm miſst, ſo koſtet 1 qm bebaute Fläche 163 Mark, und es betragen für ein Wöchnerinnen-Bett die Koſten 4387 Mark.

7. Beiſpiel I.

Im Nachſtehenden übergehen wir zur Mittheilung einiger Beiſpiele von Grundriſſen, dabei von den kleinſten zu den gröſseren Anſtalten fortſchreitend.

α) Gebär-Anſtalt zu St. Petersburg (Fig. 36). In Petersburg ſind ſeit längerer Zeit in den verſchiedenen Bezirken der Stadt ganz kleine Gebär-Anſtalten für nur 3 bis 4 Wöchnerinnen angelegt, welche nur zur Unterkunft von hilfsbedürftigen Wöchnerinnen, nicht zu Unterrichtszwecken dienen.

Dieſelben beſtehen, wie aus dem Plane hervorgeht, aus einem Entbindungszimmer, einem Zimmer für 3 bis 4 Wöchnerinnen, zwei Zimmern für die Hebamme und eine Wärterin, einer Küche, einem Vorrathsraume und einem Aborte. Die Anordnung der Räume iſt eine ſo einfache, daſs darüber nichts zu bemerken iſt. Dieſe kleinen Entbindungs-Anſtalten ſollen ſich nach den Mittheilungen *Maydell's* in Petersburg recht gut bewährt haben.

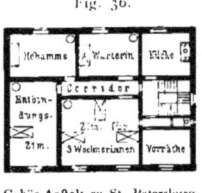

Gebär-Anſtalt zu St. Petersburg.
1:400 n. Gr.

Pavillon der Gebär-Anſtalt zu Paris.

77. Beiſpiel II.

β) Pavillon der Gebär-Anſtalt zu Paris (Fig. 37). Die bei der groſsen Anſteckungsfähigkeit des Kindbettfiebers in groſsen Gebär-Anſtalten gemachten ungünſtigen Erfahrungen haben dazu geführt, daſs für die Gebär-Anſtalt zu Paris 1877 der nach Fig. 37 eingerichtete zweigeſchoſſige Pavillon nach Angaben *Tarnier's* erbaut wurde, in welchem das Abſonderungs-Syſtem am ſtrengſten durchgeführt worden iſt.

Das Gebäude hat 8 vollſtändig von einander abgeſonderte Zimmer für je eine Wöchnerin, ein Badezimmer und 2 Aborte. Die ſämmtlichen Räume ſind nur von den das Gebäude umgebenden, offenen Veranden zugänglich, und der kurze mittlere Flurgang dient nur zum Aufenthalte der Wärterin, um die 8 Wöchnerinnenzimmer durch die feſt geſchloſſenen Fenſter überwachen zu können. In den Einzelzimmern finden ſchon die Schwangeren Aufnahme und verlaſſen dieſelben erſt nach ihrer Geneſung. Die Hebammen und die Wärterin wohnen in einem kleinen Gebäude in der Nähe des Pavillons und kommen mit anderen, als in dieſem Pavillon untergebrachten Wöchnerinnen nicht in Berührung. Sollte eine der Wöchnerinnen vom Kindbettfieber befallen werden, ſo übernimmt ein beſonderer zum Entbindungsdienſt nicht gehörender Arzt die Behandlung, und die Kranke erhält eine beſondere Wärterin, die mit den übrigen Wöchnerinnen nicht verkehren darf.

Eine folche Anordnung giebt gegen Anfteckung allerdings eine grofse Sicherheit, und es follen in einem gewiffen Zeitraume in diefem Pavillon von 400 Wöchnerinnen nur 4, alfo 1 Procent geftorben fein, während im alten *Hôtel-Dieu* zu Paris diefe Zahl 8 Procent und im Wiener Entbindungshaufe im Winter-Semefter 10 Procent der Wöchnerinnen betragen foll.

γ) Der Entbindungsblock des Krankenhaufes Ménilmontant zu Paris (Fig. 38) ift nach einem ähnlichen Abfonderungs-Syfteme, wie die vorftehend befchriebene Anftalt eingerichtet.

74. Beifpiel III.

Fig. 38.

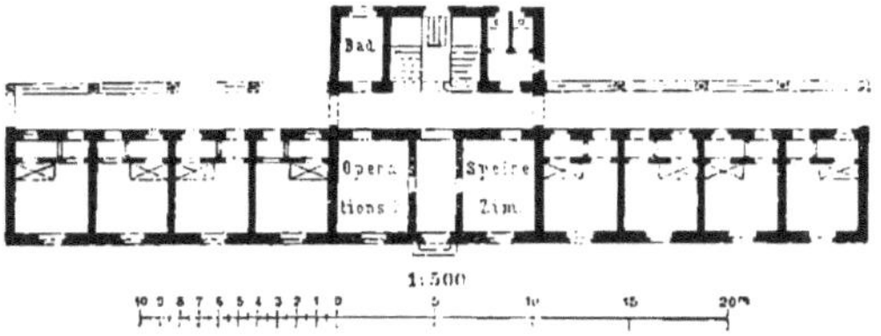

Entbindungsblock des Krankenhaufes Ménilmontant zu Paris.

Derfelbe enthält in 2 Gefchoffen 16 Wöchnerinnen-Zimmer für je eine Wöchnerin, welche nur von einer offenen Veranda zugänglich find, jedoch zum Schutze gegen die Einflüffe der Witterung je einen kleinen Vorraum mit doppeltem Thürverfchluffe haben. Neben dem Vorraume ift ein kleiner, mit dem Wöchnerinnen-Zimmer durch ein feftes Fenfter verbundener Raum vorhanden, aus welchem von der controlirenden Wärterin das Wöchnerinnen-Zimmer überfehen werden kann, ohne daffelbe zu betreten.

Im Mittelbau liegt die Treppe, und in jedem Gefchoffe find ein Operations-Zimmer, ein Speifezimmer, ein Badezimmer und 2 Aborte vorgefehen; der Mittelbau hat ein II. Obergefchofs mit den Schlafzimmern der Hebammen, Wärterinnen und Ammen. Die Wirthfchaftsräume für diefen Entbindungs-Block des grofsen Krankenhaufes find mit denen für die übrigen Theile deffelben verbunden.

Aehnliche nach dem Abfonderungs-Syfteme eingerichtete Entbindungshaufer finden fich, wie fchon oben erwähnt, auch in Kopenhagen, Dublin u. a. O.

δ) Die Entbindungsanftalt zu Bern (Fig. 39[33]), 1873—76 nach den Plänen *Salvisberg's* und unter deffen oberer Leitung ausgeführt, ift für 50 Hebammen-Schülerinnen und 20 Schwangere eingerichtet und dient zugleich zur Unterweifung von Studirenden.

79. Beifpiel IV.

Der Hauptbau ift an der Vorderfeite eines 8230 qm grofsen Grundftückes erbaut und umfafst eine Grundfläche von 1020 qm; hinter demfelben liegt ein 201 qm haltendes Nebengebäude mit dem Dampf-

Fig. 39.

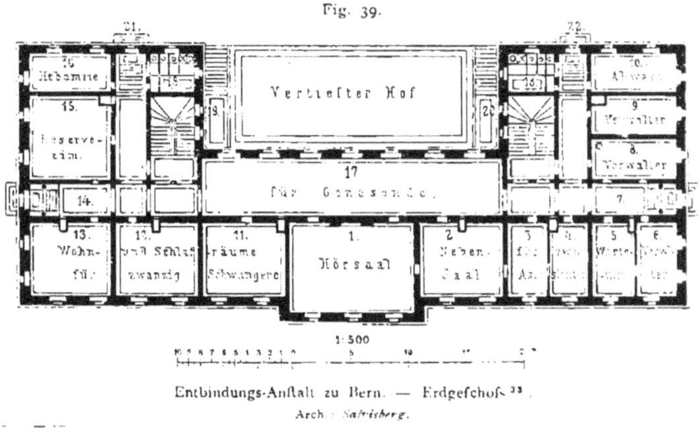

Entbindungs-Anftalt zu Bern. — Erdgefchofs [33].
Arch.: *Salvisberg*.

[1] Nach: Eifenb., Bd. 6. S. 180, 193, 201.

keffel, einer Wafch-Anftalt und einem Holzraume; aufserdem ift auf demfelben ein Abfonderungsgebäude für Puerperal-Fieberkranke projectirt.

Das Kellergefchofs, 3,9 m hoch, ift an der Vorderfeite und neben dem an der Hinterfeite zwifchen den Flügeln vertieften Hofe faft ganz frei liegend mit grofsen Fenftern verfehen, und nur an den Seiten liegt daffelbe in der Erde. Unter den mit Zahlen bezeichneten Räumen des in der Skizze dargeftellten Erdgefchoffes befinden fich im Kellergefchofs folgende Räume: Unter *1* die Kochküche mit 2 Herden neben dem grofsen Vorplatze unter *17*. Neben der Küche liegen unter *2* und *11* zwei Efszimmer für das Dienftperfonal und Schwangere, unter *3* bis *6*, fo wie unter *12* Magazine; die Räume unter *8* und *9*, fo wie unter *15* und *16* find Keller; unter *10* liegt ein Eiskeller, unter *13* ein Badezimmer mit 3 Wannen, und unter *18* find Aborte angeordnet. Zum Kellergefchofs führen vom vertieften Hofe aus bei *19* und *20* zwei befondere Eingänge, während das Erdgefchofs bei *7*, *14*, *21* und *22* vier Eingänge hat.

Die Beftimmung der einzelnen Räume im Erdgefchofs, deffen Lichthöhe 3.s m beträgt, geht aus dem Plane in Fig. 39 deutlich hervor und bedarf einer weiteren Erläuterung nicht.

Im I. Obergefchofs von 3,9 m Lichthöhe liegt über *1* der klinifche Saal (Entbindungszimmer), über *17* das Zimmer für die Oberhebamme; über den Räumen *2*, *3* und *4*, *5* und *6*, *11*, *12*, *13* und *15* befinden fich Wöchnerinnen-Zimmer für je 4 Wöchnerinnen, über *8*, *9* und *10* folche für je eine oder zwei Wöchnerinnen; an den Enden der Flurgänge, bei *7* und *14*, find die Theeküchen angeordnet, und *18*, *18* find die Aborte.

Im II. Obergefchofs von 3,9 m Lichthöhe liegt über *1* der Saal für die gynäkologifche Klinik, über *2*, *3*, *4*, *5* und *6* drei Krankenzimmer für je 4 gynäkologifche Kranke, über *8*, *9* und *10* folche für je 2 gynäkologifche Kranke, über *11*, *12* und *15* Wöchnerinnen-Zimmer zu je 4 Betten, über *13* das Entbindungszimmer und über *16* das Zimmer der zweiten Lehrhebamme.

Im Dachgefchofs endlich befinden fich die Schlaffäle für 50 Hebammen-Schülerinnen, Räume für fchmutzige Wäfche etc. und verfchiedene verfügbare Räume.

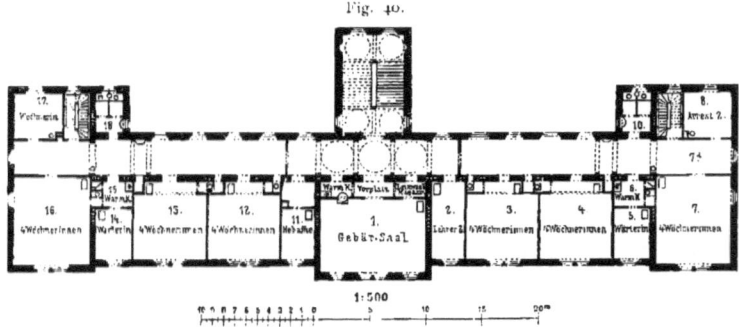

Fig. 40.

Landes-Hebammenfchule zu Stuttgart. — I. und II. Obergefchofs 34).
Arch.: Bok.

80.
Beifpiel
V.

s) Die Landes-Hebammenfchule zu Stuttgart (Fig. 40 34) wurde 1862—69 nach einem von dem Königl. Medicinal-Collegium aufgeftellten Programm durch *Bok* entworfen und ausgeführt. Diefelbe ift zur Aufnahme von 30 Hebammen-Schülerinnen und von 16 Schwangeren eingerichtet und enthält Räume für 50 Wöchnerinnen.

Im Kellergefchofs liegen die Küche mit Speifekammern und Kellerräumen, ferner die Wafchküche mit Bügelzimmer, Holzlager und fonftige Vorrathsräume.

Im Erdgefchofs befinden fich unter den mit Zahlen bezeichneten Räumen des in Fig. 40 dargeftellten Grundriffes des I. und II. Obergefchoffes folgende Räume: Unter *1* liegt in der Mitte der Eingang, links das Bureau des Hausmeifters, rechts ein kleines Sprechzimmer, unter *2* und *3* ein grofser Speifefaal, unter

---

34 Nach: Stuttgart. Führer durch die Stadt und ihre Bauten. Stuttgart 1884. S. 118.

4, 5 und 6 ein Zimmer für 8 Schwangere, unter 7, 7a und 8 ein Zimmer für 15 Hebammen-Schülerinnen, unter 10 zwei Aborte. Ferner ist unter 11 und 12 die Wohnung des Hausmeisters in Verbindung mit dessen Bureau unter 1 angeordnet (zum Theile mit Licht vom Flurgang aus). Ferner sind unter 13, 14 und 15 ein Zimmer für 8 Schwangere, unter 16, 16a und 17 ein Zimmer für 15 Hebammen-Schülerinnen, endlich unter 18 zwei Aborte angeordnet.

Die Raumvertheilung im I. und II. Obergeschofs geht aus Fig. 40 klar hervor. Die beiden Geschosse stimmen mit einander überein; jedes enthält 6 Wöchnerinnen-Zimmer zu je 4 Betten und 2 solche Zimmer für je 1 Bett. Neben dem Gebär- und bezw. Unterrichtssaale liegt an der einen Seite ein Zimmer für den Vorstand (Lehrer), an der anderen Seite ein Zimmer für die Lehrhebamme; nach dem Flurgang zu sind von demselben kleine Räume als Wärmeküche und als Leinwand-Magazin abgetrennt, welche ihr Licht vom Vorplatze aus erhalten.

Die Hauptaborte 10 und 18 sind mit Gruben versehen. Neben den gröfseren Wöchnerinnen-Zimmern sind Aborte mit Nachtstühlen angebracht, welche, von aufsen entleerbar, mit Fenstern nach dem Flurgang und mit Lüftungsschlitzen in der mittleren Langmauer versehen sind.

Die Haupttreppe ist durch zwei Geschosse aus Stein auf 1,85 m Breite frei tragend ausgeführt. Zum Dachgeschofs führen zwei Nebentreppen an den beiden Enden des Gebäudes. Die Heizung der Zimmer geschieht durch Kachelöfen.

5) Die in Art. 74 (S. 65) bereits erwähnte Hebammen-Lehranstalt zu Hannover[35], 1862—63 ausgeführt, sollte nach dem dem Entwurf zu Grunde gelegten Programm enthalten:

1) Verwaltungsräume: ein Conferenz-Zimmer für den dirigirenden Arzt, zugleich für die Registratur-Schränke; einen Hörsaal, zugleich zu den Tauffeierlichkeiten zu benutzen, und neben demselben ein Präparaten-Cabinet. 2) Dienstwohnungen: Wohnung für einen unverheiratheten Hilfsarzt, bestehend aus Vorzimmer, Wohnstube und Schlafkammer; Wohnung für einen verheiratheten Hausverwalter, bestehend aus 2 Wohnzimmern, 2 bis 3 Schlafkammern und Keller; Wohnstube und Schlafkammer für eine unverheirathete Haushälterin; Wohnstube und Schlafkammer für eine unverheirathete Lehrhebamme; Schlafkammer für eine Hilfshebamme; Schlafkammer für den Heizer; Schlafkammer für 2 bis 3 Dienstmägde. 3) Wöchnerinnen-Abtheilung: zwei vollständig getrennte, zum Wechseln im Sommer und Winter eingerichtete Abtheilungen, von denen jede enthält: ein Entbindungszimmer, daneben ein Zimmer für die Hilfshebamme und eine dienstthuende Schülerin; 5 Wöchnerinnen-Zimmer, von denen 3 zu je 4 Betten und 2 zu je 2 Betten eingerichtet sind; 2 Zimmer für zahlende Wöchnerinnen mit einem Wärterinnen-Zimmer und Geräthraum; eine Theeküche; ein heizbarer Abort und ein Raum zu Ausgüssen; ein Geräthraum; ein heizbarer Flurgang. 4) Wohnung der Schülerinnen und Schwangeren: 2 Wohnstuben und 2 Schlafkammern für je 12 Schülerinnen; desgleichen für 6 bis 12 Schwangere; ein Krankenzimmer für diese Wohnabtheilung. 5) Wirthschaftsräume: Küche, Speisekammer und Kellerraum für die Anstalt; Wachraum, Raum mit Rollen und Bügeln, sowie ein Raum zur Aufbewahrung der Wäsche; ein Speisezimmer; ein Badezimmer; Feuerungsraum; Raum für Strohaufbewahrung und zum Füllen der Strohsäcke. 6) Sonstige Räume: Leichen- und Sectionsraum; Brenn-Reinigungsraum; Aborte für die Bewohner der Anstalt; Maschinen-, Kessel- und Werkstättenraum.

Das in Fig. 41 u. 42[36] dargestellte Gebäude ist auf dem an der Strafse 68 m breiten und 80 m tiefen Bauplatze von der Strafse 10 m zurückgesetzt, und es ist an der linken Seite der Wirthschaftshof mit einer besonderen Einfahrt, an der Südseite ein Spaziergarten für die Genesenden angelegt. Die rückwärtigen, in Fig. 41 schraffirten Flügel sind für eine etwaige Vergröfserung vorgesehen.

Die Bestimmung der einzelnen Räume geht aus den Plänen hervor, und wir bemerken dazu nur das Folgende. Die allgemeine Anordnung ist so getroffen, dafs im vorderen Hauptbau die Verwaltungsräume, sowie die Wohnungen, im anschliefsenden Flügelbau in zwei Geschossen die eigentlichen Wöchnerinnen-Abtheilungen angeordnet sind. Im II. Obergeschofs des mittleren Theiles des Vorderbaues, sowie zum Theile im hohen Kniegeschofs desselben liegen die Wohnungen der Schülerinnen und Schwangeren.

Die Wöchnerinnen-Abtheilungen sind im Erdgeschofs und im I. Obergeschofs des Flügelbaues ganz gleich angeordnet; der Flurgang ist vor und hinter dem Entbindungszimmer mit einem Thürabschlusse versehen, damit das Geräusch von demselben nicht nach den Abtheilungen oder nach dem Vorderbau gelangen kann.

Bei dieser Anordnung war es mafsgebend, dafs die Wöchnerinnen-Zimmer die günstigste Lage nach

---

35) Nach: Zeitschr. des Arch.- u. Ing.-Ver. zu Hannover 1864, S. 247.
36) Facs.-Repr. nach ebendas. Bl. 200—202.

Fig. 41.

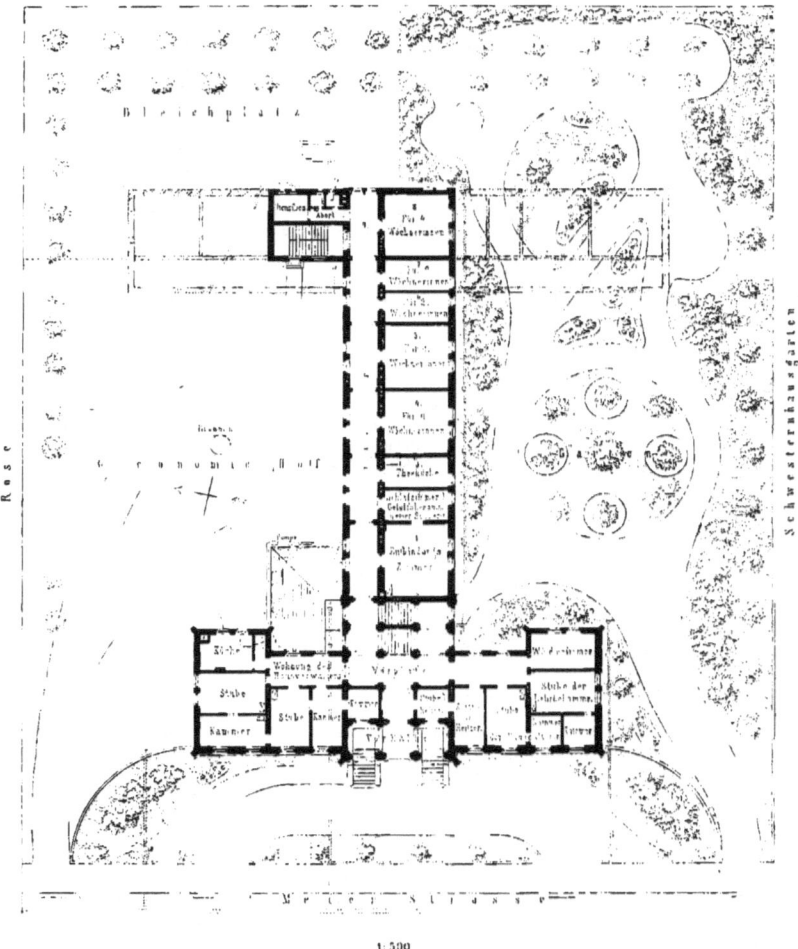

Hebammen-Lehranstalt zu Hannover. — Lageplan [46]).

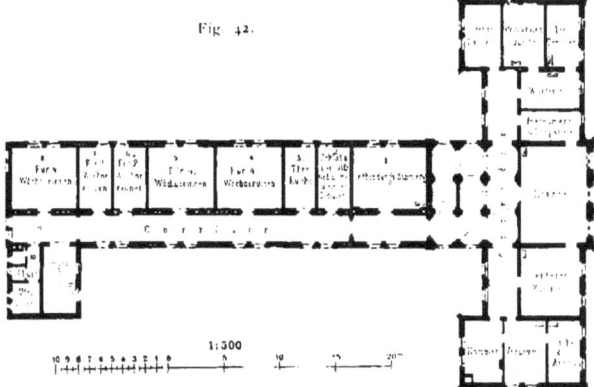

Fig. 42.

Hebammen-Lehranstalt zu Hannover. — Obergeschofs.

der Südseite erhalten mufsten, während der helle und geräumige Flurgang, welcher auch zum Aufenthalte der genesenden Wöchnerinnen dient, nach der Nordseite zu legen war und dadurch besonders geeignet ist, im Sommer die Temperatur der Wöchnerinnen-Zimmer zu regeln.

Im hohen Kellergeschofs liegen die Küche, die Speisekammer, das Badezimmer, der Trockenraum, der Heizraum, der Keller und ein Geräteraum, die Wäscherei, das Bügel- und Rollzimmer, so wie die Speisezimmer und die Feuerungsräume.

In einem niedrigen Nebenbau in der Ecke des Vorder- und Flügelbaues sind der Maschinen- und Kesselraum und eine kleine Werkstätte, so wie die Aborte gelegen, vom Hauptbau durch einen kleinen offenen Hof getrennt, damit unangenehme Gerüche nicht in das Gebäude gelangen können.

Zur Heizung der Wohn- und Verwaltungsräume sind Kachelöfen mit eisernem Kasteneinsatz verwendet; für die Wöchnerinnen-Abtheilungen ist eine Wasser-Luftheizung, verbunden mit Drucklüftung, angelegt. Letztere Anlage ist gewählt, um in den Wöchnerinnen-Abtheilungen aufser einem kräftigen Luftwechsel (80 bis 100 cbm für das Bett und die Stunde) möglichst Ruhe, Reinlichkeit und eine gleichmäfsige Temperatur erhalten und die Lüftung auch im Sommer fortsetzen zu können.

Die Dampfmaschine, welche den Ventilator betreibt, pumpt auch das Wasser, liefert den Dampf zum Kochen und Waschen und erwärmt das Wasser zum Waschen und Baden. Zu diesem Zwecke sind im Dachgeschofs zwei Behälter aufgestellt, von denen der eine kaltes, der andere durch den abströmenden Dampf der Dampfmaschine erwärmtes Wasser enthält, so dafs zum Waschen und Baden immer kaltes und warmes Wasser vorräthig ist und durch Rohrleitungen entnommen werden kann. Die Kosten dieser Anstalt betragen, einschl. der Heizungs-, Lüftungs-, Wasser-, Canal- und Wege-Anlagen, jedoch abgesehen vom Bauplatze, für 1 qm 163 Mark.

Literatur

über »Entbindungs-Anstalten«.

a) Anlage und Einrichtung.

GUSSEROW, A. Ueber Krankenhäuser und Gebäranstalten. Antritt-vorlesung gehalten zu Zürich am 20. December 1867. Zürich 1868.

Maternities, with a design for a lying-in hospital and midwifery college. Building news. Bd. 15 S. 271.

PUÉJAC, A. Ueber eine bisher nicht erwähnte Gefahr der grofsen Gebäranstalten. *L'union méd.* 1870. Nr. 52. Discussion über Gebärhäuser. *Gaz. des hôp.* 1870. Nr. 42.

GRÜNEWALDT, O. v. Kleine Gebärasyle oder grofse Gebäranstalten? Leipzig 1877.

Visites à l'expofition univerfelle de 1878. Hofpices, hôpitaux, afiles. La femaine des conft. 1877—78, S. 581, 592, 619; 1878—79, S. 90, 294, 377.

MUNRO, A. *Deaths in child-bed, and our lying-in hofpitals.* London 1879.

PINARD. *Les nouvelles maternités et le pavillon Tarnier.* Revue d'hyg. 1880, S. 397. Annales d'hyg. publ. 1881, S. 537.

Sur les nouvelles maternités. Revue d'hygiène 1882, S. 668.

3) Ausführungen.

ZENETTI, A. Das neue Gebärhaus in München. Zeitfchr. f. Bauw. 1858, S. 7. — Auch als Sonderabdruck erfchienen: Berlin 1858.

Entbindungsanftalt zu Celle. Zeitfchr. d. Arch.- u. Ing.-Ver. zu Hannover 1861, S. 98.

FUNK. Die neuen Hebammen-Lehranftalten zu Hannover und Hildesheim, insbefondere die Heizungs- und Ventilations-Anlagen derfelben. Hannover 1864.

FUNK. Die neue Hebammenlehranftalt zu Hannover. Zeitfchr. d. Arch.- u. Ing.-Ver. zu Hannover 1864, S. 202.

FUNK. Die Hebammen-Lehranftalt zu Hildesheim. Zeitfchr. d. Arch.- u. Ing.-Ver. zu Hannover 1864 S. 462.

Plan und Befchreibung des neuen Gebäranftalts-Gebäudes in Prag nebft den neueften Beftimmungen im Bereiche der Gebäranftalten und des Findelwefens. Prag 1874.

SALVISBERG, F. Die neue Entbindungsanftalt in Bern. Bern 1876.

HILDEBRANDT, H. Die neue gynäkologifche Univerfitätsklinik und Hebammen-Lehranftalt zu Königsberg i. Pr. Leipzig 1876.

Gebärhaus in München: REBER, R. Bautechnifcher Führer durch München. München 1876. S. 227.

HLAWKA, J. Project einer Gebäranftalt in Prag. Zeitfchr. d. öft. Ing.- u. Arch.-Ver., 1876, S. 165.

Gebäranftalt in Zürich: Zurich's Gebäude und Sehenswürdigkeiten. Zürich. S. 83.

MÜLLER, P. Die neue kantonale Entbindungs- und Frauenkrankenanftalt in Bern. Bern 1877.

SALVISBERG. Die Entbindungsanftalt in Bern. Eifenb., Bd. 6, S. 180 193, 201.

Entbindungsinftitut in Dresden: Die Bauten, technifchen und induftriellen Anlagen von Dresden. Dresden 1878. S. 247.

ENDELL & FROMMANN. Statiftifche Nachweifungen, betreffend die in den Jahren 1871 bis einfchl. 1880 vollendeten und abgerechneten Preufsifchen Staatsbauten. X. Hofpitäler, Krankenhäufer etc. Zeitfchr. f. Bauw. 1883. S. 174.

Die Landeshebammenfchule und Entbindungsanftalt (Gebärhaus) in Stuttgart: Stuttgart. Führer durch die Stadt und ihre Bauten. Stuttgart 1884. S. 118.

ZASTRAU. Der Neubau des gynäkologifchen Pavillons der königlichen Charité in Berlin. Centralbl. d. Bauverw. 1884, S. 138.

Entbindungsanftalt zu Altona: Hamburg und feine Bauten, unter Berückfichtigung der Nachbarftädte Altona und Wandsbeck. Hamburg 1890. S. 151.

---

3. Kapitel.

Heimftätten für Genefende.

Von GUSTAV BEHNKE.

§ 82. Zweck und Verbreitung.

Die Erfahrung hat vielfach gelehrt, dafs die volle Wiederherftellung Genefender in den Krankenhäufern durch die Umgebung und durch die räumlichen Verhältniffe erfchwert und durch Anfteckung von Neuem gefährdet werden kann, dafs überdies die Pflege der Genefenden in den Krankenhäufern unter allen Umftänden mit unverhaltnifsmäfsig grofsen Koften verknüpft und für die Disciplin in der Anftalt nicht unbedenklich ift. Man ift daher fchon feit einer Reihe von Jahren beftrebt gewefen, entweder als Zubehör einer Krankenhaus-Anlage oder als befondere Wohlthätigkeits-Anftalt, aufserhalb der Städte in vorzugsweife gefunder Lage, Heimftätten vorzuforgen, welche die aus den Krankenhäufern als geheilt entlaffenen Perfonen aufnehmen und bis zu ihrer vollkommenen Kräftigung und Genefung beherbergen. Solche Anftalten werden wohl auch als Genefungs- oder Reconvalescenten-Häufer bezeichnet.

Namentlich in England find diefe wohlthätigen Beftrebungen durch die erzielten vorzüglichen Erfolge fo in ihrem Umfange gefteigert worden, dafs dort fchon in der Mitte der achtziger Jahre die Zahl derartiger Pflegeftätten auf mehr als 150 mit etwa 5000 Betten gefchätzt wurde.

In Deutfchland hat die gleiche Fürforge durch die Mitwirkung der auf gefetzlicher Grundlage beruhenden Orts-Kranken-Caffen, fo wie durch das Eingreifen der Stadtverwaltungen, welche die Heimftätten zur Entlaftung der ftädtifchen Krankenhäufer als befonders nützlich erkennen mufsten, und durch private Wohlthätigkeit in neuerer Zeit ebenfalls eine lebhafte Förderung erfahren.

<small>Die erfte deutfche Heimftätte wurde 1861 in München gegründet[17]; auch kann als ältere Anlage die vom Pflegamt des Hofpitals zum heiligen Geift in Frankfurt a. M. 1868 errichtete Reconvalefcenten-Anftalt Mainkur[18] erwähnt werden.

Der letzteren Anlage ähnlich find als fernere Beifpiele die neuerdings von der Orts-Kranken-Caffe Leipzig mit thatkräftiger Hilfe Schwabe's auf zwei Landgütern im fächfifchen Erzgebirge — Gleesberg für 30 Frauen und Förftel für 60 Männer — und die von der Stadt Berlin auf zwei ftädtifchen Beriefelungsgütern — Heinersdorf und Blankenburg für je 40 Frauen, bezw. Männer — errichteten Heimftätten zu erwähnen.</small>

Die Koften der Verpflegung, bei welcher auf befonders kräftige Ernährung, gute Luft und reichliche Bäder Bedacht zu nehmen ift, werden auf etwa 2 Mark für jede Perfon und jeden Tag gefchätzt.

Die erzielten gefundheitlichen Erfolge find, namentlich nach Lungen-, Luftröhren- und anderen chronifchen Krankheiten, bei Blutarmuth u. dergl., ganz vorzügliche.

Männer und Frauen find mit vollftändiger Trennung, am beften in befonderen Anftalten, unterzubringen.

Dafs die Entfernung der Heimftätten für Genefende aus der Stadt durch viele Gründe gerechtfertigt ift, verfteht fich von felbft; dagegen fcheint es zweifelhaft, ob die Einrichtung der Heimftätten auf weit entfernten Landgütern unter allen Umftänden empfehlenswerth ift. Die Nähe einer Stadt wird jedenfalls den Vortheil bieten, dafs die Pfleglinge fich gelegentlich zerftreuen und dafs fie fich, da fie meiftentheils auf eigenen Broterwerb fehr nothwendig angewiefen find, rechtzeitig nach einer Befchäftigung umfehen können.

Die Dauer des Aufenthaltes der Pfleglinge wird dem Befinden entfprechend nach ärztlicher Vorfchrift bemeffen, in der Regel auf 2 bis 3, felten über 4 Wochen; die ftärkfte Inanfpruchnahme findet erfahrungsgemäfs in den Sommermonaten ftatt.

Für die Anordnung der Räume find beftimmte Regeln naturgemäfs nicht aufzuftellen; im Nothfalle könnte jedes gefund gelegene Zimmer für diefen Zweck nutzbar gemacht werden.

Die Schlafräume unterliegen den für Krankenhäufer geltenden Beftimmungen, fo dafs für jedes Bett nicht weniger als 8 qm Grundfläche bei einer Stockwerkshöhe von 4 m gerechnet werden follten. Daneben find gemeinfchaftliche Aufenthalts- und

---

<small>17) Siehe Art. 84.
18) Siehe: Frankfurt a. M. und feine Bauten. Frankfurt a. M. 1886 S. 152.</small>

Speifezimmer, fo wie einige Räume für Wirthfchaftszwecke und für das Warte-Perfonal erforderlich; letzteres ift nicht allzu zahlreich; in Berlin z. B. wird jede der beiden Heimftätten für 40 Betten durch eine Schwefter, eine Wirthfchafterin, 2 Küchenmädchen und 1 Arbeiter bedient.

Ein geräumiger und fchattiger Garten, eine Bade-Einrichtung im Haufe und, wenn möglich, ein Flufs- oder Seebad find als nothwendig zu bezeichnen.

Als Beifpiele diefem Zwecke dienender Neubauten find die nachftehenden ausgewählt worden.

84. Beifpiel I.

Das Afyl für Genefende zu München, welches, wie vorerwähnt, als das erfte in Deutfchland 1861 gegründet wurde, erhielt im Jahre 1880 die Räume eines kleinen ftädtifchen Schulhaufes, in dem 20 Betten Platz fanden, und 1890 einen von der ftädtifchen Verwaltung errichteten Neubau an der Baumftrafse (Arch.: *Loewel*), der zur Aufnahme von 25 Männern und 36 Frauen Raum gewährt.

Die neue Anftalt enthält im Erdgefchofs die Verwaltungsräume, die Wohnzimmer der Schweftern und die Kochküche nebft Zubehör; ferner in 3 Obergefchoffen die Schlaf-, Aufenthalts- und Speifefäle, eine Haus-Capelle, Bäder und Aborte.

Der Grundrifs des I. Obergefchoffes ift in Fig. 43 beigegeben; der Flächenraum in den Schlaffälen beträgt für jedes Bett rund 10 qm.

Wafchküche und Wirthfchaftsräume find in einem getrennt ftehenden Hofgebände untergebracht. Ein grofser Garten mit zwei Gartenhäuschen dient zur Erholung der Pfleglinge. Zur Erwärmung und Lüftung dienen Einzelöfen mit Luft-Zuführungs-Canälen und lothrecht auffteigenden Abzugsfchloten.

Die Gebäude find in geputztem Backfteinbau mit Sandfteingliederung aufgeführt; die Baukoften werden im Ganzen auf 220 000 Mark beziffert.

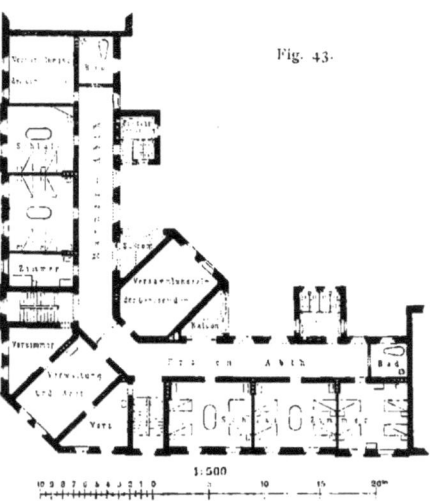

Fig. 43.

Afyl für Genefende zu München. — I. Obergefchofs.
Arch.: *Loewel*.

85. Beifpiel II.

Das Hofpiz »Lovifa« in der Ruprechtsau bei Strafsburg i. E. ift 1880 aus einem bedeutenden Vermächtnifs (Stiftung *Ehrmann*) erbaut und eingerichtet worden (Arch.: *Perrin*).

Das Grundftück hat eine Gröfse von 436 a und enthält aufser dem alten Herrenhaufe und einigen Nebengebäuden, welche für die Zwecke der Verwaltung und Bewirthfchaftung entfprechend umgebaut find, zwei durch einen Glasgang verbundene, neu erbaute Pflegehäufer.

Diefe Pflegehäufer, auf einer Seite für die Männer-, auf der anderen Seite für die Frauen-Abtheilung beftimmt, gewähren im Erdgefchofs und einem Obergefchofs für 60 Betten und für einige Verwaltungszimmer Unterkunft; der Erdgefchofs-Grundrifs ift in Fig. 44 beigefügt.

Ein Nebengebäude der Anftalt ift dazu eingerichtet, während der Sommermonate fchwächliche und fcrophulöfe Kinder für die Zeit von längftens je 6 Wochen aufzunehmen und wird befonders für Schulkinder als »Ferien-Colonie« (fiehe Abfchn. 3, B, Kap. 4, unter d) mit grofsem Nutzen gebraucht.

Die Baukoften der beiden Pflegehäufer haben rund 112 600 Mark, für jedes Bett alfo etwa 1880 Mark betragen.

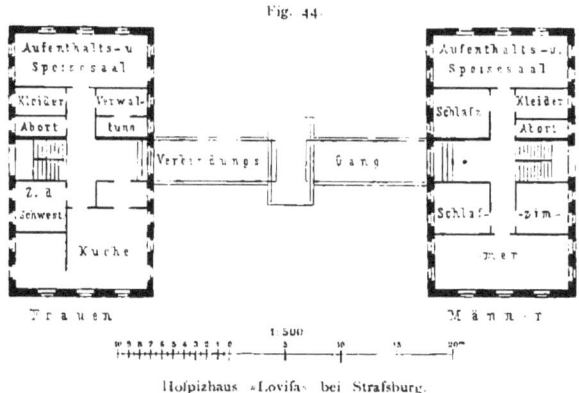

Hospizhaus »Lovisa« bei Strafsburg.
Erdgeschofs-Grundrifs des Pflegehauses.
Arch.: *Perrin*.

Das Genesungshaus zu Nürnberg, 1890 ausgeführt (Arch.: *Hergenrieder*), ist in dem an der Nordseite der Stadt frei und hoch gelegenen ehemaligen *Rohlederer's* Garten auf städtische Kosten erbaut worden.

Die Anstalt enthält im Kellergeschofs die Waschküche, Brennstoffräume und Luft-Zuführungskammern; im Erdgeschofs die Kochküche mit Zubehör, einige Verwaltungsräume und ein Zimmer von rund 33 qm Grundfläche für die Pfleglinge; im I. und II. Obergeschofs, deren Grundrifs in Fig. 45 beigegeben ist, als Männer- und Frauen-Abtheilung geschieden, je einen Aufenthalts- und Schlafsaal, ein Zimmer für Dienst-Personal und eine Bedürfnifs-Anstalt.

Der Vorplatz ist zur Aufstellung von Schränken benutzt. Die Säle haben eine Grundfläche von je rund 55 qm, bezw. bei einer lichten Stockwerkshöhe von etwa 3,7 m einen Luftraum von 202 cbm; über die Zahl der unterzubringenden Pfleglinge ist eine bestimmte Entscheidung noch nicht getroffen. Zur Heizung dienen eiserne Mantelöfen mit äufserer Luft-Zuführung; die Fufsböden sind auf Eisenträgern und Stampfbeton aus eichenen, in Asphalt verlegten Riemenböden hergestellt; die Baukosten sind auf 69 000 Mark veranschlagt.

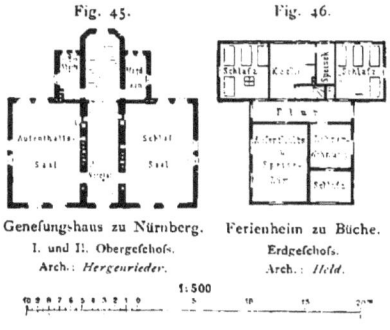

Genesungshaus zu Nürnberg.
I. und II. Obergeschofs.
Arch.: *Hergenrieder*.

Ferienheim zu Buche.
Erdgeschofs.
Arch.: *Held*.

Die bauliche Anordnung ist im Allgemeinen so getroffen, dafs die Anstalt durch ein zweites gleich grofses Pflegehaus erweitert werden kann; die Männer- und Frauen-Abtheilung würde alsdann in beiden Gebäuden getrennt Platz finden.

Eine ländliche Bauanlage, welche besonders zur Aufnahme von Schulkindern während der Dauer der Sommerferien bestimmt ist, stellt das Ferienheim in Buche (Fig. 46) dar, 1889 von *Held* erbaut.

Das Gebäude, welches einstöckig in Holz-Fachwerk construirt ist, enthält 2 Schlafzimmer für je 4 Kinder, ein Aufenthalts- und Efszimmer, 2 Wohnzimmer für den Lehrer und 1 Küche mit Speisekammer.

Das Erholungshaus »Neu-Salem«, 1889 von *Held* erbaut, ist ein Zubehör der Anstalt für Epileptische bei Bielefeld. Das Haus ist vorzugsweise dazu bestimmt, den im Pflegedienft erkrankten Diaconiffinnen nach der Genefung als Erholungsaufenthalt zu dienen und bietet im Erdgefchofs und in einem Obergefchofs für 20 Schweftern Raum.

Das Erdgefchofs, deffen Grundrifs in Fig. 47 beigegeben ift, enthält zwei gemeinfame Wohnzimmer, von denen das eine, mit einer grofsen vorgelegten Veranda, befonders im Sommer benutzt wird, 1 Zimmer für die Vorfteherin, 4 Schlafzimmer für die Schweftern, eine Küche, Speifekammer und Abort; im I. Obergefchofs liegen 8 Schlafzimmer und eine Geräthekammer.

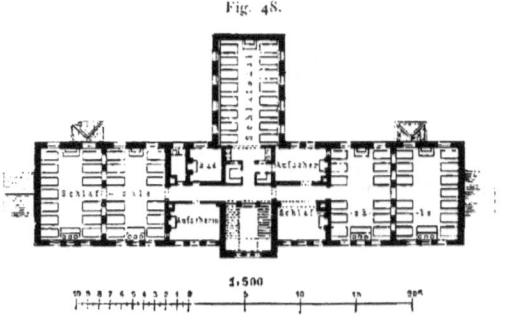

Erholungshaus »Neu-Salem« bei Bielefeld.
Erdgefchofs. — Plan n. Gr.
Arch.: *Held*.

89. Beifpiel VI

Als Beifpiel einer englifchen Bauanlage fei die Heimftätte für Genefende zu Norbiton vorgeführt, welche 1875 (Arch.: *Saxon Snell*) erbaut worden ift. Die Anftalt ift für die Unterbringung von Londoner Kindern beftimmt und bietet im Erdgefchofs und in 2 Obergefchoffen für 150 Pfleglinge Raum.

Das Gebäude, welches in lothrechter Richtung für Knaben und Mädchen getheilt ift, enthält im Erdgefchofs 2 Aufenthaltsfäle und die nöthigen Verwaltungsräume, den Speifefaal und, an diefen anftofsend, in einem einftöckigen Anbau die Küchenräume; im I. und II. Obergefchofs die Schlafräume, Wärterzimmer, Bäder und Aborte. Im III. Obergefchofs ift für anfteckende Kranke ein Zimmer mit Bad und Abort abgefondert.

Fig. 48.

Heimftätte für Genefende zu Norbiton. — I. Obergefchofs [39]
Arch.: *Saxon Snell*.

Die räumliche Anordnung ift aus dem in Fig. 48[39]) mitgetheilten Grundrifs des I. Obergefchoffes erfichtlich; der Flächenraum in den Schlaffälen, deren gröfster für 25 Betten bemeffen ift, beträgt für jedes Bett rund 3,7 qm.

90. Beifpiel VII.

Als älteres Beifpiel einer grofsartigen, einem ähnlichen Zwecke dienenden franzöfifchen Anlage ift das Afyl zu Vincennes zu nennen, 1856 von *Laval* erbaut, welches für genefende Arbeiter beftimmt ift.

Die Anftalt hat in einer gefchloffenen Bauanlage Raum für 500 Betten; die Anordnung ift, da fämmtliche Aufenthaltgebäude der Pfleglinge mit nur einem Obergefchofs errichtet find, eine fehr weiträumige und entfpricht auch jetzt noch allen gefundheitlichen Anforderungen. Die Baukoften haben 1080000 Mark (= 1350000 Francs) betragen [10]).

---
[9]) Nach: SAXON-SNELL, H. J. *Charitable and parochial eftablifhments*. London 1881.
[10]) Siehe: *Revue gen. d. l'arch.* 1858. S. 260 u. Pl. 49–53. Allg. Bauz. 1860, S. 39 u. Bl. 325–327.

Literatur
über Heimstätten für Genesende.
α) Anlage und Einrichtung.

UFFELMANN, J. Ueber Anstalten und Einrichtungen zur Pflege unbemittelter scrophulöser und schwächlicher Kinder, insbesondere über Seehospize, Soolbäderheilstätten, ländliche Sanatorien, Reconvalescenzhäuser und Feriencolonien. Deutsche Viert. f. öff. Gesundheitspfl. 1880, S. 697.

UFFELMANN, J. Ueber Genesungsstätten für Kinder, Schul-Sanatorien und Ferien-Colonien. Vom Fels zum Meer, Bd. 2, S. 503.

FIEDLER. Ueber Genesungshäuser. Gesundheit 1889, S. 116.

Anstalten zur Fürsorge für Genesende. Deutsche Viert. f. öff. Gesundheitspfl. 1880, S. 697.

β) Ausführungen.

LAVAL. Asile impérial de Vincennes pour les ouvriers convalescents. Revue gén. de l'arch. 1858. S. 260 u. Pl. 49—53.

Das kaiserliche Asyl Vincennes bei Paris. Allg. Bauz. 1860, S. 39.

Asile métropolitain pour les enfants en convalescence à Norbiton. Gaz. des arch. et du bât. 1876. S. 217.

New convalescent home at Southport. Building news, Bd. 42, S. 666.

SNELL, H. J. Charitable and parochial establishments. London 1881. S. 25: Metropolitan convalescent institution.

PISTOR, M. Die Heimstätten für Genesende auf den Rieselgütern der Stadt Berlin. Deutsche Viert. f. öff. Gesundheitspfl. 1889, S. 373.

Convalescent home, Littlestone-on-Sea. Building news, Bd. 59, S. 286.

3. Abſchnitt.
Verſorgungs-, Pflege- und Zufluchtshäuſer.

A. Erziehungs-, Verſorgungs- und Pflegeanſtalten für Nichtvollſinnige.

91. Eigenart. Jene Unglücklichen, die nicht im vollen Beſitze ihrer Sinne, d. h. die blind, taubſtumm, ſchwachſinnig zur Welt gekommen oder ſpäter ſo geworden ſind, können nicht in den gewöhnlichen Schulen, Erziehungsanſtalten, Verſorgungs- und Pflegehäuſern untergebracht werden. Sie bedürfen beſonderer Anſtalten, worin ſie dasjenige Maſs der Bildung, das nach ihren natürlichen Anlagen noch erreichbar erſcheint, erlangen können, worin ſie verpflegt und in geeigneter Weiſe beſchäftigt werden. Dem entſprechend haben die hierzu beſtimmten Gebäude manche eigenartige Einrichtungen, ſtimmen aber hinſichtlich der baulichen Anlage mit den ſonſtigen Verſorgungs-, Pflege- und Zufluchtshäuſern überein.

1. Kapitel.
Blinden-Anſtalten.
Von KARL HENRICI.

92. Allgemeines. Unter den Anſtalten, welche die Aufnahme und Pflege der Blinden zum Zwecke haben, ſind zu unterſcheiden:

1) ſolche, welche als Verſorgungshäuſer der erwachſenen Erblindeten dienen, und
2) ſolche, welche die Erziehung und Schulbildung der blinden Kinder zur Aufgabe haben.

Blinden-Aſyle oder -Verſorgungshäuſer wurden ſchon im Mittelalter (z. B. 1260 von *Ludwig dem Heiligen*, nach deſſen Rückkehr aus dem Kreuzzug für 300 von den Sarazenen Geblendete das Hoſpiz der *Quinze-Vingts* zu Paris) gegründet [41]. Blinden-Erziehungs-Anſtalten entſtanden erſt zu Ende des vorigen Jahrhundertes, und heute giebt es auf der Erde im Ganzen etwa 200 Blinden-Inſtitute. Davon beſtehen ungefähr 150 in Europa, 34 in Deutſchland [42]. Unter letzteren befinden ſich einige wenige Blinden-Vorſchulen (Röſſing bei Hannover und Hubertusburg in Sachſen), welche wohl mit der Zeit eine weitere Verbreitung und Entwickelung haben werden.

Der gröſste Theil dieſer Gründungen fällt in die letzten Jahrzehnte.

---

[41] Siehe: PABLASEK, M. Die Blinden-Bildungs-Anſtalten. Wien 1876.
[42] Siehe: Gartenlaube-Kalender 1889, S. XXVIII u. ff. Daſelbſt. ſo wie bei PABLASEK (a. a. O.) iſt ein Verzeichniſs der einzelnen Anſtalten, nach Ländern geordnet, zu finden.

Wir haben uns hier vornehmlich mit der Betrachtung der eigentlichen Blinden-Erziehungs-Anftalten zu befaffen, da diefe vermöge ihrer umfaffenderen Beftimmung zugleich die Einrichtungen der Blinden-Verforgungshäufer in fich begreifen.

Die Blinden-Anftalten der Neuzeit haben die hohe Aufgabe, den bedauernswerthen Mitmenfchen, welchen durch Blindheit von Jugend an die Möglichkeit verfagt ift, gleich den Sehenden fich geiftig und körperlich zu entwickeln, ohne Rückficht auf Rang und Herkommen, eine Erziehung zu geben, mit Hilfe deren fie zu felbftändigen und erwerbsfähigen Gliedern der Gefellfchaft werden. Dem gemäfs erftrecken fich die Wohlthaten folcher Anftalten gleichzeitig auf die Sehenden, in fo fern fie ihnen die opfervolle Sorge für blinde Angehörige erleichtern und grofsentheils abnehmen.

Das Lehrerthum der Blinden-Erziehungs-Anftalten erfordert, aufser einer ganz eigenartigen Begabung, vor Allem unabläffige Geduld und hingebende Menfchenliebe, mittels welcher die fegensreichen Errungenfchaften jener Bildungsftätten erzielt werden. Ihr Wirken äufsert fich nicht allein in fichtbaren, nutzbringenden Leiftungen im Inneren, fondern auch in deren Folgen auf die Aufsenwelt durch die Gründung vieler glücklicher Exiftenzen, zu welchen die Blinden befähigt und herangebildet werden. Angefichts des ungetrübten, glücklichen Dafeins, des Frohfinns, der Lern- und Arbeitsfreudigkeit, welche man in den Räumen einer gut geleiteten Blinden-Anftalt wahrnimmt, müffen die Vorurtheile fchwinden, welche wohlhabende Eltern erblindeter Kinder davon abhalten könnten, diefen Heimftätten die ihrigen anzuvertrauen.

Die Fürforge diefer Erziehungs-Anftalten kann fich auch auf folche Blinde erftrecken, welche ihr Augenlicht, in Folge von Krankheiten oder Unglücksfällen, in fpäteren Lebensjahren verloren haben. Es gilt jedoch für bedenklich, diefe erft fpäter Erblindeten mit Blindgeborenen zufammen zu thun. Denn erftlich liegt die Gefahr nahe, dafs diejenigen, welche fehend die Welt haben kennen lernen, nicht mehr die fittliche Unverdorbenheit befitzen, welche den übrigen Zöglingen der Anftalt gewahrt werden foll, und zweitens lehrt die Erfahrung, dafs jene die Blindheit faft ausnahmslos als ein Unglück empfinden, welches fie mit Unzufriedenheit oder Trauer erfüllt, Empfindungen, welche von den Blindgeborenen ftets fern gehalten werden müffen. Wenn daher in gröfseren Blinden-Anftalten auch für fpäter Erblindete geforgt werden foll, fo find hierfür eigene Räumlichkeiten, bezw. befondere Abtheilungen einzurichten.

Unbedingt beffer ift es, befondere Arbeits- und Verforgungshäufer für fpäter Erblindete, fo wie für die aus den Erziehungs-Anftalten Entlaffenen herzuftellen. Die Anordnung und Unterhaltung engerer Beziehungen folcher Häufer mit der Hauptanftalt erfcheint dabei äufserft zweckmäfsig.

Zu den feltenften Ausnahmefällen gehört das wirklich Blindgeborenwerden. Faft immer erfolgt die Erblindung, welche bei forgfamer, ärztlich richtiger Behandlung meift hätte verhütet werden können, während oder kurz nach der Geburt des Kindes, und da die erfte Pflege in den beffer geftellten Schichten der Bevölkerung durchfchnittlich eine forgfältigere ift, als in den niederen unbemittelten Standen, fo wird die Mehrzahl der Zöglinge der Blinden-Anftalten immer aus den ärmeren Claffen der Bevölkerung hervorgehen.

Für blinde Kinder bemittelter Eltern ift mitunter die Einrichtung getroffen, dafs diefelben gegen entfprechende Entfchädigung in der Familie des Directors der

Anſtalt leben können. Allein bei weiſer Leitung derſelben wird in der Behandlung der Zöglinge nicht der geringſte Unterſchied zwiſchen Kindern wohlhabender und Kindern armer Eltern gemacht, um den Gedanken an Standesunterſchied und Bevorzugungen unter ihnen gar nicht aufkommen zu laſſen. Denn auf der Fernhaltung ſolcher Gedanken beruht das heitere und harmloſe Glück, welches in den Räumen einer gut geleiteten Blinden-Anſtalt herrſcht.

Bei den Blindgeborenen ſind, in Ermangelung der Sehkraft und zu möglichſter Entſchädigung hierfür, die vier anderen Sinne in der Regel in ſo hohem Maſse ſcharf entwickelt, daſs ſie darin von ſpäter Erblindeten nicht mehr erreicht werden.

Der Taſtſinn und das Gehör, denen ſich meiſt eine ganz ungewöhnliche Gedächtniſsſchärfe beigeſellt, ſind denn auch diejenigen Sinnesfähigkeiten, auf welchen die Erziehungsmittel und Einrichtungen der Blinden-Anſtalten beruhen. Die Ziele, welche damit erreicht werden können, ſind naturgemäſs begrenzt. Die von den Zöglingen zu erwerbenden Kenntniſse und Handfertigkeiten genügen zwar, um denſelben in der Welt eine beſcheidene ſelbſtändige Lebensſtellung zu verſchaffen; allein der Blinde bleibt immer auf die Hilfe ſeiner ſehenden Mitmenſchen und der Anſtalt, aus welcher er hervorgegangen iſt, angewieſen. Mit ihr pflegt er in innigem Verkehr zu bleiben, von ihr mit dem Material ausgerüſtet zu werden, deſſen er zu ſeiner Erwerbsthätigkeit bedarf.

Die Aufnahme blinder Kinder in eine Erziehungs-Anſtalt erfolgt in der Regel im 7. bis 8. Lebensjahre, und der eigentliche Schulunterricht erſtreckt ſich auf 5 bis 6 Jahre. Durch die Einrichtung von Blinden-Vorſchulen (ſiehe Art. 92, S. 78) kann eine Entlaſtung der Blinden-Hauptſchulen eintreten, ſo fern die Aufnahme in letztere erſt nach Abſolvirung erſterer im 9. oder 10. Lebensjahre ſtattzufinden braucht.

Die Unterrichtsmittel beſtehen in Modellen, Erzeugniſſen der Natur, Gegenſtänden der Kunſt und des Handgebrauches zur Ausbildung des Vorſtellungs- und Begriffsvermögens, ferner in Büchern, Landkarten, geometriſchen Tafeln u. dergl., welche alle in erhabenen, leicht greifbaren Formen dargeſtellt ſein müſſen. Die Ziele des Schulunterrichtes gehen durchſchnittlich nicht über die einer gewöhnlichen Elementarbildung hinaus, deren Grenzen indeſs oft mehr oder weniger ausgedehnt werden.

Einen hoch wichtigen Erſatz für die Wahrnehmungen des Auges und die hierdurch hervorgerufenen geiſtigen Eindrücke, welche den Blinden verſagt bleiben, gewährt die Muſik. Deſshalb muſs eine Blinden-Anſtalt mit Muſik-Inſtrumenten jeder Art, ſo wie mit den geeigneten Räumlichkeiten für den Unterricht und die Uebungen in der Muſik, ſowohl für die Ausübung im Einzelnen, als in der Geſammtheit, für Chor und Orcheſter ausgeſtattet ſein. Als beſonders beliebtes und mit Erfolg gepflegtes Inſtrument iſt die Orgel zu bezeichnen, auf deren zweckmäſsige Aufſtellung bei der Anordnung eines gröſseren Muſik- und Verſammlungsſaales Rückſicht zu nehmen iſt. Die Muſik wird bei den hierzu veranlagten Zöglingen mit Vorliebe als Grundlage für deren Erwerbsfähigkeit (behufs ſpäterer Ausübung als Clavierſtimmer, Organiſt, Muſiklehrer, Muſiker überhaupt) behandelt und dem gemäſs über die eigentliche Schulzeit hinaus berufsmäſsig betrieben.

Der wirkliche Schulunterricht wird in der Regel nur bis zur Confirmation ertheilt, und es folgt ſodann bis zur Entlaſſung aus der Anſtalt noch ein 4- bis 5-jähriges Erlernen und Ausüben eines Handwerkes.

Mit beſonders gutem Erfolge werden in Blinden-Anſtalten die Korbmacherei, Rohr-, Stroh- und Mattenflechterei, ſo wie die Seilerei betrieben. Männliche Blinde werden oft als Weber, Töpfer, Böttcher und Buchbinder, hier und da auch als Schreiner und Schuhmacher ausgebildet; doch haben fich diefe letztgenannten Zweige des Handwerkes in ihrer Ausübung als nicht fo geeignet und lohnend erwiefen, wie die erftgenannten.

Für die weiblichen Blinden eignen fich, aufser der Korb- und Mattenflechterei, Handarbeiten faft jeder Art, fo weit nicht in deren Ausübung die Farbe in Betracht kommt.

Die von den Zöglingen angefertigten Arbeiten pflegen zu Gunften der Anftaltszwecke — welche auch die Unterftützung der aus dem Inftitut Entlaffenen in fich fchliefsen — in paffender Weife zum Verkaufe gebracht zu werden.

Die bauliche Anlage und die Erforderniffe an Räumen für die in Rede ftehenden Blinden-Anftalten weichen von denen anderer Erziehungs-Inftitute einfacher Art nicht wefentlich ab. Aufser den Verwaltungs- und Hauswirthfchaftsräumen, den Schlaf-, Wohn-, Verfammlungs- und Speifefälen mit allem nöthigen Zubehör, den Unterrichtszimmern, Turnhallen u. f. w. kommen in Blinden-Anftalten hauptfächlich die Räume für den gewerblichen Unterricht und den Gewerbebetrieb hinzu, nämlich offene und bedeckte Seilerbahnen mit Seilerftuben, Hechelkammern und Material-Räumen, Arbeitsräume für andere der vorgenannten Gewerbe, nebft Räumen für die Unterbringung der zu verarbeitenden Stoffe, fo wie der fertigen Arbeiten, fchliefslich Ausftellungs- und Verkaufsräume für die letzteren.

96. Raumbedarf.

Für die Gefammtanlage der Blinden-Erziehungs-Anftalten ift vor Allem die Entfcheidung der Frage von Wichtigkeit, in wie weit eine Trennung der Gefchlechter nothwendig erfcheint. Dafs eine folche bezüglich der Anordnung der Schlaffäle, Wafchräume, Aborte, Bäder u. f. w. unbedingt vorgefehen werden mufs, bedarf keiner Erörterung. Im Uebrigen werden eben fo gewichtige Gründe für, wie gegen die Durchführung einer Trennung, welche jedweden Verkehr der männlichen und weiblichen Blinden ausfchliefst, geltend gemacht.

97. Gefammtanlage und Grundrifsbildung.

In der altbewährten Blinden-Anftalt zu Hannover (fiehe Art. 102) ift z. B. eine ftrengere Trennung, wie die oben geforderte und wie fie ferner durch die verfchiedenartigen Befchäftigungen bedingt wird, nicht durchgeführt. Man leitet dort vielmehr aus dem Zufammenleben der Knaben und Mädchen die beften Erfolge für die fittliche Haltung, für die Entwickelung des Zartgefühls und für die Gemüthsbildung der Zöglinge ab.

Eine völlige Abfonderung beider Gefchlechter mufs nothwendiger Weife eine Einfeitigkeit der Erziehung der Blinden zur Folge haben, die fich in ihrer fpäteren Lebensftellung fühlbar macht. Eine folche Trennung mag bei fehr grofsen Erziehungs-Anftalten fchon aus Gründen der Ordnung und Verwaltung unerläfslich fein. Die Anordnung zweier ganz felbftändiger Gebäude oder Gebäudetheile bedingt aber begreiflicher Weife eine fehr beträchtliche Steigerung des Raumbedarfes und Koftenaufwandes, welche anderenfalls den fo wichtigen Gartenanlagen und Verkehrsplätzen der Anftalt zu gute kommen, bezw. erfpart werden könnten.

Naturgemäfse Forderungen an die bauliche Anlage von Blinden-Anftalten find: möglichfte Geräumigkeit des Haufes, namentlich der Treppen und Gänge, einfache Grundrifseintheilung, Vermeidung überflüffiger Ecken, Winkel, einzelner Stufen u. dergl.

Die Blinden lernen zwar in erftaunlich kurzer Zeit felbft in den verwickelteften Anlagen fich zurecht zu finden und ficher zu bewegen. Sie werden daran gewöhnt, beim Begehen der Treppen, Gänge und Wege ftets eine und diefelbe Seite (rechts) einzuhalten und hierdurch, felbft auf knapp bemeffenen Bahnen, unfanfte Begegnungen innerhalb der Anftalt zu vermeiden. Allein der Werth der Grofsräumigkeit der Anstalten liegt hauptsächlich darin, dafs insbesondere die Verkehrs- und Vorräume des Gebäudes geeignet sein müssen, den so sehr an das Haus gebundenen Zöglingen gleichzeitig als Tummelplätze und Wandelbahnen zu dienen. Sie sollten daher, wenn gleich die üblichen Abmessungen derselben in gut eingerichteten Schulen [43]) an sich ausreichend sind, so grofs gemacht werden, als diesem Zwecke förderlich und mit den vorhandenen Mitteln vereinbar ist. Die Ueberfichtlichkeit der Grundrifseintheilung soll vornehmlich den sehenden Hausgenossen die Beaufsichtigung der Blinden erleichtern.

Aus diesen Gründen verdienen für das Hauptgebäude einer Blinden-Anstalt lang gestreckte Gänge den Vorzug vor Fluren und Vorplätzen von gedrungener Grundform, und für die Planbildung erscheint das Langbausystem mit einreihiger Anlage von Räumen längs eines gleich laufenden äufseren Flurganges am zweckmäfsigsten, weil dieselbe die Zuführung von viel Licht, namentlich des unmittelbaren Sonnenlichtes, für dessen Wohlthaten die Blinden eine grofse Empfänglichkeit besitzen, ermöglicht. Die Richtung der Längenaxe des Gebäudes von Süd nach Nord ist in so fern günstig, als den Flurgängen annähernd dieselbe Menge Sonnenlicht zufällt, wie den Zimmern und Sälen. Dem gegenüber wird oft auf die möglichst sonnige Lage der Wohn- und Arbeitszimmer der gröfsere Werth gelegt.

Alle Tagesräume der Blinden sollen zu ebener Erde sein; nur die Schlafzimmer können im I. Obergeschofs untergebracht werden. Falls in diesem Stockwerk die Wohnungen der Beamten, die Kanzlei und andere erforderliche Zimmer nicht hinlänglichen Raum finden, so können sie in ein II. Obergeschofs verlegt werden. Dieses soll für die Blinden selbst nicht benutzt, ein höheres Stockwerk überhaupt vermieden werden.

Die von den Blinden bewohnten Zimmer, vornehmlich die Schul- und Arbeitszimmer, sollen nicht an der Strafsenfront liegen, weil die Aufmerksamkeit der Blinden bei ihrem feinen Gehör und bei ihrer Neugierde leicht auf fremde Gegenstände abgelenkt wird. Werkstätten der Blinden, in welchen Lärm verursacht wird, in grofsen Anstalten auch die Hauswirthschaftsräume, werden am besten in besondere ebenerdige Gebäude verlegt. Empfehlenswerth ist die Anordnung einer Haus-Capelle, bezw. eines Betsaales.

Auch für die Treppenhäuser gilt die Forderung grofser Helligkeit. Treppen mit mehreren Ruheplätzen sind für die Blinden nicht gut. Sie sollen geradläufig, nur einmal gebrochen und beiderseitig mit Handläufern versehen sein. Vor die erste und letzte Stufe ist eine dünne Matte zu legen, woran der Blinde den Anfang und das Ende der Treppe erkennt.

Zur Führung und Stütze der Blinden in den Vorräumen und Fluren des Hauses dienen ebenfalls kräftige, abgerundete Handleisten, die in passender Höhe an den Wänden zu befestigen sind. Auch für Wohn-, Schul- und Arbeitszimmer empfiehlt sich dieselbe Einrichtung, hauptsächlich zum Schutze der Wände. Die Ecken derselben werden mitunter abgerundet. Eigentlich runde Grundformen von Räumen oder Einrichtungsstücken von gröfserer Ausdehnung taugen nicht für Blinde, weil sie sich, daran tastend, weniger gut zurecht finden können.

Die eben genannten Zimmer, gleich wie die Schlafsäle, Waschräume und alle sonst nöthigen Verpflegungsräume, ferner die Unterrichtszimmer u. dergl. werden

---
[43]) Siehe: Th. II IV, Halbbd. 6, Heft 1 (Abschn. 1, A. Kap. 4, unter e) dieses Handbuches.

ganz ähnlich bemeſſen, angeordnet und eingerichtet, wie in ſonſtigen Erziehungshäuſern einfacher Art. Es ſei deshalb auf die Ausführungen unter B, ſo wie auf die eingehenderen Darlegungen in Theil IV, Halbbd. 6, Heft 1 (Abſchn. 1, A, Kap. 2, unter f u. g, ſo wie D, Kap. 13, unter c) dieſes »Handbuches« verwieſen und nur hinſichtlich einzelner Räume kurz Folgendes hervorgehoben.

Die Wohnzimmer ſind in ſolcher Weiſe abzutheilen, daſs von den kleineren Zöglingen, die, um beſchäftigt zu werden, gröſsere Anſprüche an Zeit und Mühewaltung der Lehrer und Wärter ſtellen, je bis zu 10, von den gröſseren 15 bis 20 zuſammen einen Wohnraum haben. Die Schlafſäle werden höchſtens für 25 bis 30 Betten eingerichtet, und in jedem Schlafſaale muſs das Bett für einen Wärter, bezw. eine Wärterin Platz finden.

Die Schulzimmer pflegen für höchſtens 16 bis 20 Schüler eingerichtet zu werden. Die Fenſter brauchen nicht ſo angeordnet zu ſein, daſs das Licht nur von der linken Hand einfällt, können vielmehr an mehreren Auſsenwänden des Zimmers angebracht ſein. Das Geſtühl iſt zweiſitzig in verſchiedenen Gröſsen herzuſtellen, wovon in jeder Claſſe 3 oder 4 Nummern aufzuſtellen ſind. Auf ſorgſame Herſtellung des Geſtühls iſt zu achten und namentlich bezüglich der Form und Bauart der Rücklehne das Beſte zu wählen, was ſich zur Unterſtützung einer geſunden Körperhaltung in anderen Schulen bewährt hat, um die bei Blinden häufig vorkommenden Verkrümmungen möglichſt zu verhindern. Dieſe Erſcheinung iſt wohl darauf zurückzuführen, daſs die Blinden nicht wie die Sehenden die gute Körperhaltung Anderer zum Vorbild nehmen können.

Die Zwiſchenräume zwiſchen den Sitzbänken müſſen für Blinde gröſser gemacht werden, als in gewöhnlichen Schulſälen.

Die Länge eines Sitzplatzes iſt, mit Rückſicht auf das verhältniſsmäſsig groſse Format der Schulbücher, auf rund 0,75 m zu bemeſſen. Hieraus ergeben ſich für einen Schüler eine Grundfläche von mindeſtens 2 qm und ein Luftraum von 8 bis 9 cbm.

Die gewerblichen Arbeitsſäle müſſen vor allen Dingen geräumig ſein. Man hat auf den einzelnen Arbeitsplatz 3 bis 4 qm Grundfläche und auf die Gänge zwiſchen den Plätzen rund 2 m Breite zu rechnen. Auſserordentlicher Abmeſſungen bedarf die Seilerbahn. Sie wird daher meiſt in ein beſonderes Hofgebäude verlegt. Als Beiſpiel mag die Seilerbahn der Königl. Blinden-Anſtalt zu Steglitz bei Berlin[44] dienen.

<small>Das aus Fachwerk hergeſtellte Gebäude miſst innen 76 m Länge auf 6 m Breite und kann durch den Aufbau eines oberen Stockwerkes mit einer zweiten Bahn verſehen werden. Daneben iſt eine offene, unbedeckte Seilerbahn von gleicher Länge und Breite, wie die bedeckte angelegt. Den quer geſtellten Vorbau beider Bahnen bildet ein maſſives zweigeſchoſſiges Haus, welches Seilerſtuben, Hechelkammern und Materialräume enthält.</small>

Für die Thüren herrſcht in Blinden-Anſtalten die Hausregel, daſs dieſelben entweder ganz geſchloſſen oder ganz geöffnet gehalten werden müſſen. Man wird deshalb die Thüren unter Vermeidung ſtark vortretender Bekleidungs-Profile zweckmäſsiger Weiſe ſo anordnen, daſs ſie ganz an die Wand herum geſchlagen werden können. Die Thüren bekommen in der Mitte ein kleines Fenſterchen, um die Blinden von auſsen unbemerkt beobachten zu können, was nicht möglich iſt, wenn man die Thür öffnet oder ihnen näher kommt, weil ſie mittels ihres feinen Gehörs ſolches ſogleich entdecken[45].

<small>[44] Siehe: Deutſches Bauhandbuch. Bd. II, 2. Berlin 1884. S. 364.
[45] Siehe: KLEIN, Die Erforderniſſe eines Blinden-Inſtituts. Allg. Bauz. 1836, S. 106 u. ff.</small>

Die unteren Flügel der Fenster sollen mit Drahtgittern versehen sein und sich durch Schieber öffnen lassen.

Die Fufsböden der Zimmer pflegen so gelegt zu sein, dafs die Richtung der Bretter gegen die Thür geht, weil die Blinden, welche auch in den Füfsen ein feines Gefühl haben, sich so am besten zurecht finden. Auf Parquetböden, welche schief gelegt sind, können sie oft die Thür verfehlen.

Sonst sind hinsichtlich des inneren Ausbaues und der Bauart keinerlei Anforderungen zu stellen, welche irgend wie von denjenigen gleichartiger Bauten für Sehende abweichen. Selbst die Beheizung macht keine Ausnahme, da auch eiserne Ofenheizung benutzt worden ist, ohne Unfälle für die Blinden zur Folge zu haben. Zur künstlichen Beleuchtung genügen für die Blinden-Anstalten die sparsamsten Vorrichtungen.

Von besonderen Schutzvorkehrungen gegen Körperverletzungen wird neuerdings gänzlich Umgang genommen.

100. Ausschmückung.

Von einer schmucken Ausstattung würde man, ohne die Zweckerfüllung einer Blinden-Anstalt zu beeinträchtigen, gänzlich absehen können. In Rücksicht auf die sehenden Hausgenossen und auf die Besucher der Anstalt sollte jedoch eine anmuthende decorative Behandlung, bei der, trotz aller Einfachheit, auch die Farbe mitwirkt, nicht fehlen, damit ein Jeder, der das Haus betritt, auch Behagen in demselben empfinde und auf die Blinden übertrage; letztere werden durch einen Laut des Mifsfallens, ja selbst des Mitleids, leicht betrübt.

101. Beispiel I.

Eine der gröfsten Blinden-Erziehungs-Anstalten ist die *Institution des jeunes aveugles* zu Paris, welche 1839—43 von *Philippon* für die Aufnahme von 200 Pfleglingen, deren Zahl auf 260 gesteigert werden kann, erbaut wurde (siehe die neben stehende Tafel u. Fig. 49 [16]).

Die Pariser Blinden-Erziehungs-Anstalt ist aus der 1784 von *Valentin Haüy* gegründeten Blindenschule hervorgegangen, die 1791 mit dem Taubstummen-Institut des *Abbé de l'Epée* vereinigt, 1795 wieder davon getrennt und 1801 in einen Theil der Gebäude des in Art. 92 (S. 78) erwähnten uralten Hofpizes der *Quinze-Vingts* verlegt wurde. Ein abermaliger Umzug erfolgte 1815 in das ehemalige Collegienhaus *Saint-Firmin*, wo das Institut verblieb, bis es 1843 den längst nothwendig gewordenen Umbau beziehen konnte.

Das viergeschossige, zwei Binnenhöfe einschliefsende Gebäude hat eine abgesonderte Lage am *Boulevard des Invalides* und ist von Gartenanlagen und Höfen umgeben. Die Anordnung wurde für halb so viel Knaben, als Mädchen in solcher Ausdehnung getroffen, dafs eine völlige Trennung der Geschlechter durchgeführt ist.

Zwei grofse, parallel laufende und weit vorspringende Seitengebäude, von denen jedes mit dem höheren Mittelbau durch zwei Flügel in Verbindung steht, sind ausschliefslich zum Unterricht und zum Wohnen, einerseits für die Knaben, andererseits für die Mädchen, bestimmt. In der Mitte zwischen den beiden Flügeln der Blinden ist Alles untergebracht, was zur Verwaltung der Anstalt gehört, und aufserdem befinden sich dort diejenigen Räume, welche zur Benutzung beider Geschlechter dienen.

Die Eintheilung im Einzelnen geht für das Erdgeschofs und I. Obergeschofs aus den Grundrissen auf der neben stehenden Tafel und in Fig. 49 hervor. Das II. Obergeschofs ist gröfstentheils von den Schlafsälen, Waschräumen, Kleiderkammern der Zöglinge und von der aus dem I. Obergeschofs aufsteigenden Capelle und Aula, welche zu einem einzigen grofsen Saale vereinigt werden können, eingenommen. Die beiden Hinterflügel, welche einen niedrigeren Dachstock bilden, enthalten Zimmer für Kostgänger einerseits, Musikzimmer andererseits. Im vorderen linken Querflügel und im Mittelbau liegen Wohnungen eines Beamten, des Hausarztes und einer Lehrerin.

Das III. Obergeschofs erstreckt sich über diesen vorderen Langbau, so wie den ganzen Mittelbau und umfafst die Kranken-Anstalt, Bibliothek, Kammern für überzählige Betten, für Wäsche, Weifszeug u. dergl.

---

[16] Nach: GOURLIER, BIET, GRILLON & TARDIEU. *Choix d'édifices publics etc.* Paris 1845—50. Bd. 3, Pl. 339—344.

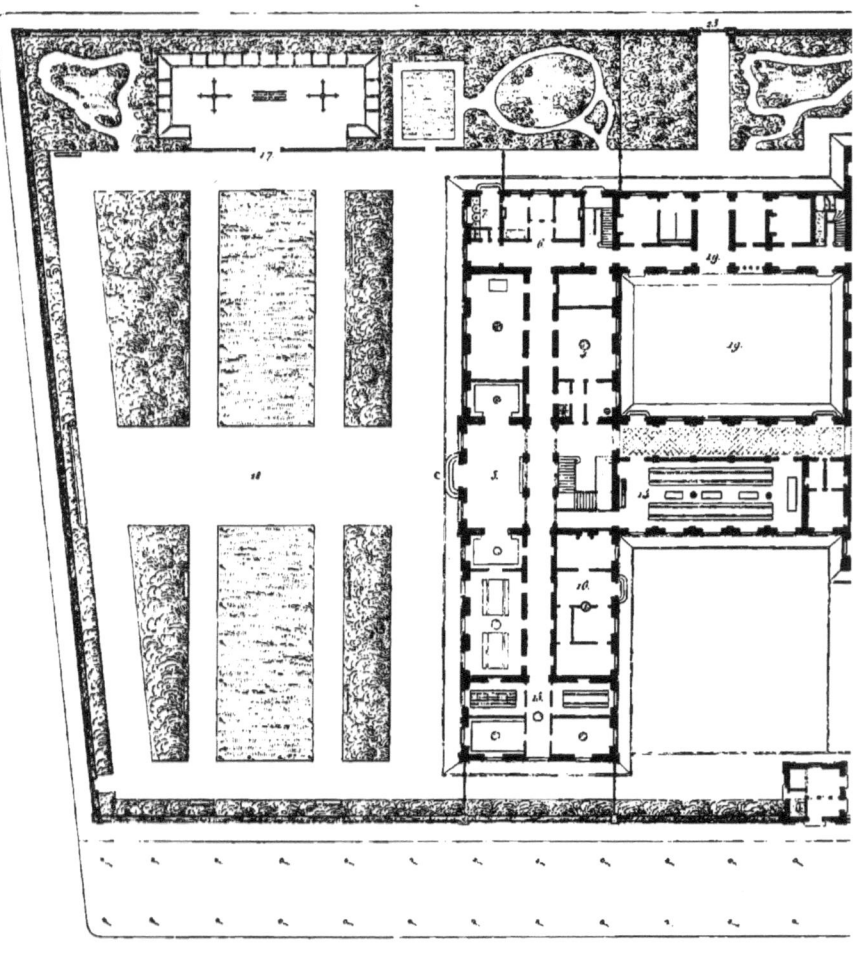

Blind(

A. Verwaltungs-Gebäude.
 1. Flurhalle.
 2. Kochküche mit Zubehör.
 3. Bäder.

B. Knaben-Abtheilung.
C. Mädchen-Abtheilung.
 4, 4. Sprechzimmer.
 5, 5. Erholungssale.
 6, 6. Aufseher- und Dienstzimmer.

 7, 7. Aborte.
 8. Drechslerei.
 9. Schreinerei.
 10. Waarenzimmer.
 11. Bürstenbinderei.

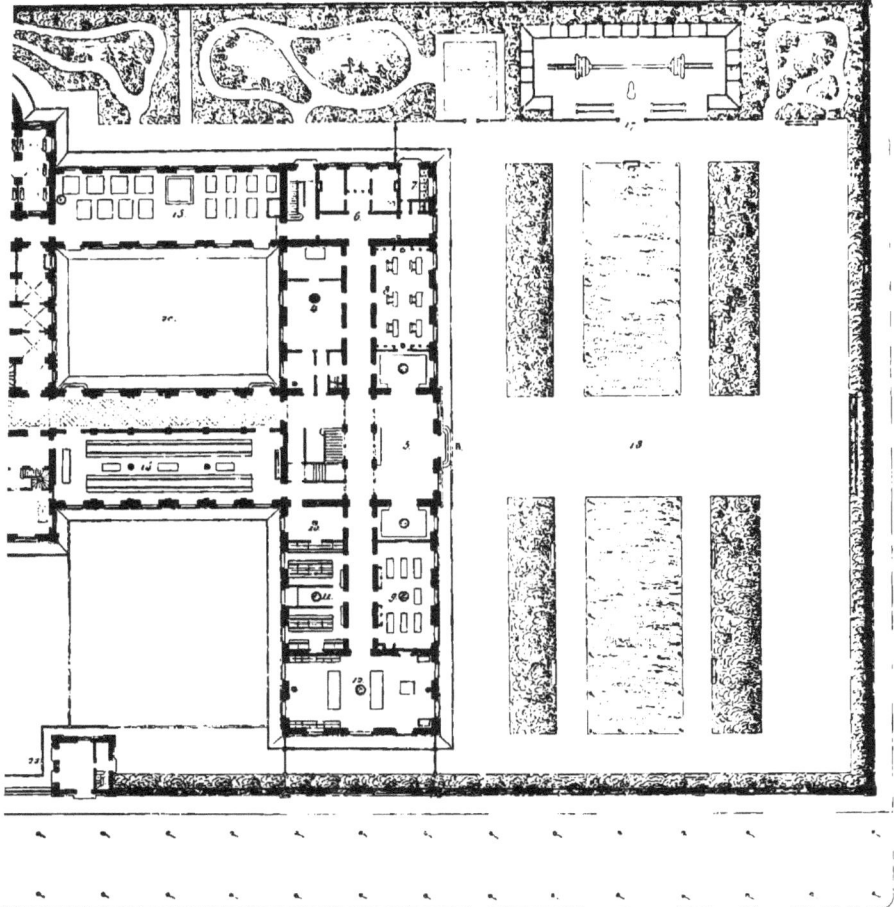

zu Paris.
:s.
ton.

- *12.* Buchdruckerei.
- *13.* Weberei und Flechterei.
- *14.* Speisefäle.
- *15.* Große Werkstätte für Bürstenbinderei, Matten-flechterei, Weberei und Strohflechterei.
- *16.* Geschäftsräume.
- *17, 17.* Turnplätze.
- *18, 18.* Garten- und Spazierwege.
- *19, 19.* Dienstraume und Hof.
- *20.* Werkstättenhof.
- *21.* Pförtnerhaus.
- *22.* Wachterhaus.
- *23.* Diensteingang.

Facf.-Repr. nach: *Gourlier, Biet, Grillon & Tardieu.* Choix d'edifices publics projetés et construit en France depuis le commencement du XIXme fiecle. Paris 1845—50.

Fig. 40.

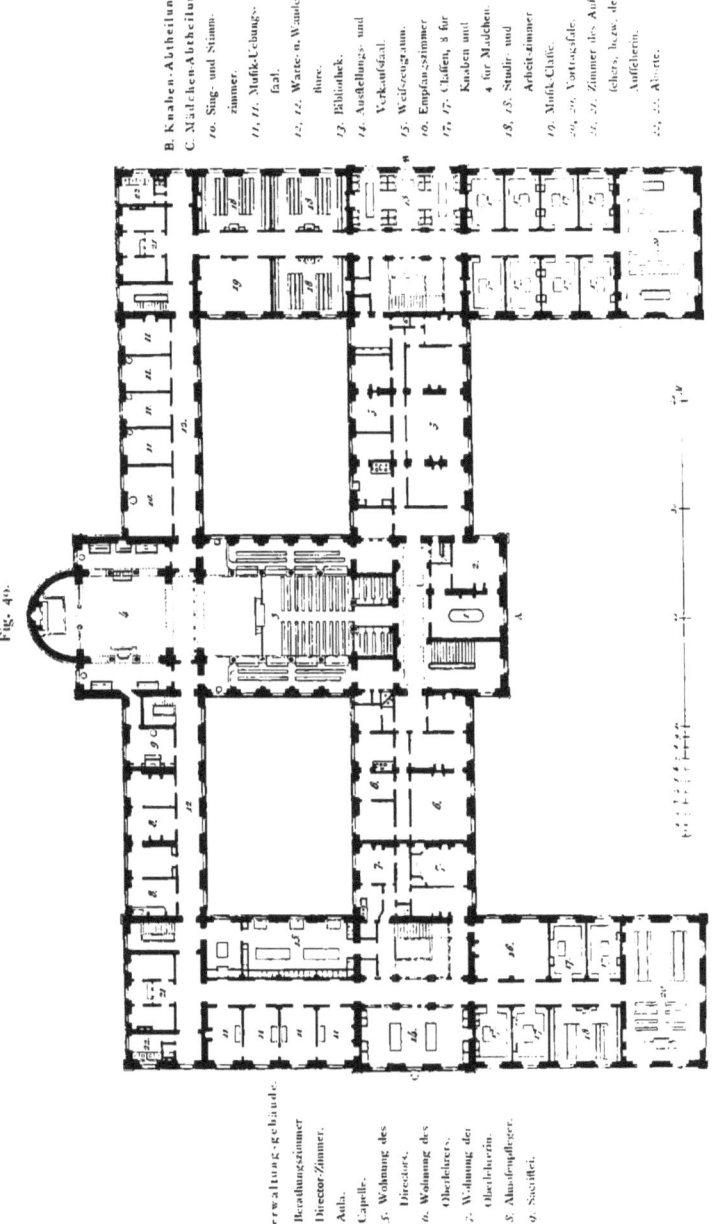

Blinden-Anstalt zu Paris.
I. Obergeschoss.

A. Verwaltungsgebäude.
1. Berathungszimmer.
2. Director-Zimmer.
3. Aula.
4. Capelle.
5. 5. Wohnung des Directors.
6. 6. Wohnung des Oberlehrers.
7. Wohnung der Oberlehrerin.
8. 8. Ausrufzimmer.
9. 9. Sacristei.

B. Knaben-Abtheilung.
C. Mädchen-Abtheilung.
10. Sing- und Stimmzimmer.
11. Musik-Uebungssaal.
12. 12. Warte- u. Waschthüre.
13. Bibliothek.
14. Ausstellungs- und Verkaufssaal.
15. Weisszeugraum.
16. Empfangszimmer.
17. 17. Classen, 8 für Knaben und 4 für Mädchen.
18. 18. Studir- und Arbeitszimmer.
19. Musik-Classe.
20. 20. Vortragsäle.
21. 21. Zimmer des Aufsehers, bezw. der Aufseherin.
22. 22. Aborte.

Die Leitung der Anstalt liegt in der Hand eines Directors, dem ein Aufsichtsrath zur Seite steht. Der Unterricht wird für die Knaben von einem Oberlehrer und 6 Hilfslehrern, für die Mädchen von einer Oberlehrerin und 5 Unterlehrerinnen ertheilt. Der gewerbliche Unterricht umfasst für Knaben: Weberei, Korbflechterei, Drechslerei, Kunsttischlerei; für Mädchen: Spinnen, Stricken, Stroharbeiten; für beide Geschlechter: Bürstenbinderei, Flechtarbeiten, Knüpfarbeiten.

Die Einrichtungen des Blinden-Instituts zu Paris sind grofsentheils veraltet. Allein die Gesammtanlage des Gebäudes, obgleich in manchen Dingen den heutigen Anforderungen nicht mehr entsprechend, ist zweckmäfsig und ein bedeutendes Werk seiner Zeit.

Die Baukosten betrugen, einschl. der ganzen inneren Einrichtung, 1 240 000 Mark (= 1 550 000 Francs); der Bauplatz kostete 240 000 Mark (= 300 000 Francs).

102. Beispiel II.

Ein älteres deutsches Beispiel ist die Blinden-Erziehungs-Anstalt zu Hannover (Arch.: *Ebeling*), welche zur Aufnahme von 80 bis 90 Zöglingen eingerichtet ist und 1843 in Benutzung genommen wurde.

Die Trennung der Knaben und Mädchen ist nur in so weit durchgeführt, als unbedingt nöthig erscheint. Fig. 50 u. 51 verdeutlichen die Eintheilung des Erdgeschosses und des I. Obergeschosses.

Das Sockelgeschofs enthält die Küche nebst Speisekammern und Vorrathsräumen, so wie noch einige Werkstätten. Im II. Obergeschofs befinden sich die Schlafsäle der Mädchen und im Dachgeschofs

Fig. 50.

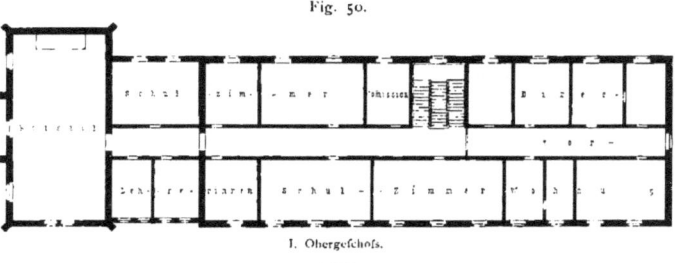

I. Obergeschofs.

1:500

Fig. 51.

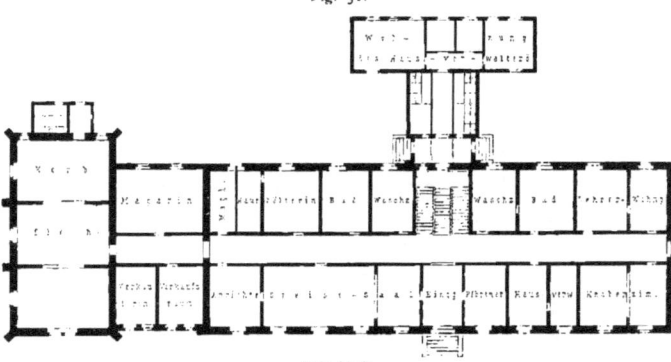

Erdgeschofs.
Blinden-Erziehungsanstalt zu Hannover.
Arch.: *Ebeling*.

die der Knaben, fo wie Vorrathsräume. Man bemerkt, dafs das urfprüngliche Gebäude fymmetrifch zu der durch Flurhalle und Treppenhaus geführten Hauptaxe angelegt und fpäter durch einen linksfeitigen Anbau vergröfsert wurde. Die Anordnung von zwei Reihen von Räumen zu beiden Seiten eines 2,6 m breiten Flurganges, der nur an dem einen Ende durch ein Fenfter unmittelbar und in der Mitte durch das Treppenhaus mittelbar erhellt wird, erfcheint als ein grofser Mifsftand. Allein trotz diefes und mancher anderer Mängel des Gebäudes und deffen Einrichtung ift der Gefundheitszuftand der Blinden ftets ein vorzüglicher geblieben.

Die »*Nicolaus*-Pflege« für blinde Kinder zu Stuttgart ift eine Anftalt kleineren Umfanges, welche 1856 nach den Entwürfen und unter der Leitung *v. Egle*'s errichtet, feitdem aber beträchtlich erweitert wurde.

Das Haus fteht in gefunder Lage auf einem Grundftück von rund 1700 qm, umgeben von Gartenanlagen, etwas abgerückt von der Forftftrafse. Es ift zur Aufnahme von 36 bis 40 Kindern eingerichtet, für welche in 2 über dem Kellergefchofs durchgeführten Stockwerken nach Fig. 52 u. 53 [47]), fo wie

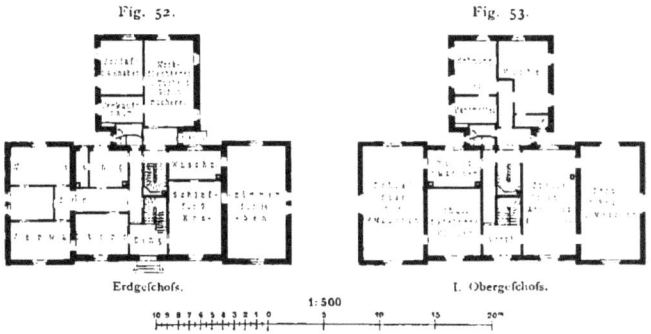

Erdgefchofs.   I. Obergefchofs.

1:500

Blinden-Anftalt »*Nicolaus*-Pflege« zu Stuttgart [47]).
Arch.: *v. Egle*.

in einem über dem Mittelbau fich erftreckenden oberften Gefchofs die nöthigen Räume angeordnet find. Im I. Obergefchofs befinden fich ein für Knaben und Mädchen gemeinfamer Lehrfaal und ein befonderes Schulzimmer für kleinere Kinder. Die Schlafzimmer und Wafchräume für 25 Knaben und 2 Auffeher find im Erdgefchofs, jene für 12 Mädchen im I. und II. Obergefchofs untergebracht. Die Wohnung des Verwalters liegt im Erdgefchofs; die Wohnung der Hausmutter und die Küchenräume nehmen das Obergefchofs des Hinterhaufes ein. Zwei gefonderte Treppen für Knaben und Mädchen führen vom Erdgefchofs bis zum Dachftock. Letzterer hat an jeder Nebenfeite des Haufes eine Giebelftube und enthält fonft Kammern und Bodenraum. Im Sockelgefchofs befinden fich, aufser Kellern und Vorrathsräumen, noch Werkftätten.

Das Haus ift aus fauber bearbeiteten Schichtfteinen, im Obergefchofs und Dachftock durch Backfteinfchichten in regelmäfsigen Abftänden belebt, forgfältig ausgeführt. Die Mitte der Hauptfeite ift durch die Hauptthür mit Schrifttafel, fo wie durch das krönende Glockengiebelchen ausgezeichnet.

Zugleich Erziehungs- und Verforgungshaus ift die Königl. Blinden-Anftalt zu Steglitz bei Berlin, welche für 50 fchulpflichtige Kinder (30 Knaben und 20 Mädchen) und 40 ältere, den gewerblichen Abtheilungen angehörige Pfleglinge (25 männliche und 15 weibliche) 1875—77 von *Jakobsthal & Giersberg* erbaut wurde. Diefes bemerkenswerthe Beifpiel ift in der unten genannten Quelle [48]) dargeftellt.

---

[47]) Nach den von Herrn Hof-Baudirector *v. Egle* in Stuttgart gütigft mitgetheilten Plänen.
[48]) Deutfches Bauhandbuch. Band II. 2. Berlin 1884. S. 363.

Das Herzog-*Wilhelm*-Afyl zu Braunfchweig hat den Zweck, 30 männlichen und 20 weiblichen erwachfenen Blinden Obdach, Pflege und Befchäftigung zu gewähren und wurde 1883—84 von *Gittermann* erbaut⁴⁹).

Das in hoher, gefunder Lage auf dem Giersberg an der Hufarenftrafse befindliche Grundftück von 5400 qm Ausdehnung geftattete die Anordnung eines Langbaues in der Richtung von Oft nach Weft, wodurch ermöglicht wurde, alle von Blinden bewohnten Räume, fo wie den Garten nach Süden zu legen.

In dem aus Kellergefchofs, Erdgefchofs und Obergefchofs beftehenden Gebäude ift vollftändige Trennung der Männer- und Frauen-Abtheilung durchgeführt. Fig. 54 u. 55⁴⁹) zeigen die Eintheilung der beiden letzteren Stockwerke. Der vorfpringende Mittelbau enthält die Flurhalle, Hausmeifter- und Dienerzimmer, ferner die Treppenhäufer jeder Abtheilung, einen für beide gemeinfchaftlichen Verfammlungsfaal für Zwecke der Andacht, Abhaltung von Vorträgen u. f. w., aufserdem ein zur Männer-Abtheilung gehöriges und nur von diefer Seite aus zugängliches Schlafzimmer, Gerätheftube und Kammer. Sämmtliche Arbeits-, Speife- und Wohnzimmer liegen im Erdgefchofs, die Schlaf- und Krankenzimmer im Obergefchofs, in beiden Stockwerken je an einem geräumigen hellen Flurgang. Das Kellergefchofs enthält die Wirthfchaftsräume,

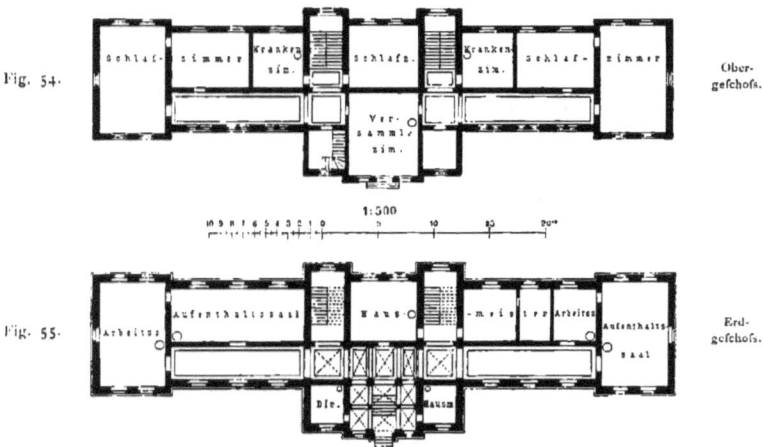

Herzog-*Wilhelm*-Afyl zu Braunfchweig⁴⁹).
Arch.: *Gittermann*.

ein gemeinfchaftliches Badezimmer und für jede Abtheilung ein Wafchzimmer mit je 5 Kippwafchbecken. Zur Heizung der Zimmer dienen von aufsen heizbare Zimmerfchachtöfen mit Blechmänteln. Die frifche Luft wird den Zimmern, bezw. den Oefen vom Flurgang aus zugeführt; die verbrauchte Luft entweicht durch Canäle in den Mauern.

Inneres und Aeufseres haben eine einfache, aber gediegene Ausftattung erhalten. Die Aufsenfeiten find in Backftein-Rohbau aus Siegersdorfer Blendfteinen, Grundfarbe gelb, einzelne Schichten und Bogen der Fenfter und Thüren rothbraun, die Gefimfe, Sohlbänke, Fenfterfchrägen u. f. w. aus Sandftein hergeftellt. Der Mittelbau hat eine Holzcement-Bedachung, die übrigen Dachflächen find mit belgifchem Schiefer eingedeckt.

Flure und Treppenhäufer find überwölbt und haben einen Fufsbodenbelag von Luxemburger Fliefen. Die frei tragenden Treppen beftehen aus Stadtoldendorfer Dolomit. Nur Flurhalle und Verfammlungsfaal darüber find reicher ausgeftattet. Die von den Blinden bewohnten Räume find fchlicht mit Leimfarbe angeftrichen und haben zum Schutze der Wandflächen gegen Befchmutzung 1,5 m hohe Holztäfelung. Das Holzwerk im Inneren ift hell gefirnifst und lackirt; die Profilirungen find durch Lafurfarben abgetönt.

---

⁴⁹) Nach: Wochbl. f. Baukde. 1885, S. 31.

In einem Nebengebäude ift die 50 m lange und 5 m breite Seilerbahn mit zweiftöckigem Vorderhaus angeordnet. Das Abortgebäude ift mit Torfftreu-Einrichtung verfehen. Beide Nebengebäude find in derfelben Weife, wie das Hauptgebäude ausgeführt. Das ganze Grundftück wird durch ein 1,4 m hohes fchmiedeeifernes Gitter auf hohem Quaderfockel eingefriedigt.

Die Baukoften betrugen für das Hauptgebäude ohne Inventar ca. 100000 Mark, für die Nebengebäude, Einfriedigungen und Gartenanlagen zufammen ca. 28000 Mark. Das Hauptgebäude bedeckt eine Grundfläche von 586 qm; demnach ftellt fich das Quadr.-Meter bebauter Fläche auf 170.6 Mark.

Manche englifche und nordamerikanifche Blinden-Anftalten dienen ausfchliefslich als Arbeits-Heimftätten. Solcher Art find die *Workfhops for the Out-door Blind*[50] zu Liverpool, welche 1870 von *Haigh & Co.* dafelbft erbaut wurden.

Die in Fig. 56 u. 57 [50]) durch die beiden Hauptgrundriffe dargeftellte Anftalt hat die Beftimmung, den fämmtlich aufserhalb des Haufes wohnenden Blinden beiderlei Gefchlechtes Arbeit und Werkftätten zu verfchaffen und fie für die in der Anftalt betriebenen Gewerbe heranzubilden, in fo fern fie darin noch

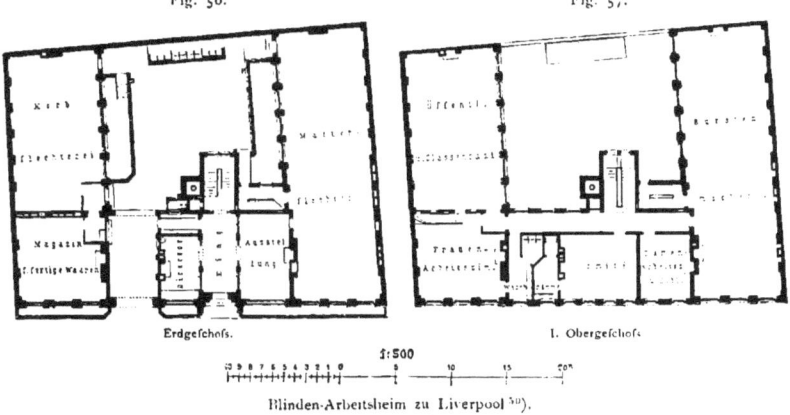

Blinden-Arbeitsheim zu Liverpool [50]).
Arch.: *Haigh & Co.*

nicht geübt find. Aufserdem erhalten hier jüngere Blinde zu gewiffen Stunden auch elementaren Schulunterricht, und für ältere Arbeiter finden nach Schlufs des Tagewerkes gefellige Verfammlungen und Vorträge ftatt. Diefen Zwecken dient der öffentliche und Claffenfaal im I. Obergefchofs, wo aufser dem Frauen-Arbeitszimmer und Bürftenmacher-Saal einige Räume für das Comité der Anftalt und für die Damen, die darin mehrere Stunden mit Zufchneiden und Vorbereiten der Arbeit für die Frauen-Abtheilung täglich zubringen, angeordnet werden mufsten. Im Erdgefchofs finden fich, aufser den Sälen für Korb- und Mattenflechterei, die für die Gefchäftsführung, für Verkauf und Ausftellung dienenden Magazine und Läden, fo wie fonftige Räume. Um in das zu beiden Seiten angebaute Anwefen gröfsere Waarenftücke und Bündel von Vorräthen und Stoffen leicht herein- und hinausfchaffen zu können, mufste eine weite Durchfahrt vorgefehen werden. Für die Werkftätten waren grofse, weite Räume nothwendig. Das in reichlichem Mafse erforderliche Licht konnte nur von der Vorder- und Rückfeite befchafft werden. Der geräumige Hof dient zugleich als Erholungsplatz für die Männer nach der Effenszeit.

Ueber dem durchgehenden Obergefchofs ift im Mittelbau noch ein II. Obergefchofs aufgeführt, welches die Wohnung des Verwalters, beftehend aus einem Wohn- und Efszimmer, zwei Schlafzimmern, Küche u. f. w., enthält.

Das Gebäude ift mit Feuer-Luftheizung und Lüftungs-Einrichtung verfehen und im Aeufseren in Backftein-Rohbau ausgeführt. Die Baukoften betrugen 146000 Mark (= £ 7300

[50]) Nach: *Building news*, Bd. 25, S. 592.

Literatur

über »Blinden-Anſtalten«.

a) Anlage und Einrichtung.

Die Erforderniſſe eines Blinden-Inſtitutes. Allg. Bauz. 1836, S. 106.
PABLASEK, M. Die Blinden-Bildungsanſtalten, deren Bau, Einrichtung und Thätigkeit. Wien 1876.

β) Ausführungen.

Blinden-Inſtitut zu Paris. Allg. Bauz. 1843, S. 171.
GOURLIER, BIET, GRILLON & TARDIEU. *Choix d'édifices publics projetés et conſtruits en France depuis le commencement du XIXme ſiècle.* Paris 1845—50. Bd. 3. Pl. 339—344: *Inſtitution des jeunes aveugles.*
Workshops for the out-door-blind, Liverpool. Building news, Bd. 25, S. 592.
Israelitiſches Blindeninſtitut in Wien: WINKLER, E. Techniſcher Führer durch Wien. 2. Aufl. Wien 1874. Ergänzungen, S. 22.
Blindenanſtalt in Berlin: Berlin und ſeine Bauten. Berlin 1877. Theil I, S. 211.
Landes-Blinden-Anſtalt in Dresden: Die Bauten, techniſchen und induſtriellen Anlagen von Dresden. Dresden 1878. S. 225.
Die Provinzial-Irren-, Blinden- und Taubſtummen-Anſtalten der Rheinprovinz. Düſſeldorf 1880.
The Sunderland and Durham county inſtitute for the blind. Builder, Bd. 45, S. 316.
Das Herzog-Wilhelm-Aſyl zu Braunſchweig. Wochbl. f. Baukde. 1885, S. 31.
The Pennſylvania working houſe for blind men. American architect, Bd. 28, S. 153.

---

2. Kapitel.

Taubſtummen-Anſtalten.

Von KARL HENRICI.

107. Allgemeines. Die Taubſtummen-Anſtalten ſind vor Allem Schulen für Kinder, welche taub geboren ſind, bezw. ihr Gehör kurz nach der Geburt oder in den erſten Lebensjahren verloren haben. Oft iſt mit der Schule auch ein Internat [1]) verbunden. Es giebt aber auch einzelne Verſorgungshäuſer für erwachſene Taubſtumme.

Der Unterricht der Taubſtummen fand im XVI. Jahrhundert zuerſt in Spanien eine Pflegeſtätte [2]). Als Begründer deſſelben gilt der Benedictiner-Mönch *Pedro de Ponce*, welcher 1570 vier Taubſtumme in Schrift und Sprache unterrichtete. Im XVII. Jahrhundert entwickelte ſich der Taubſtummen-Unterricht in England und Holland, in Deutſchland und Frankreich, Dank den Bemühungen einer Anzahl verdienter Männer, die ſich in dieſen Ländern die Ausbildung der Taubſtummen angelegen ſein ließen. Allerdings konnte nur Wenigen Hilfe zu Theil werden. Erſt in der zweiten Hälfte des XVIII. Jahrhundertes begann man, der ganzen Claſſe dieſer Unglücklichen volle Sorgfalt zuzuwenden, als der *Abbé de l'Épée* 1770 zu Paris und *Samuel Heinicke* 1778 zu Leipzig geſchloſſene Erziehungsanſtalten einrichteten und hiermit die Grundlagen für einen planmäſſigen Unterricht und für die weitere erfolgreiche Entwickelung des Taubſtummen-Unterrichtes ſchufen. Heute giebt es Taubſtummen-Anſtalten in allen Cultur-Ländern der Erde [3]), im Ganzen etwa 500, davon in Europa 350, in Deutſchland allein 95.

---

[1]) Ueber das Weſen der Internate, bezw Externate ſiehe Theil IV, Band 6, Heft 1 (Abſchn. 1, D, Kap. 13, unter a) dieſes Handbuches.
[2]) Siehe: WALTHER, E. Geſchichte des Taubſtummen-Bildungsweſens etc. Bielefeld 1882.
[3]) Siehe: Gartenlaube-Kalender für 1889, S. XXVIII u. ff.

Bis Ende der zwanziger Jahre diefes Jahrhundertes hatte man die Einrichtung von Internaten als die einzig richtige angefehen. Sie ift jetzt noch in allen Ländern mehr oder weniger, in Frankreich faft ausfchliefslich, im Gebrauche. Mit der Einrichtung von Taubftummenfchulen für Externe erreicht man aber bei Aufwendung geringerer Mittel das Ziel, einer viel gröfseren Anzahl diefer Armen helfen zu können, fie das Erlernte im Familienverkehre üben zu laffen und überhaupt an den Verkehr mit Vollfinnigen zu gewöhnen. In den 95 deutfchen Taubftummen-Anftalten werden 5600 bis 5700 Zöglinge von 470 Lehrern unterrichtet. Sie vertheilen fich auf 54 Externate, 31 Internate und 10 Anftalten gemifchten Syftemes. Letzteres hat neuerdings in Deutfchland mehr und mehr Anerkennung gefunden. Vom 2. deutfchen Taubftummenlehrer-Congrefs zu Cöln (September 1889) ift das Internat für die 3 erften Schuljahre als in der Regel empfehlenswerth bezeichnet worden: 1) für die körperliche Pflege und Entwickelung der Zöglinge, 2) in erziehlicher Hinficht, 3) mit Rückficht auf die Sprachentwickelung. Auch wurde erklärt, dafs es zweckmäfsig fei, die Internate, welche der Auffiicht des Anftalts-Directors unter Mitwirkung der Lehrer zu unterftellen find, räumlich in möglichft unmittelbare Verbindung mit der Unterrichtsanftalt zu bringen.

Die Hauptaufgabe der Taubftummen-Anftalten befteht darin, die mit Taubheit und Stummheit behafteten Kinder zu lehren, fich unter ihren Mitmenfchen zu bewegen, fich verftändlich zu machen, die Sprache zu reden, fchreiben und zu verftehen und die Zöglinge mit fonftigen elementaren Schulkenntniffen auszurüften. Dies kann nur in felbftändigen Taubftummenfchulen gefchehen. Mit der Schule kann aber, ohne das Wefen der Anftalt zu verändern, ein Penfionat[51] für auswärtige taubftumme Kinder fehr wohl verbunden fein. Für folche gefchloffene Unterrichtsanftalten erfcheint die Einführung des Handfertigkeits-Unterrichtes nicht allein wünfchenswerth, fondern erforderlich.

Die Aufnahme des taubftummen Kindes in einer Taubftummen-Anftalt erfolgt, gleich wie die des Blinden in einem Blinden-Inftitut, in der Regel im 7. oder 8. Lebensjahre und wird gewöhnlich nach dem 12. Lebensjahre verweigert. Die Bildungszeit in den Anftalten pflegt 7 bis 8 Jahre zu dauern. Nach Beendigung des Schulbefuches haben die Eltern für weitere zweckmäfsige Unterbringung der Kinder zu forgen. In Sachfen und Preufsen erhält jeder Handwerksmeifter, der einen Taubftummen auslernt, von der Staatsregierung eine Prämie von 150 Mark. Auch beftehen, wie bereits erwähnt, einige wenige Zufluchtshäufer für folche erwachfene Taubftumme, die körperlich und geiftig zu fchwach find, um fich felbft im Leben forthelfen zu können[55]). Sie gehören alfo eigentlich zu den unter B zu befprechenden Anftalten.

Für die Wahl des Bauplatzes, Lage, Gröfse und die fonft nöthigen Eigenfchaften deffelben gelten die gleichen Regeln wie bei Schulen, bezw. wie bei anderen Erziehungsanftalten. Je nachdem es fich um die Gebäudeanlage eines Inftitutes handelt, das ausfchliefslich Zwecken des Unterrichtes dienen foll, oder eines folchen, das überdies auch als Internat beftimmt ift, werden entweder blofs Schulräume oder auch Verpflegungs-, Verwaltungs- und Hauswirthfchaftsräume, nach Mafsgabe der Zahl der aufzunehmenden Zöglinge, verlangt.

---

[51]) Siehe an der in Fufsnote 31 'S. 90' angezogenen Stelle diefes »Handbuches«.

[55]) Solcher Art ift das Afyl für erwachfene taubftumme Mädchen zu Dresden, gegründet von dem verdienten Director Hofrath *Jencke* dafelbft.

Für die Eintheilung diefer Räume, für die Frage, in wie weit die Trennung derfelben für beide Gefchlechter nothwendig erfcheint, ferner für die Grundrifsbildung des Gebäudes gelten diefelben Grundfätze, welche im vorhergehenden Kapitel für Blinden-Anftalten (in Art. 97, S. 81) dargelegt wurden.

<small>110. Unterricht.</small>

Schon 1620 hat *Juan Pablo Bonet* hinfichtlich der Lehrweife für Taubftumme die Leitfätze aufgeftellt: 1) dafs das Geficht das Werkzeug fei, deffen man fich für den Unterricht bedienen müffe, und 2) dafs der Zweck des Unterrichtes darin gipfeln müffe, den Taubftummen in den Befitz der Lautfprache zu bringen.

Die Sprachlofigkeit der Taubftummen ift lediglich auf die Gehörlofigkeit zurückzuführen. Nur in feltenen Ausnahmefällen findet die Stummheit ihren Grund in gleichzeitigen Mängeln der Sprachwerkzeuge. Zur Erlernung der Sprache find Geficht und Gefühl an die Stelle des Gehöres zu fetzen, und die Kunft des Unterrichtes befteht darin, den Taubftummen zu lehren, wie er die Artikulationsformen mittels feiner Gefühlsempfindungen in den Sprachorganen mit feinen Begriffen und mit den aus der Vorftellung hervorgehenden Handlungen verknüpfen foll.

Durch das Erlernen eines artikulirten Ausdruckes erlangt der Taubftumme die Fähigkeit zu fprechen; feine Begriffe entwickeln fich mehr und mehr; er fängt an, in Tönen zu denken, und fo entfteht durch Uebung im Sprechen und Lefen nach und nach eine regelmäfsige artikulirte Denkweife, die er zeitlebens behält und die ihn dahin bringt, dafs er anderen Menfchen feine Gedanken und Empfindungen mündlich mittheilen kann.

Es mufs hier angeführt werden, dafs mit der Geberdenfprache, welche ohne untergelegte Lautfprache weder zur fchriftlichen Begriffsentwickelung hinlänglich, noch für das gefellfchaftliche Leben vortheilhaft ift, die Zwecke der Taubftummen-Anftalten nichts zu thun haben.

Bei dem in der Regel fehr fchwachen, mindeftens gänzlich unentwickelten Begriffsvermögen taubftummer Kinder ift das Erlernen, bezw. das Lehren des Sprechens und Schreibens mit unfagbaren Mühfeligkeiten verbunden, und naturgemäfs find dadurch die Bildungsgrenzen des Taubftummen ziemlich eng gezogen.

Als Ziel des Sprechunterrichtes gilt es, den Zögling dahin zu bringen, dafs er fowohl mündlich, wie fchriftlich feine Gedanken in einfacher, aber correcter Form ausdrücken kann. Im Uebrigen ift das Ziel einer gewöhnlichen Volksfchule auch das der Taubftummenfchule. Das Höchfterreichbare befteht darin, dafs den für künftlerifche, bezw. kunftgewerbliche Fächer begabten Zöglingen durch Uebung im Zeichnen, Schönfchreiben und unter Umftänden im Modelliren eine elementare Grundlage für Ausübung folcher Berufszweige verfchafft wird. Der Handfertigkeits-Unterricht befindet fich heute noch im Stadium der Verfuche; er kann nicht allein für Internate, fondern auch für Externate in grofsen Städten von erheblichem Nutzen fein.

Wichtig ift die Pflege des Turnunterrichtes, um die Ungelenkigkeiten, welche eine Folge der Gebrechen find, zu befeitigen.

<small>111. Bauliche Einrichtung</small>

Die Eigenthümlichkeiten der baulichen Einrichtung einer Taubftummen-Anftalt befchränken fich lediglich auf die Ausftattung der Lehrzimmer. Die Zöglinge müffen das Gefprochene vom Munde des Lehrers abfehen können, und zu diefem Zwecke mufs dem Geficht deffelben das volle Licht zufallen. Auch unter einander müffen fich die Schüler fich anfehen können, und daraus ergiebt fich als allgemein übliche Anordnung die hufeifenförmige Aufftellung der Tifche und Stühle, fo wie die Stellung des Lehrers den Fenftern gegenüber.

Als gröfste Zahl der Schüler einer Claffe gilt 12, und es haben fich Pulte für je einen oder je zwei Schüler, die fich zu einem Halbkreife oder zu der Hufeifenform zufammenftellen laffen und an denen die Schüler auf Stühlen fitzen, als am zweckmäfsigften erwiefen (Fig. 58 ⁵⁶).

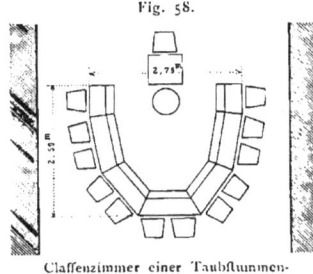

Fig. 58.

Claffenzimmer einer Taubftummen-Anftalt ⁵⁶).

Die Gröfse eines Claffenzimmers ift auf 5,5 m bis 6,0 m Breite und 6,0 m Tiefe zu bemeffen. Bei geringeren Abmeffungen wird der Bewegungsraum für die Schüler nicht ausreichend; bei gröfseren wird die Anftrengung des Sprechens für den Lehrer unnöthig vermehrt.

Auch bei der Einrichtung des Feftfaales oder anderer gröfserer Säle find ähnliche Rückfichten mafsgebend, wie im vorhergehenden Kapitel. Die quadratifche, bezw. annähernd quadratifche Grundrifsform ift für folche Räume die befte. Der Rednerpult findet feine Aufftellung in der Mitte der den Fenftern gegenüber liegenden Wand, wefshalb es verkehrt fein würde, an diefer Stelle die Eingangsthür anzuordnen.

Alle Lehrzimmer einer Taubftummen-Anftalt bedürfen reichlichen Lichtes, und es können die einfchlägigen Normalien für andere niedere Schulen als geringftes Mafs angefehen werden ⁵⁷). Auch an Zeichenfäle, Turnhallen und die fonft erforderlichen Räume knüpfen fich keine Bedingungen, welche von denen der Volksfchulen verfchieden wären.

Noch bleibt zu erwähnen, dafs die Taubftummen-Anftalten einer grofsen Zahl von Lehrmitteln bedürfen, da fich hier der Gang der Sprachaneignung, eben fo wie bei den Vollfinnigen, unmittelbar an die Dinge, Erfcheinungen und Verhältniffe des Lebens anzufchliefsen hat, und fomit Anfchauungsmaterial jeder Art vorhanden fein mufs.

Mit Haus-, Wirthfchafts- und Küchengeräthen, mit landwirthfchaftlichen Gegenftänden, Modellen von Handwerkszeugen, Sammlungen von Sämereien, Früchten, Colonialwaaren etc. — kurz, mit allen denjenigen Dingen, mit welchen das vollfinnige Kind, während es die Sprache erlernt, im Haufe vertraut wird, ift das taubftumme Kind in der Schule zu umgeben.

Befondere Regeln für die Unterbringung der Lehrmittel find nicht aufzuftellen, fo fern es fich nur darum handelt, je nach Verhältniffen und Bedürfniffen den geeigneten Raum zu befchaffen.

Die Taubftummen-Anftalten, welche ausfchliefslich für Zwecke des Unterrichtes der Taubftummen beftimmt find, unterfcheiden fich nicht wefentlich von anderen Schulhäufern.

112. Beifpiel 1.

Ein reines Externat diefer Art ift die Provinzial-Taubftummen-Anftalt zu Trier.

Das unterkellerte, zweiftöckige Haus enthält im Erdgefchofs (Fig. 59) 6 Claffenzimmer für je 12 Zöglinge und einen Turnfaal, den Haupteingang in der Mitte der Vorderfeite, den Hofausgang an der Rückfeite, und einen gut erhellten Mittelgang. Zwei Treppen führen zum Obergefchofs, die gröfsere zur Director-Wohnung, die kleinere zu einer Lehrerwohnung, deren 5 Zimmer mit Vorplatz über der Turnhalle

---

⁵⁶) Nach: Deutfches Bauhandbuch. Bd. II, 2. Berlin 1884. S. 358.
⁵⁷) Siehe hierüber Theil IV, Band 6, Heft 1 (Abfchn. 1, A. Kap. 2, unter b, diefes »Handbuches«.

angeordnet find. Die zugehörige Küche liegt neben der Treppe an der Rückfeite des Haufes.

Das zweckentfprechende Gebäude ift mit Sparfamkeit geplant und gut ausgeführt. Die Fertigftellung deffelben erfolgte 1882.

113. Beifpiel II.

Die Taubftummen-Anftalt an der Bürgerwiefe zu Hamburg ift ein zur Aufnahme von 60 taubftummen Kindern beftimmtes Internat. Das hierzu dienende Gebäude wurde 1873, fünfzig Jahre nach der (1823) durch *Burck* erfolgten Stiftung der Anftalt, von *Jordan & Heim* errichtet.

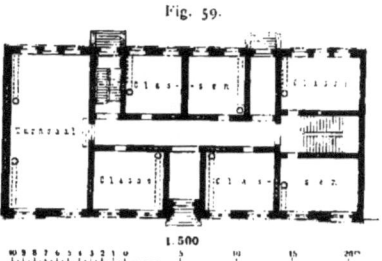

Provinzial-Taubftummen-Anftalt zu Trier, Erdgefchofs.

Die Anlage des dreiftöckigen Haufes geht aus den Grundriffen des Erdgefchoffes und I. Obergefchoffes in Fig. 60 u. 61 [58]) hervor. Das II. Obergefchofs enthält die gleiche Eintheilung wie das I. Die Räume der Mädchen-Abtheilung, Küche und andere Hauswirthfchaftsräume liegen im Sockelgefchofs. Die Wohnung des Directors ift in den einzelnen Stockwerken vertheilt.

Die Zimmer des Haufes find in einreihiger ⊔-förmiger Anlage an einen von der Hoffeite aus vortrefflich erhellten Flurgang gelegt. Eine Treppe vermittelt den Verkehr der 3 Stockwerke. Eine ftrenge Trennung der Knaben- und Mädchen-Abtheilung ift nur hinfichtlich der Schlaffäle und Krankenzimmer durchgeführt.

114. Beifpiel III.

Ein Beifpiel gemifchten Syftemes ift das *Wilhelm-Augufta*-Stift zu Wriezen, welches von *Mackenthun* erbaut und 1880 feierlich eröffnet wurde [59]).

Die Anftalt ift für 120 taubftumme Kinder der Provinz Brandenburg, welche in 10 Claffen unterrichtet werden können, eingerichtet. Von den Kindern wohnen 45, und zwar 33 Knaben und 12 Mädchen, als Pfleglinge in der Anftalt. Die übrigen Zöglinge find in der Stadt bei Bürgern untergebracht.

Das Hauptgebäude befteht aufser dem Kellergefchofs aus 2 Stockwerken, deren Eintheilung aus Fig. 62 u. 63 erhellt, und dem Drempelgefchofs. Es umfafst, aufser den vorgenannten 10 Claffen, einen Hörfaal, die Tag-, Schlaf-, Speife- und Wafchräume der 45 Kinder, ein Lehrer- und ein Befprechnungszimmer, 2 Krankenftuben, einen Baderaum mit Wannen- und Maffenbad, die Wohnungen für den Director, 2 verheirathete Lehrer, den Hausverwalter, Hauswart, 1 unverheiratheten Lehrer, einige lernende Lehrer, 1 Lehrerin, die Wirthfchafterin und das Dienft-Perfonal, ferner fämmtliche Wirthfchaftsräume, grofse Küche, Roll- und Plättftube u. f. w., fo wie die Vorrathskeller.

Zu diefem Gebäude wurde ein früher beftehendes Garnifons-Lazareth — etwa in dem Umfange des rechten Flügels — benutzt und erweitert. Im Allgemeinen entfpricht der Umbau feiner Aufgabe, hat indefs im Einzelnen die folgenden Mängel, welche zum Theile auf das Gebundenfein an das Vorhandene zurückzuführen find: 1) Die Claffenzimmer, deren jedes für 12 Schüler beftimmt ift, find der Mehrzahl nach zu klein; 2) es fehlt ein gröfserer Zeichenfaal; 3) die Einrichtung des Hörfaales ift ungünftig, fo fern die Geftalt deffelben zu fehr vom Quadrat abweicht und fo fern der Haupteingang fich in der Mitte der Fenftern gegenüber liegenden Wand befindet.

Da mit der Anftaltsverwaltung ein Landwirthfchaftsbetrieb verbunden ift, fo enthält ein gleichfalls neu errichtetes Hofgebäude die geräumige Wafchküche, Geräthe-, Holz- und Kohlenkammern, einen Kuhftall für 5 Kühe und mehrere Schweineftälle.

Beim Anftaltshofe befindet fich ein Spaziergarten und ein geräumiger Spielplatz, auf welch letzterem eine Turnhalle erbaut worden ift.

---

[58]) Nach: Hamburg's Privatbauten. Hamburg 1878. Bl. 71 u. 72.
[59]) Vergl.: Wochbl. f. Baukde. 1881, S. 436.

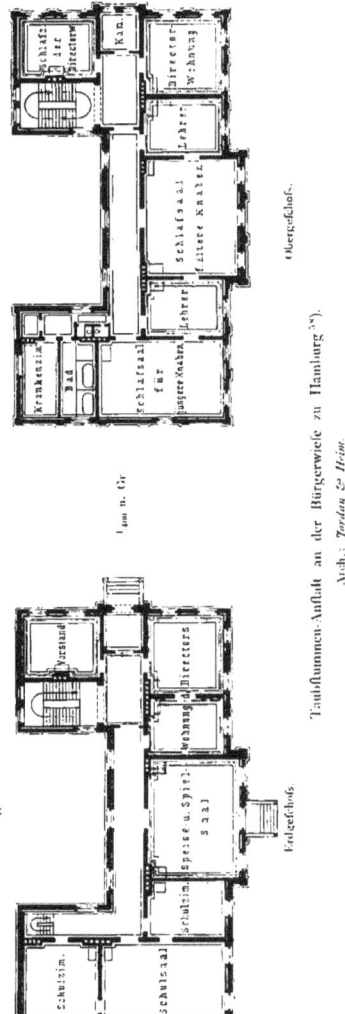

Fig. 60.

Erdgeschofs.

$^1/_{400}$ n. Gr.

Fig. 61.

Obergeschofs.

Taubftummen-Anftalt an der Bürgerwiefe zu Hamburg[58]).

Arch.: *Jordan & Heim.*

Fig. 62. Fig. 63.

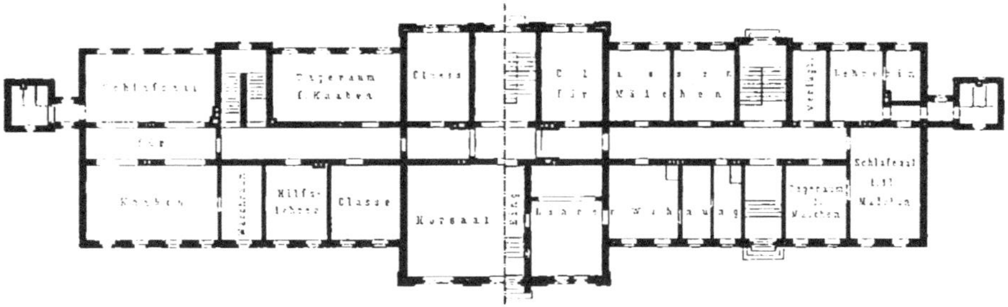

Obergefchofs. $^1/_{400}$ n. Gr. Erdgefchofs.

Wilhelm Augufta-Stift zu Wriezen.

Arch.: *Mackenthun.*

Literatur
über »Taubſtummen-Anſtalten«.

α) Anlage und Einrichtung.

ESQUIROS, A. & E. WEIL. Die Irrenhäuſer, die Findelhäuſer und die Taubſtummen-Anſtalten zu Paris etc. Stuttgart 1852.
Die Provinzial-Irren-, Blinden- und Taubſtummen-Anſtalten der Rheinprovinz. Düſſeldorf 1880.
HEDINGER. Die Taubſtummen und die Taubſtummen-Anſtalten. Stuttgart 1882.
WALTHER, E. Geſchichte des Taubſtummen-Bildungsweſens. Bielefeld 1882.

β) Ausführungen.

Infant school for the deaf and dumb, near Manchester. *Builder*, Bd. 18, S. 719.
Columbia institution for the deaf and dumb, Washington. *Building news*, Bd. 31, S. 74.
Taubſtummenanſtalt in Berlin: Berlin und ſeine Bauten. Berlin 1877. Theil I, S. 211.
Taubſtummen-Anſtalt in Dresden: Die Bauten, techniſchen und induſtriellen Anlagen von Dresden. Dresden 1878. S. 224.
Hamburg's Privatbauten. Hamburg 1878.
Bl. 71 u. 72: Taubſtummen-Anſtalt; von JORDAN & HEIM.
OSTMANN, O. Provinzial-Taubſtummen-Anſtalt zu Halberſtadt. ROMBERG's Zeitſchr. f. pract. Bauk. 1880, S. 231.
Provincialtaubſtummen-Anſtalt in Wriezen. Wochbl. f. Arch. u. Ing. 1881, S. 436.
Taubſtummenanſtalt in Berlin. Zeitſchr. f. Bauw. 1882, S. 509.
Taubſtummenanſtalten zu Hamburg: Hamburg und ſeine Bauten, unter Berückſichtigung der Nachbarſtädte Altona und Wandsbeck. Hamburg 1890. S. 133.

---

3. Kapitel.

Anſtalten für Schwachſinnige.

Von GUSTAV BEHNKE.

115. Zweck.

Dieſe Anſtalten ſind zur Verſorgung ſolcher Perſonen beſtimmt, welche in ihrer geiſtigen Entwickelung zurückgeblieben oder geſtört ſind.

Mediciniſch wird unterſchieden als Schwachſinn und Idiotismus die angeborene, bezw. frühzeitig eingetretene Störung der Gehirnentwickelung und als Blödſinn und Cretinismus die ſpäter erworbene Schwäche oder Abnahme der geiſtigen Thätigkeit, die ſich bis zur gänzlichen Geiſtesumnachtung und Willenloſigkeit ſteigern kann. Beides iſt häufig begleitet oder auch verurſacht von epileptiſchen Krämpfen, ſo daſs die Epilepſie, bezw. die Anſtalten zur Aufnahme der von dieſer leider ſo ſehr verbreiteten Krankheit befallenen Perſonen hier ebenfalls als zugehörig betrachtet werden müſſen [60]).

Ein weſentlicher Unterſchied, vom baulichen Standpunkte angeſehen, kann naturgemäſs zwiſchen den verſchiedenen Arten dieſer und der ſpäter noch zu beſchreibenden Pflegehäuſer in ſo fern nicht beſtehen, als alle auch bei letzteren erforderlichen Räume für Obdach, Verpflegung und Verwaltung hier ebenfalls gebraucht werden und nach den gleichen Regeln anzuordnen und zu bemeſſen ſind.

Vielfach finden ſchwachſinnige Perſonen, ſo weit ſie der öffentlichen Armenpflege anheimfallen, auch in den Armen-Verſorgungs- (Siechen-) und Arbeitshäuſern

---

[60]) Nach neueren Ermittelungen (vergl.: Die Anſtalten der inneren Miſſion bei Bielefeld. Von Pfarrer *Siebold* in Gadderbaum-Bielefeld) nimmt man an, daſs auf je 1000 Einwohner des Deutſchen Reiches ein Epileptiſcher zu rechnen ſei, daſs von dieſer Krankenzahl jedoch nur etwa 5 Procent der Aufnahme in einer Pflegeanſtalt bedürftig ſind.

Platz, fo dafs ein Unterfchied im Vergleich zu den übrigen Pfleglingen alsdann nur noch in der Behandlung zum Ausdruck gelangen kann.

Für die zur Unterbringung Schwachfinniger, Idioten und Epileptiker ausfchliefslich beftimmten Anftalten ift, mehr als fonft irgend wo, zu fordern, dafs die Kranken in möglichft kleiner Anzahl unter einem Dache vereinigt, dafs fie nicht nur nach den Gefchlechtern, fondern auch nach ihrem Alter, nach Stand und Gewohnheiten und befonders nach der Natur ihrer Krankheit getrennt verpflegt und behandelt werden.

116. Grund-Bedingungen der Anlage.

Die Erfahrung hat gelehrt, dafs bei anderer Anordnung und befonders bei Anhäufung einer grofsen Krankenzahl in gefchloffenen mehrgefchoffigen Gebäuden wefentliche Betriebserfchwerniffe kaum vermieden, dafs jedenfalls Heilerfolge, die allerdings bei derartigen Kranken überhaupt fehr felten find, nur unter Vorausfetzung der vorbefchriebenen ftreng durchgeführten Trennung und Zertheilung erzielt werden können.

Abgefehen von den Verwaltungs-, Wirthfchafts-, Schlaf-, Aufenthalts- und Speifefälen, Bädern, Bedürfnifs-Anftalten u. a. m., deren Anordnung mit der für die betreffenden Räume der anderen unter B noch zu befchreibenden Pflegehäufer übereinftimmt, ift für die zur Aufnahme der Schwachfinnigen, Idioten und Epileptiker beftimmten Anftalten noch eine gröfsere Zahl von Arbeitsräumen verfchiedenfter Art vorzuforgen.

117. Bauliche Erforderniffe.

Die Pfleglinge diefer Anftalten find, fo weit fie nicht im Haufe oder in der Wirthfchaft nützliche Verwendung finden, mit Handarbeiten einfachfter Art oder auch, und zwar mit beftem Erfolge, mit Viehwirthfchaft, Garten- und Feldarbeit zu befchäftigen; die vollfinnigen Pfleglinge, z. B. ein Theil der Epileptiker, können fich aber noch beffer mit einer früheren Lebensberufe oder ihren Fähigkeiten entfprechenden Arbeitsleiftung nützlich machen.

In Anftalten grofsen Umfanges, wie z. B. in der vorzugsweife für Epileptiker beftimmten Anftalt Gadderbaum-Bielefeld, werden defshalb neben den verfchiedenften Werkftätten, Scheunen und Stallungen auch noch Bureaus und kaufmännifche Gefchäftsräume eingerichtet und mit Hilfe der Pfleglinge betrieben. In den Werkftätten zu Gadderbaum werden z. B. Schreiner, Buchbinder, Schuhmacher und Sattler unter fachkundigen Meiftern befchäftigt, die theils als Beamte, theils als felbftändige Gefchäftsvorfteher wirken; für Kaufleute find geeignete Gefchäfte gegründet, wie z. B. Manufacturwaaren-Handlung, Buchhandlung, Confum-Vereine u. a.

Für die Pfleglinge fchulpflichtigen Alters find zum Schul- und Confirmanden-Unterricht Lehrclaffen erforderlich, und zwar getrennt für vollfinnige, bezw. für fchwachfinnige Knaben und Mädchen; für die geiftig zurückgebliebenen Kinder find etwa 4 auf einander folgende Lehrclaffen als nothwendig anzufehen, die räumlich von mäfsigem Umfange fein dürfen, weil in der unterften Claffe nicht mehr als 10, in den oberen Claffen nicht mehr als 20 Kinder zu gleichzeitiger Unterweifung Platz finden follten.

Für alle diefe Zwecke genügen natürlich im Nothfalle irgend welche fonft verfügbare Räume von beliebiger Gröfse und Ausftattung. Aber auch im Falle einer befonderen Herrichtung diefer Räume wird eine Befchreibung entbehrlich und zu ausreichender Verdeutlichung auf die fpäter folgenden Beifpiele zu verweifen fein.

Im Garten und auf dem Felde find die Pfleglinge mit Gemüfe- und Ackerbau, ferner zur Gewinnung von Bauftoffen (Steinen, Schotter, Sand u. dergl.), zur Backstein-Fabrikation und zu anderen im Interesse der Anstalt vortheilhaften Arbeiten nützlich zu verwenden.

118. Raumbedarf und Gesammtanlage.
Zur Errichtung der getrennten Aufenthaltshäuser, der Verwaltungs- und Wirthschaftsgebäude, der Werkstätten, Scheunen und Stallungen gehört ein sehr grofses Grundstück, so dafs es von vornherein zweckmäfsig erscheint, derartige Anstalten aufserhalb der Stadt anzulegen, wo der Grunderwerb geringere Kosten verursacht. Die für den Ankauf eines ausgedehnten Grundstückes erwachsende Mehrausgabe wird reichlich aufgewogen durch die Ersparnifs im Betriebe, welche bei Nutzbarmachung der Arbeitskraft der Pfleglinge in Garten und Feld erzielt werden kann; auch wird eine einfachere, den ländlichen Verhältnissen angepafste Bauweise zulässig, welche die Kosten der ersten Anlage bedeutend herabmindern kann. Endlich sind die Vortheile nicht unberücksichtigt zu lassen, welche durch Fernhaltung der Grofsstadt mit ihrem unvermeidlichen Lärm, Rauch und Staub und mit ihren aufregenden Erinnerungen für die Pflege und Erziehung in der Anstalt zu gewinnen sind.

Für gute Zugänglichkeit innerhalb der Anstalt ist um so mehr Sorge zu tragen, je weiter die einzelnen Gebäude fachgemäfs von einander getrennt werden. Zur Gewinnung eines reinlichen, allezeit trockenen Zuganges und zur Vermeidung kostspieliger und störender Unterhaltungsarbeiten ist die Pflasterung aller Zwischenwege zu empfehlen. Dagegen wird die Herstellung überdachter Verbindungsgänge als über das Mafs des Nothwendigen hinausgehend zu bezeichnen sein.

Für die Be- und Entwässerungs-Anlagen gelten die in Art. 165 noch zu gebenden Hinweise.

Die zweckmäfsigste Gesammtanordnung würde also darin bestehen, dafs die Kranken etwa zu 30 bis 50 in abgesondert stehenden Gebäuden verpflegt, behandelt, bezw. erzogen werden. Alle Krankenräume sollten dabei im Erdgeschofs und allenfalls noch im I. Obergeschofs ihren Platz finden, weil Geisteskranke in der Regel schwerfällig und unsicher in ihren Bewegungen sind. Höher liegende Obergeschosse sind nur für die Familienwohnungen des Verwalters und für die Schlafräume des ziemlich zahlreich erforderlichen Dienst-Personals nützlich verwendbar. Zur Bemessung des letzteren darf angenommen werden, dafs im Durchschnitt 6 bis 8 Kranke von einem Wärter, bezw. von einer Wärterin verpflegt und beaufsichtigt werden können.

119. Bauliche Einrichtung.
Die hiernach erforderlichen Räume werden noch in Kap. 5 näher beschrieben werden. Die bauliche Einrichtung mufs in allen Theilen eine äufserst dauerhafte und ganz einfache sein, um der sehr starken, oft bis zur gewaltsamen Zerstörung gesteigerten Abnutzung widerstehen zu können.

Die Fensterbrüstungen sind mindestens 1 m hoch anzulegen; um das Herausstürzen der Kranken zu verhüten, werden die Fenster oberhalb der Brüstung bisweilen mit eisernen Vorlegstangen versehen; auch werden zu ähnlichem Zwecke neben den Handläufern der Treppen, seitlich in einigem Abstande und etwas höher liegend, eiserne Schienen angebracht. Einzelöfen sind mit verschliefsbaren eisernen Schutzgittern von etwa 1,5 m Höhe zu versehen.

Für die Bedürfnifs-Anstalten gelten die in Art. 164 zu machenden Mittheilungen in verschärftem Mafse, weil der Gebrauch der Sitze ein wenig vorsichtiger, oft rücksichtsloser und ganz unverständiger ist. Die Aborte sollten deshalb stets aufserhalb der Gebäude, in Anbauten oder getrennt stehenden Häuschen untergebracht, ausgiebig gelüftet und vorzugsweise rein gehalten werden. Die Anwendung einer regelmäfsigen Wasserspülung wird sich selten ermöglichen lassen; man wird sich daher mit einer zweckentfprechenden Ausführung nach dem Tonnenfyftem oder mit Streuaborten u. dergl. begnügen müffen. Die Piffoirs find in einfachfter Weife und ohne Zwifchenwände herzuftellen und in Tonnen zu entwäffern; oftmalige Reinigung mittels Wafferfpülung und gute Lüftung find hier erft recht unentbehrlich.

Wenn die Abfallftoffe im landwirthfchaftlichen Betriebe zu Dungzwecken nutzbar gemacht werden, fo ift eine entfprechende Einrichtung mit feften Leitungen und dicht gemauerten Gruben vorzufehen.

Die ältefte deutfche Idioten-Anftalt, für deren Betrieb ein Neubau errichtet wurde, ift die Evangelifche Idioten-Erziehungs- und Pflegeanftalt »Hephata« in München-Gladbach, 1861 von *Moritz* erbaut.

Beifpiel I.

Die Anftalt befitzt ein dreiftöckiges Hauptgebäude, welches erftmals durch Anbau von 2 Seitenflügeln und 1876 (Arch.: *Weigelt*) durch Hinzufügen eines Afylbaues erweitert worden ift, fo dafs die Zahl der Pfleglinge fich jetzt im Ganzen auf 131 weibliche und 45 männliche beläuft.

Das Warte-Perfonal zählt 22, das Wirthfchafts-Perfonal 8 Köpfe; die Verpflegungskoften werden für jeden Pflegling auf 435 bis 450 Mark jährlich beziffert.

Von gröfserem Umfange ift die »Erziehungs- und Pflegeanftalt für geiftesfchwache Kinder« in Langenhagen bei Hannover. Sie fteht als Gruppenbau auf einem eigenen Grundftück von 12 ha, welches durch Erpachtung angrenzender Ländereien um weitere 40 ha vergröfsert worden ift.

Beifpiel II.

Die Anftalt beherbergt zur Zeit 460 Kranke, zu deren Pflege und Wartung 80 Beamte, Wärter, Wärterinnen und Dienftleute thätig find. An Gebäuden find vorhanden: 2 grofse Pflegehäufer mit Erdgefchofs und 3 Obergefchoffen für 180 Knaben, bezw. 140 Mädchen, nebft den erforderlichen Schul- und Aufenthaltsfälen; 3 kleinere Pavillons mit Erdgefchofs und 2 Obergefchoffen für 60, bezw. 40 Knaben und für 50 Mädchen; 1 grofser Speifefaal, einflöckig, mit anftofsender Küche nebft Zubehör, und verfchiedene Verwaltungs-, Wohn-, Wirthfchafts- und Werkftättengebäude, Turnfaal, Wafchhaus und Leichenhaus.

Fig. 64.

Erziehungs- und Pflegeanftalt für geiftesfchwache Kinder zu Langenhagen.
I. Obergefchofs.
1/500 n. Gr.

Der Obergefchofs-Grundrifs des für 60 Kinder Raum bietenden Knabenhaufes ift in Fig. 64 dargeftellt.

Das Gebäude enthält im Erdgefchofs die Wohnung des Hausvaters, Wohn- und Schlafzimmer der Kinder und ein Wärterzimmer und im I. und II. Obergefchofs Wohn-, Schlaf- und Krankenzimmer, Wärterzimmer und Kleiderräume.

Der Betrieb für die Koch- und Wafchküchen ift mit Dampf eingerichtet; zur Erwärmung des Speifefaales dient Dampfheizung, im Uebrigen find Kachelöfen mit Kohlenfeuerung vorhanden. Die Schlafräume werden nur ausnahmsweife bei fehr ftrenger Kälte geheizt. Die Bedürfnifs-Anftalten find nach dem Tonnenfyftem eingerichtet.

Auf die grofsartige Anftalt in Gadderbaum bei Bielefeld ift fchon vorher hingewiefen. Diefelbe ift 1865 mit einem kleinen Haufe zur Aufnahme epileptifcher Kranken gegründet und feit 1872 unter der Leitung v. *Bodelfchwingh's* allmählig zu dem jetzigen Umfange entwickelt worden.

Beifpiel III.

Im Jahr 1888 betrug der Krankenftand fchon 1091, davon etwa 350 blödfinnige Kranke, und im Frühjahr 1890 wurde die Gefammtzahl der zur Anftalt zugehörigen Perfonen auf über 2000 beziffert, die in etwa 150 Häufern Platz finden.

Alle Pfleglinge find zu je 30 bis 50 in einzelnen, zum Theile weit von einander entfernt liegenden, durch Garten, Wald und Feld getrennten Gebäuden unter Aufficht verheiratheter Hausväter untergebracht.

Die Anftalt befitzt zur Zeit eine Kirche für 1700 Plätze, 1 Capelle für 500 Plätze, 1 Leichen-Capelle, 3 Pfarrhäufer, 1 Doctorhaus, die Diaconiffinnen-Anftalt und das Bruderhaus, aus denen die Diaconiffinnen und die Diaconen hervorgehen, welche die Pflege beforgen, 2 Genefungshäufer für das Pflege-Perfonal, eine grofse Zahl von Pflegehäufern, Gefchäftshäufern und Werkftätten aller Art, 8 Schulclaffen, ein Waifenhaus, eine Kleinkinderfchule, ein Kinderheim für 50 verlaffene, fieche oder verkrüppelte Kinder, eine Arbeiter-Colonie, ein Afyl für 30 trunkene Männer, ein Arbeiterheim mit 39 Häufern für je 2 Familien u. a. m.

Als Beifpiel der Pflegehäufer wird in Fig. 65 der nebenftehende Erdgefchofs-Grundrifs des für 31 Knaben beftimmten Blödenhaufes »Ophra« mitgetheilt, 1890 von *Held* erbaut. Daffelbe enthält im Kellergefchofs die Koch- und Wafchküche, Vorrathsräume und Badezimmer; im Erdgefchofs den Speifefaal, ein Aufenthaltszimmer, ein Lehrzimmer, die Wohnung des Hausvaters und eine Bedürfnifs-Anftalt, und im I. Obergefchofs zwei Schlaffäle für 14, bezw. 17 Betten mit zwifchenliegendem Auffeherzimmer und einige Räume für Dienft-Perfonal und Inventar.

Fig. 65.

Blödenhaus »Ophra« zu Gadderbaum-Bielefeld.
Erdgefchofs. — 1/500 n. Gr.
Arch.: *Held*.

Der Flächenraum beträgt für jedes Kind im Aufenthaltszimmer etwa 1,2 qm, im Schlaffaal 4,0 qm; die Knaben werden mit leichter Landarbeit befchäftigt und, fo weit es angeht, unterrichtet.

123. Beifpiel IV.

Eine Anlage ähnlichen Umfanges wird die zur Zeit auf Koften der Berliner Stadtverwaltung im Bau begriffene Anftalt für Epileptifche in Biesdorf bei Berlin (Arch.: *Blankenftein*) darftellen, deren Vollendung 1892 erwartet werden kann.

Die Anftalt, welche in ftreng durchgeführtem Zerftreuungsfyftem erbaut werden und im Ganzen für 1000 Pfleglinge Platz bieten foll, zerfällt in folgende Theile:

a) Eine Pflegeanftalt für theils fieche, theils befonders reizbare Epileptiker, und zwar getrennt in umgekehrtem Verhältnifs für Männer: 50 fieche und 70 reizbare und für Frauen: 70 fieche und 50 reizbare, zufammen für 240 Kranke.

b) Die Colonie, welche aus einer Anzahl von Landhäufern befteht, deren jedes nach verfchiedener Anordnung 25 bis 30, bezw. 40 bis 50 Kranke, die zu freierer Befchäftigung und Behandlung geeignet find, aufnehmen foll, wird dorfartig angelegt; die einzelnen Gebäude, auf der einen Seite für Männer, auf der anderen für Frauen, ftehen in den Gärten zerftreut und bieten Raum für 660 Kranke.

c) Das Haus für jugendliche Epileptiker zur Aufnahme von 100 Pfleglingen bis zum Alter von 20 Jahren; die Gebäude enthalten aufser den nöthigen Schlaf-, Lehr-, Arbeits- und Speifefälen die Wohnung des Leiters der Abtheilung und die Wohnungen für 2 Lehrer, bezw. 2 Lehrerinnen.

d) Der Gutshof vereinigt fämmtliche Verwaltungs- und Wirthfchaftsräume mit den fonft noch erforderlichen Dienftwohngebäuden und einer Capelle; unter den Wirthfchaftsräumen ift eine Stallung für 50 Kühe zu erwähnen.

Kleinere Anftalten zu gleichem Zwecke befitzt die Stadt Berlin bisher in der zur Irrenanftalt Dalldorf gehörigen Abtheilung für fieche Irre und Epileptifche, fo wie in der Erziehungsanftalt für idiotifche Kinder zu Dalldorf.

In letzterer finden 100 Kinder Platz, zu deren Pflege 1 Infpector, 1 Lehrer, 2 Lehrerinnen, 4 Wärter (Handwerker), 4 Wärterinnen und 1 Hausdiener thätig find; der Koch- und Wäfchereibetrieb wird von der Irren-Anftalt aus geleiftet.

124. Beifpiel V.

Als Beifpiel einer kleinen, auf Privatrechnung eingerichteten Anftalt dient die Erziehungsanftalt von *W. Schröter* zu Dresden, welche, zur Aufnahme geiftig zurückgebliebener Kinder beftimmt, 1873 gegründet worden ift.

Die Anftalt befitzt neben einem älteren Gebäude, welches im Wefentlichen als Schulhaus benutzt wird, ein 1875 erbautes, 1878 durch Aufbau eines II. Obergefchoffes vergröfsertes Wohn- und Pflegehaus, deffen Erdgefchofs-Grundrifs in Fig. 66 wiedergegeben ift.

Letzteres enthält im Kellergefchofs eine Werkftätte für die Knaben, ein Badezimmer, Raum für die Sammelheizung und Wirthfchaftskeller; im Erdgefchofs Wohn- und Schlafräume der Knaben und die Küche; im I. und II. Obergefchofs Wohn- und Schlafräume der Mädchen, 2 Krankenzimmer, die Director-Wohnung und 2 Wohnräume für eine Lehrerin.

Die Anftalt ift im Ganzen für 40 Pfleglinge beftimmt, die in 5 Claffen durch 2 Lehrer, 2 Lehrerinnen und eine Kindergärtnerin unterrichtet werden.

Auf leichte körperliche Befchäftigung der Kinder in Werkftätten, unter der Aufficht eines Buchbinders und Korbmachers, und im Garten ift auch hier Bedacht genommen. Zur Erholung dient neben den Turnfpielen eine Kegelbahn und eine in der nahe liegenden Elbe eingerichtete Bade-Anftalt.

Das Warte-Perfonal ift, da die Pfleglinge Kinder wohlhabender Eltern find, reichlicher bemeffen, als es fonft die Regel ift; es befteht aus 7 Wärterinnen, 1 Gärtner, 1 Köchin und 3 Dienftmägden.

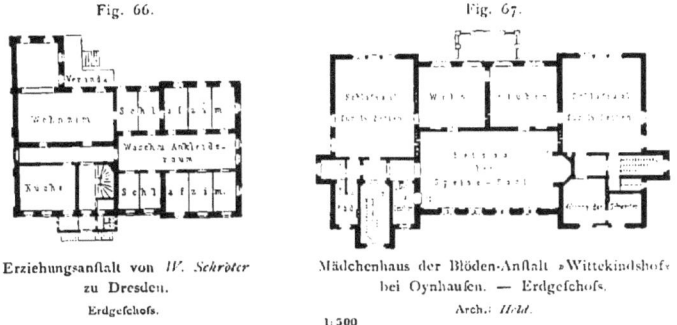

Fig. 66. Erziehungsanstalt von *W. Schröter* zu Dresden. Erdgeschofs.

Fig. 67. Mädchenhaus der Blöden-Anstalt »Wittekindshof« bei Oynhausen. — Erdgeschofs. Arch.: *Held*.

1:500

Das Mädchenhaus der Blöden-Anstalt »Wittekindshof« zu Volmendingen bei Oynhaufen ist das Beifpiel einer mit äufserst fparfamen Mitteln durchgeführten Bauanlage; fie wurde 1888 von *Held* errichtet.

Wie der Erdgefchofs-Grundrifs in Fig. 67 zeigt, entbehrt das Haus gänzlich eines Flurganges; der Verkehr wird im Erdgefchofs durch den Speifefaal, im I. Obergefchofs durch die Lehrzimmer vermittelt, wenn diefe Räume nicht für ihren eigentlichen Zweck benutzt werden.

Die Anftalt enthält im Kellergefchofs die Koch- und Wafchküche mit Zubehör; im Erdgefchofs 2 Schlaffäle für je 14 Betten, 2 Wohnzimmer, 1 Speifefaal, der mit Hinzuziehen einer kleinen Apfis zugleich als Betfaal dient, 2 Wohnzimmer der Schweftern, Bad und Abort; im II. Obergefchofs die gleichen Räume (ftatt des Speifefaales find 2 Lehrzimmer angeordnet), und im Dachgefchofs 4 Zimmer für Penfionärinnen, Schlafräume des Dienft-Perfonals und Wirthfchaftsräume.

Die Anftalt gewährt darnach im Ganzen für 60 Pfleglinge Unterkunft. Zur Heizung dienen Einzelöfen.

Das Gebäude ift in fugtem Backfteinbau, in gothifchen Formen, jedoch fonft in fparfamfter Weife ausgeführt. — Die Gefammtkoften, einfchl. der Terrain-Regulirung, der Ent- und Bewäfferung haben nur 62400 Mark betragen.

Eine Anftalt von etwas gröfserem Umfange ift die auf Koften wohlthätiger Frankfurter Bürger eingerichtete und betriebene Idioten-Anftalt zu Idftein im Taunus. Zur Zeit werden in einem älteren, auf dem Grundftücke beftehenden Gebäude 26 Kinder verpflegt; die Anftalt foll jedoch mit Hinzufügung von zwei neuen Pflegehäufern zur Aufnahme von 150 Pfleglingen erweitert werden. Es ift dabei beabfichtigt, diejenigen Pfleglinge, welche für ihre Lebenszeit der Anftalt verbleiben und in letzterer zu vorgerücktem Alter gelangen, fpäter auf einem anderen Grundftücke in Obhut zu nehmen; für diefen Entfchlufs ift die Erfahrung mafsgebend, dafs die vereinigte Unterbringung erwachfener Idioten mit Kindern auf demfelben Grundftücke ftets wefentliche Mifsftände zur Folge hat.

Von den beiden neu zu erbauenden Pflegehäufern ift das zunächft (1890) zur Ausführung gelangte (Arch.: *Steinbrinck*) in Fig. 68 durch den Grundrifs des I. Obergefchoffes dargeftellt. Daffelbe fteht an einer Berglehne, fo dafs das Kellergefchofs auf der Abhangfeite ebenerdig hervortritt.

Das Gebäude enthält im Kellergefchofs Arbeitsräume für die Pfleglinge, die Kochküche mit Zubehör, 1 Speifezimmer für das Wirthfchafts-Perfonal, Badezimmer und Wirthfchaftskeller; im Erdgefchofs den Speifefaal, welcher mit 14,6 m Länge und 8,5 m Breite für die zukünftige Gefammtzahl der Pfleglinge Raum bieten foll, ein Anrichtezimmer, 4 Unterrichtszimmer und ein Bureau-Zimmer; im I. Obergefchofs 2 Wohnzimmer für die Pfleglinge, 2 Schlaffäle mit dazwifchen liegendem Wärterzimmer und einer Dunkelzelle, 1 Zimmer für Penfionäre und 1 Wafchraum; im II. Obergefchofs die gleichen Räume, an Stelle des Penfionär-Zimmers ein Krankenzimmer, und im Dachgefchofs Wohn- und Schlafräume für Lehr- und Dienft-Perfonal und Wirthfchaftsräume.

Die Bedürfnifs-Anftalten find über einander liegend im Erdgefchofs und in beiden Obergefchoffen mit je 3 Abortfitzen angeordnet; die letzteren find frei ftehend aus Steingut mit beweglichen hölzernen Sitzen conftruirt und zugleich als Piffoir benutzbar.

In jedem der beiden Obergefchoffe ift eine grofse offene Veranda angebaut, die den Pfleglingen zum Sommeraufenthalt im Freien dient.

Die Wohn- und Schlafräume find für zufammen 60 Kinder beftimmt.

127. Beifpiel VIII. Die fchweizerifche Anftalt für Epileptifche auf der Rüti bei Zürich, 1886 erbaut, ift zur Aufnahme von etwa 50 Kranken beftimmt, von denen ein Theil, die den wohlhabenderen Ständen angehören, in 8 Einzelzimmern untergebracht werden können.

Pflegehaus der Idioten-Anftalt zu Idftein.
I Obergefchofs. — 1:500 n. Gr.
Arch.: Steinbrück.

Die Anftalt enthält im Kellergefchofs die Koch- und Wafchküchen mit allem Zubehör, 1 Speifefaal mit Anrichtezimmer und einige Arbeitsräume; im Erdgefchofs, deffen Grundrifs aus Fig. 69 erfichtlich ift, und im I. Obergefchofs die Wohn- und Schlafräume der Pfleglinge, die Wohnung des Hausvaters, Wärterzimmer, Kleiderzimmer, Wafch- und Baderäume, fo wie Aborte; im II. Obergefchofs 5 Zimmer für Penfionäre, 2 Lehrclaffen, fo wie einige Räume für die Verwaltung und für Dienftperfonal.

Fig. 69.

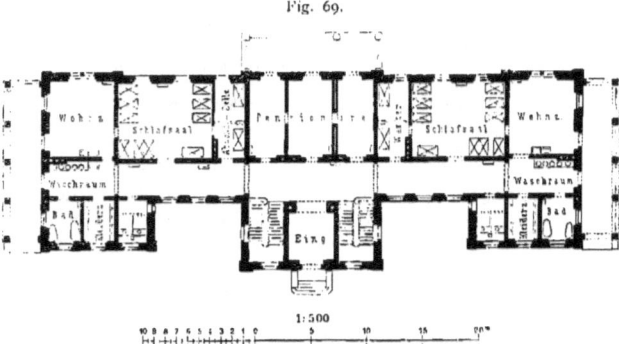

Anftalt für Epileptifche bei Zürich. — Erdgefchofs.

Zur Erwärmung dient eine Niederdruck-Dampfheizung. Der Flächenraum beträgt für jeden Pflegling im Speifefaal 1,80 qm, in den Aufenthaltszimmern etwa 4 qm und in den Schlaffälen, deren jeder 10 Betten aufnimmt, 5,7 qm; in den Wärterzimmern ift die Einrichtung getroffen, dafs ein unruhiger Kranker abgefondert werden kann.

128. Beifpiel IX. Als Beifpiel einer französifchen Bauanlage, welche nur für eine mittelgrofse Zahl von Pfleglingen beftimmt, jedoch nach dem Grundfatze möglichfter Theilung der Baulichkeiten in fehr zweckmäfsiger Weife angeordnet ift, wird die Idioten-Anftalt

61) Facf.-Repr. nach: NARJOUX, F. *Paris. Monuments élevés par la ville 1850—1880.* Paris 1883.

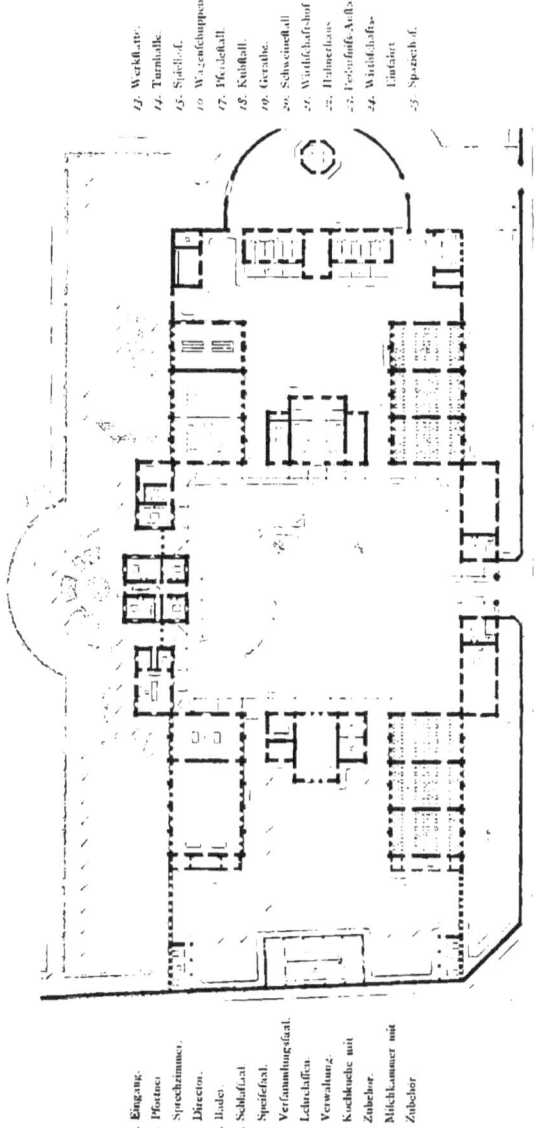

Idioten-Anstalt zu Vaucluse.
Erdgeschoß.
Arch.: *Marechal*.

1. Eingang.
2. Pförtner.
3. Sprechzimmer.
4. Director.
5. Bader.
6. Schlafsaal.
7. Speisesaal.
8. Versammlungslocal.
9. Lehranstalt.
10. Verwaltung.
11. Kochküche mit Zubehör.
12. Milchkammer mit Zubehör.
13. Werkstätte.
14. Turnhalle.
15. Spielhof.
16. Wagenschuppen.
17. Pferdestall.
18. Kuhstall.
19. Geräthe.
20. Schweinestall.
21. Wirthschaftshof.
22. Brunnen.
23. Pockenfs.-Anstalt.
24. Wirthschafts-Einfahrt.
25. Spazierhof.

zu Vauclufe, 1876 von *Maréchal* erbaut, mitgetheilt; fie bildet einen Theil der gleichnamigen Irren-Anftalt und dient zur Aufnahme von 140 fchwachfinnigen Knaben.

Wie der in Fig. 70[61]) beigefügte Erdgefchofs-Grundrifs zeigt, ftehen die Gebäude auf einem etwa 12500 qm grofsen Grundftücke in zerftreuter Anordnung. Die Gebäude find faft durchweg einftöckig; die Grundfläche in den Schlaffälen beträgt für jedes Bett 4 qm.

Die Anftalt ift für landwirthfchaftliche Befchäftigung der Pfleglinge eingerichtet; dem gemäfs ift auch die Bauausführung in einfachfter ländlicher Ausftattung erfolgt, fo dafs fich die Baukoften nur auf die verhältnifsmäfsig geringe Summe von 152000 Mark beziffert haben.

Literatur
über »Anftalten für Schwachfinnige«.

α) Anlage und Einrichtung.

PELMAN. Die öffentliche Fürforge für Epileptifche. Deutfches Wochbl. f. Gefundheitspfl. 1884, S. 27.
SCHÄFER, P. Leitfaden der inneren Miffion. Hamburg 1889.
Zeitfchrift für die Behandlung Schwachfinniger und Epileptiker. Herausg. v. W. SCHRÖTER, A. WILDER-
  MUTH & E. REICHELT. Dresden. Erfcheint feit 1885.

β) Ausführungen.

BIVEU & GILES. Afyl für fchwachfinnige Arme. Zeitfchr. d. öft. Ing.- u. Arch.-Ver. 1871, S. 110.
Macclesfield new county afylum. Building news, Bd. 21, S. 473.
Royal Albert afylum, Lancafter. Building news, Bd. 27, S. 428.
Warneford afylum, Oxfordfhire. Building news, Bd. 28, S. 64.
Selected defign for the propofed fchool for imbecile children, Darenth. Building news, Bd. 29, S. 469, 504.
NARJOUX, F. Paris. *Monuments élevés par la ville 1850—1880.* Paris 1883.
  Bd. 4: *Afile d'aliénés de Vauclufe. — III. Colonie des jeunes garçons idiots;* von MARÉCHAL.
Agrandiffement de l'hofpice de Bicêtre. Gaz. des arch. 1883, S. 274.

B. Sonstige Versorgungs-, Pflege- und Zufluchtshäuser.

Von Gustav Behnke.

4. Kapitel.
Krippen, Kinder-Bewahranstalten, Kinderhorte und Ferien-Colonien.

Die Erkenntnifs, dafs die grofse Sterblichkeit der Kinder gerade in den erften Lebensjahren wefentlich auf mangelhafte Fürforge und Ernährung zurückzuführen ift, und dafs es als eine Hauptaufgabe der werkthätigen Menfchenliebe betrachtet werden mufs, für die ärmften Claffen der Bevölkerung helfend einzutreten, in denen nicht nur der Vater, fondern auch die Mutter gezwungen ift, einen Arbeitsverdienft aufserhalb des Haufes zu fuchen, hat eine grofse Reihe von Anftalten aller Art hervorgerufen, welche dazu beftimmt find, den Kindern während der Tagesftunden die mütterliche Obhut beftmöglich zu erfetzen. Diefe Anftalten führen, in fo fern fie zur Aufnahme der Säuglinge und der kleinften Kinder — bis zum dritten Lebensjahre — dienen, den Namen Krippe oder Säuglings-Bewahranftalt, in Frankreich *crèche*; in fo fern fie die Kinder vom dritten bis zum fechsten Lebensjahre aufnehmen follen, den Namen Kinder-Bewahranftalt.

An letztere fchliefsen fich, als zum gleichen Zwecke beftimmt, wenn auch für wohlhabendere Bevölkerungs-Claffen dienend, die Kindergärten und in weiterer Folge die Kleinkinder-Schulen, welche im nächften Halbbande diefes Handbuches« (Heft 1, Abfchn. 1, B, Kap. 7) ihre Befprechung finden werden.

In neuefter Zeit find den vorgenannten Anftalten noch die Kinderhorte hinzugetreten, die den Zweck haben, Knaben und Mädchen fchulpflichtigen Alters am Tage und aufserhalb der Schulzeit unter erzieherifcher Afficht zu halten. Endlich mögen hier auch die Ferien-Colonien Erwähnung finden, deren Aufgabe darin befteht, erholungsbedürftigen fchulpflichtigen Kindern während der Sommerferien aufserhalb der Stadt Pflege und Erholung zu verfchaffen.

Die Krippen und Kinder-Bewahranftalten haben eine übereinftimmende Hausordnung dahin, dafs die Mütter an jedem Wochentage ihre Kinder zu früher Morgenftunde in die Anftalt bringen und Abends wieder abholen. Gewöhnlich find die Anftalten von Morgens 6 Uhr bis Abends 9 Uhr geöffnet. Die Kinder werden in der Anftalt beköftigt, gewafchen und gebadet, befchäftigt und bisweilen auch bekleidet; als Entfchädigung für diefe Mühewaltungen wird eine kleine Gebühr gefordert, welche zwifchen 10 und 35 Pfennigen täglich fchwankt; bei gänzlicher Mittellofigkeit der Eltern wird auch auf diefe Gegenleiftung verzichtet.

Kranke Kinder finden in der Anftalt natürlich keine Aufnahme; im Erkrankungsfalle werden die Kinder alsbald anderweitig, am beften in einem Krankenhaufe, in Pflege gegeben. Aerztliche Afficht ift unerläfslich, fchon um anfteckende Krankheiten fo fchnell wie möglich zu erkennen und deren weiterer Verbreitung vorzubeugen.

130.
Raumbedarf im Allgemeinen.

Derartige Anftalten bedürfen, gleich wie Kindergärten, Kleinkinder-Schulen und Kinderhorte, zur Erfüllung des vorbefchriebenen Zweckes nur geringer baulicher Vorkehrungen. Im Nothfalle genügt ein Aufenthaltsraum nebft einer kleinen Küche mit Badewanne, fo wie etwa noch ein kleines Zimmer für die Auffeherin und eine Bedürfnifs-Anftalt. Zweckmäfsig ift es auch bei kleineren Anlagen, im Haufe für das Bedienungs-Perfonal Schlafräume zu fchaffen, weil die Anftalt früh geöffnet und fpät gefchloffen wird, für die unentbehrliche und fehr beträchtliche Arbeit der Reinhaltung der Zimmer und der Geräthfchaften alfo ohnehin eine geringe Zeit zur Verfügung fteht.

Im Falle gröfserer Ausdehnung vermehren und erweitern fich die vorbenannten Räumlichkeiten, deren Anordnung und Ausftattung jedoch ftets eine ganz einfache bleibt.

a) Krippen.

131.
Raumbedarf.

Die Krippen, welche ihren Namen zur Erinnerung an die Krippe führen, in welcher der Heiland ruhte, find im Jahre 1844 durch *Marbeau* in Paris erftmals errichtet und bald, nicht nur in ausgedehntestem Umfange in Frankreich und Belgien, fondern auch in Oefterreich und Deutfchland, z. B. die Krippe zu Breitenfeld bei Wien 1849 und Dresden 1851, fpäter auch in anderen Ländern, z. B. Spanien und Portugal 1873, weiter eingeführt und mit gröfstem Erfolge verbreitet worden. Dagegen haben fich in England, weil man die Trennung der Kinder von den Eltern als einen Eingriff in die häuslichen Verhältniffe der Bevölkerung und daher als bedenklich erachtet, die Krippen bis jetzt noch keinen allgemeineren Eingang verfchaffen können.

Der Raumbedarf für den Neubau einer gröfseren Krippe ift ein fehr verfchiedenartiger; überdies werden in neuerer Zeit auch die Krippen häufig mit anderen, ähnlichen Zwecken dienenden Anftalten, wie z. B. mit Kinder-Bewahranftalten, Kinderhorten und Handarbeitfchulen, bisweilen auch mit Volksküchen, mit Afylen für kranke und fchwächliche Kinder und mit fonftigen Wohlthätigkeits-Anftalten verbunden.

In Frankreich befteht eine ähnliche Verbindung, namentlich mit Kleinkinder-Schulen *(falles d'afile)* oder mit einem Wohlthätigkeits-Bureau *(bureau de bienfaifance)* und einem Arbeitsraume *(ouvroir)*; die Krippen finden dann gewöhnlich im Obergefchofs der betreffenden Gebäude ihren Platz. Das Wohlthätigkeits-Bureau dient zur Vertheilung von Geld und Arznei an arme Leute, der Arbeitsraum zur Ertheilung von Nähunterricht an arme Mädchen.

In Belgien find die Krippen zumeift mit Kleinkinder-Schulen und Kindergärten verbunden und in ganz vorzüglicher Weife organifirt und unterhalten; fie führen den Namen *crèche école gardienne* und dienen zur Aufnahme der Kinder bis zu deren Eintritt in das fchulpflichtige Alter.

Im Hinblick auf diefen mehrfachen Zweck erfcheint es nicht angezeigt, etwa für verfchiedene Gröfsenverhältniffe der Krippen beftimmte Raumerforderniffe zu ermitteln, da die letzteren faft willkürliche find und in jedem einzelnen Falle von den vordringenden örtlichen Bedürfniffen und von den Anfchauungen der leitenden Perfonen abhängig bleiben. Vielmehr wird es zweckmäfsig fein, durch eine Anzahl von Beifpielen die Verfchiedenartigkeit darzuftellen, in welcher die Aufgabe praktifch behandelt worden ift und hierin den Vergleich der mehr oder minder gelungenen Löfung zu ermöglichen.

In der Regel werden für eine größere Krippe die nachstehend bezeichneten Räume als nothwendig zu beanspruchen sein:

1) ein Aufenthaltsraum für die kleinsten Kinder, welche während des Tages in kleinen Wagen oder Betten liegen;

2) ein Aufenthaltsraum für die Kinder zwischen 1 und 3 Jahren, welche den Tag in Spiel und Ruhe verbringen und in einem dazu besonders eingerichteten Laufgang — Gehschule, *pouponnière* — gehen lernen;

3) ein Badezimmer;

4) eine Kleiderablage, in welcher die Kleider der Kinder den Tag über aufbewahrt bleiben; häufig werden die Kinder, welche der Anstalt sauber gewaschen übergeben werden müssen, bei der Aufnahme mit Bekleidungsstücken versehen, die der Anstalt gehören;

5) ein Raum für Wäsche und Kleider;

6) ein oder zwei Zimmer für die Verwaltung;

7) ein Absonderungszimmer für krankheitsverdächtige Kinder;

8) die für die Bedienung erforderlichen Schlafzimmer; für die kleinsten Kinder wird auf je 4 bis 5, für die größeren auf je 8 bis 10 eine Wärterin gerechnet;

9) Bedürfniss-Anstalten für die Kinder, für das Warte-Personal und für die Verwaltung;

10) die erforderlichen Wirthschaftsräume, bestehend aus Kochküche mit Vorrathskammern, Milchküche mit Speisezimmer, Waschküche, Bügelstube, Räume für Brennmaterial, und

11) eine bedeckte Halle, ein Spielhof und ein Gartenraum.

In den Aufenthaltsräumen ist für jedes Kind eine Grundfläche von etwa 2 qm zu rechnen, bei einer Stockwerkshöhe von mindestens 4 m.

<small>152. Beschreibung im Einzelnen.</small>

Zur Aufnahme der kleinsten Kinder sind zweckmäßig eiserne Wagen zu verwenden, die, im Grundriss des Wagenkastens gemessen, ca. 95 cm lang, unten 50, oben 55 cm breit sind; auch eiserne Bettstellen ähnlicher Größe können verwendet werden.

Für die größeren Kinder werden Ruhebetten vorgesorgt; diese sind entweder in Form gepolsterter Tafeln vermittels Gelenkbändern an der Wandtäfelung befestigt oder aus hölzernen Rahmen hergestellt, deren Obertheile mit Leinwand bespannt und schräg aufgeklappt für die Kinder Platz bieten.

Die gepolsterten Tafeln, welche zur Aufnahme von je 2 bis 4 Kindern dienen, nehmen fast gar keinen Raum fort; dagegen haben die Holzrahmen den Vortheil, daß sie auch ausserhalb des Saales, in der bedeckten Halle oder im Garten, zweckmäßige Verwendung finden können.

Die Aufenthaltsräume liegen in der Regel im Erdgeschofs. Zur Verbindung mit dem Hofe und dem Garten werden statt der Treppen flach geneigte Rampen angelegt, um den größeren Kindern die eigene Fortbewegung ohne Gefahr zu ermöglichen. Wird ausnahmsweise eine andere Anordnung bedingt vergl. Art. 144, so ist es nützlich, auch die zu den Obergeschossen führenden Treppen durch Rampen zu ersetzen.

Die Gehschule besteht, wie Fig. 71 zeigt, aus einem kreis- oder eiförmigen hölzernen Gehege, in dessen Mitteltheil oftmals eine Sitz- und Tischreihe angebracht wird.

Die Wände des Aufenthaltsraumes der größeren Kinder können zweckmäßig zum Aufhängen von Bildern benutzt werden, die für den Anschauungsunterricht dienen; einige Spielfachen, auf- und niedergehende Wippen, gleitende bunte Kugeln u. dergl. find zur Unterhaltung der Kinder nützlich.

Das Badezimmer foll fich in nächfter Nähe des für die kleinften Kinder beftimmten Raumes befinden; es ift mit Badewannen und Wickeltifchen auszuftatten. Die Badewannen werden entweder auf die Tifche geftellt oder in diefe vertieft eingelaffen; die letztere Anordnung geftattet es, die Tifche in zweckmäfsiger Weife zugleich zum Wickeln der Kinder zu benutzen; die Wickelkiffen liegen alsdann neben den Wannen und werden durch übergedeckte Gummitücher gegen Näffe gefchützt. Zur Aufbewahrung der Seife und anderer Wafchgeräthe dienen hölzerne Geftelle, welche über den Badetifchen oder an den Wänden angebracht werden;

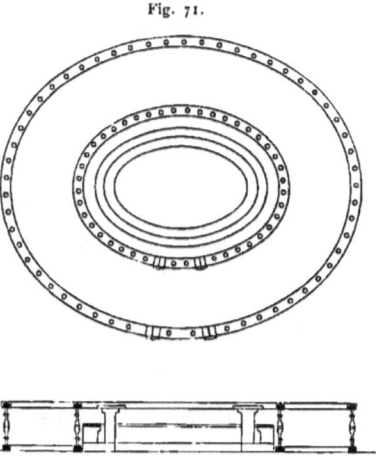

Fig. 71.

Gehfchule. — 1/100 n. Gr.

für jedes Kind find zwei numerirte Schwämme vorhanden und an Haken aufgehängt.

Durch Vorforge eines Einwurffchachtes, welcher die fchmutzige Wäfche unmittelbar in die Wafchküche befördern läfft, ift der Dienft fehr zu erleichtern. Kaltes und warmes Waffer mufs mit Rohrleitungen und Hähnen bequem zur Verfügung ftehen; die Warmwafferleitung kann zum Vorwärmen der Wäfche benutzt werden.

Die Kleiderablage ift möglichft geräumig anzulegen, damit fämmtliche Kleider der Kinder frei aufgehängt werden können. Das Auskleiden der Kinder und das Benutzen eigener, der Anftalt gehöriger Bekleidungsftücke ift nicht nur für die Reinhaltung, fondern namentlich für die rechtzeitige Erkenntnifs anfteckender Krankheiten, welche äufsere Merkmale haben, wie z. B. Scharlach, Mafern u. a., fehr nützlich.

Für die Bedürfnifs-Anftalt find Aborte in reichlicher Anzahl mit kräftiger Wafferfpülung und mit Ableitung in Schwemm-Canäle am zweckmäfsigften. Die Anzahl der für die Kinder beftimmten Aborte ift, wie für die Kleinkinder-Schulen gebräuchlich (vergl. die fchon angezogene Stelle im nächften Bande diefes »Handbuches«), auf mindeftens 4 für jedes Hundert Kinder, beffer jedoch zur Erleichterung des Betriebes noch höher anzunehmen.

In der Kochküche findet vortheilhaft ein Heizkeffel oder eine in den Herd eingebaute Heizfchlange zur Erwärmung des Badewaffers Platz.

Die Milchküche follte, wenn irgend möglich, dicht neben den Aufenthaltsräumen der Kinder liegen, um den Transport der von hier aus zu verabreichenden Milch und anderer Speifen zu erleichtern; Schüffeln, Teller, Saugflafchen u. a. find für jedes Kind numerirt in doppelter Anzahl vorräthig zu halten.

Die bedeckte Halle bildet einen fehr wichtigen Theil der Anftalt, weil fie die Möglichkeit gewährt, die Kinder den wohlthätigen Aufenthalt in frifcher Luft auch bei ungünftigem Wetter geniefsen zu laffen; fie follte defshalb grofs genug fein, um allen Kindern gleichzeitig Raum zu bieten. Die Halle wird am beften gegen Süden gerichtet, mit einem überftehenden Dach verfehen, an der Wetterfeite durch eine Glaswand oder durch hölzerne Stellwände gegen Wind und Regen gefchützt. Der Fufsboden foll gedielt fein, zweckmäfsig mit eichenen Riemen in Afphalt auf Beton, weil die Kinder oft auf dem Boden kriechen, auf einem Steinbelag fich alfo leicht erkälten können. Linoleum-Fufsbodenbeläge haben fich ebenfalls gut bewährt.

Die übrigen Räume werden einer befonderen Befchreibung nicht bedürfen. Ein Hauptwerth ift überall auf kräftige Lufterneuerung zu legen, weil der Betrieb, trotz gröfster Reinlichkeit und Sorgfalt, naturgemäfs eine Verunreinigung der Luft durch fchlechten Geruch mit fich bringt.

Aus diefer Erwägung ift es auch vortheilhaft, die Erwärmung aller Räume durch eine Sammelheizung zu bewirken, deren Betrieb während der winterlichen Jahreszeit das Anfaugen und Vorwärmen frifcher Luft zu unmittelbarer Folge hat; anderenfalls find eiferne Regulir-Mantelöfen mit äufserer Luft-Zuführung zu empfehlen. Auch fei noch auf die Erörterungen über Schullüftung und -Heizung im nächften Bande (Heft 1, Abfchn. 1, A, Kap. 2, unter d) diefes -Handbuches verwiefen.

b) Kinder-Bewahranftalten.

Für diefe Anftalten gelten im Einzelnen die Angaben, welche vorftehend für die Krippen gemacht worden find, mit der Einfchränkung, dafs die Einrichtungen, die dem Ruhebedürfnifs der ganz kleinen Kinder Rechnung tragen müffen, in Wegfall kommen, weil die Kinder erft mit dem dritten Lebensjahre den Anftalten zugeführt werden; es find ftatt deffen Sitzvorkehrungen in gröfserer Zahl zu befchaffen, auf denen die Kinder während ihrer gemeinfamen Befchäftigung, Unterhaltung und Belehrung Platz finden.

133. Vergleich mit den Krippen.

Die Bade-Einrichtungen können, im Vergleich mit den Krippen, ebenfalls eingefchränkt werden, weil die Kinder, welche von ihren Müttern am Morgen der Anftalt fauber gewafchen übergeben werden müffen, der regelmäfsigen und täglichen Bäder nicht mehr bedürfen.

Die Aufenthaltsräume der Kinder-Bewahranftalten werden gewöhnlich etwas kleiner bemeffen, als in den Krippen. In Frankreich, wo auch die Kinder-Bewahranftalten fich der ftaatlichen Fürforge fchon feit einer Reihe von Jahren erfreuen, ift durch neuere Minifterial-Verordnung für jedes Kind ein Flächenraum von 1,25 qm bei mindeftens 4 m Stockwerkshöhe vorgefchrieben; es wird dort ferner verlangt, dafs ein bedeckter gedielter Hof von gleicher Gröfse und ein offener, bekiester und mit Bäumen bepflanzter Hof von doppelter Gröfse vorhanden fein follen.

134. Raumbedarf und Einrichtung.

Die innere Einrichtung der Kinder-Bewahranftalten ift fowohl in Frankreich, als in England fehr ähnlich derjenigen in den *falles d'afile*, bezw. *infant fchools*, welche im nächften Bande (Heft 1, Abfchn. 1, B, Kap. 7) befchrieben werden follen und auch für deutfche Anftalten als Anhalt und Mufter dienen können.

Die Kinder-Bewahranftalten werden gleichfalls fehr häufig mit zweckverwandten anderen Anftalten, namentlich mit Krippen, Kleinkinder-Schulen, Kindergärten und Kinderhorten verbunden, fo dafs die nachftehend mitgetheilten Beifpiele ausgeführter Bauwerke zugleich für die Krippen und für die Kinder-Bewahranftalten eine Vergleichung darbieten.

135. Beifpiel 1.

Eine der älteften deutfchen Krippen, welche in einem zu diefem Zwecke befonders errichteten Neubau Platz gefunden hat, ift die *Olga*-Krippe zu Stuttgart; fie ift nach dem aus Fig. 72 erfichtlichen Plan auf einem von der Stadt gefchenkten Bauplatze 1875 errichtet (Arch.: *Walter*) und bietet Raum zur Aufnahme von 80 Kindern.

Es befinden fich im Kellergefchofs die Koch- und Wafchküche nebft Zubehör, die Heizkammer der Feuer-Luftheizung und die Wirthfchaftskeller; im Erdgefchofs 2 Aufenthaltsfäle mit Badezimmer, Kleiderablage und Abort, 3 Schlafzimmer, 1 Wärterzimmer und eine bedeckte Terraffe; im I. Obergefchofs ein Berathungszimmer für die Verwaltung mit Kleiderablage, 2 Wohn- und Schlafzimmer und Trockenboden.

Die Stockwerkshöhe beträgt im Erdgefchofs 4,4 m, im 1. Obergefchofs 3,0 m.

Die Verwaltung unterfteht dem Stuttgarter Frauenverein, durch deffen Beiträge auch die Mehrkoften des Betriebes gedeckt werden.

136. Beifpiel II.

Die *Maria-Apollonia*-Krippe zu Düren ift auf Koften des Commerzienraths *Hoefch* in einem fehr reichlich ausgeftatteten Neubau (Arch.: *Schleicher*) 1884 begründet worden; die Aufnahmezeit ift von 6 Uhr Morgens bis 8 Uhr Abends, der tägliche Koftenbeitrag für jedes Kind auf 10 Pfennige feft gefetzt.

Das Gebäude enthält im Kellergefchofs die Koch- und Wafchküchen mit Zubehör, die Feuerftellen der Sammel-Luftheizung und die Vorrathsräume; im Erdgefchofs, deffen Grundrifs in Fig. 74 beigegeben ift, je einen Aufenthaltsfaal von rund 50 qm Grundfläche für die kleinften, bezw. für die älteren Kinder, eine geräumige offene Halle, zwei Verwaltungszimmer, Milchküche, Badezimmer, Kleiderablage und Bedürfnifs-Anftalt; im 1. Obergefchofs ein Berathungszimmer für die Verwaltung, Schlafräume für das Perfonal, Bodenräume und einen Abort.

In dem für die Säuglinge beftimmten Saale ftehen 20 Bettchen; die Belegziffer der Anftalt ift auf höchftens 56 Kinder beftimmt.

Die Koften werden für den Bau auf 68 000 Mark und für die innere Einrichtung auf 20 000 Mark angegeben; zur Deckung der Mehrkoften des Betriebes ftehen die Zinfen eines Kapitals von 191 000 Mark zur Verfügung.

Fig. 72.

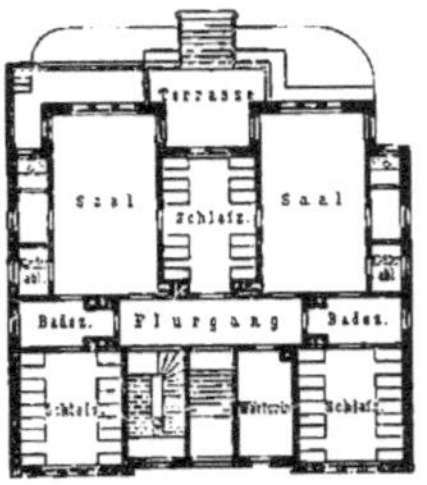

Olga-Krippe zu Stuttgart.
Erdgefchofs. — 1/500 n. Gr.
Arch.: *Walter*.

Fig. 74.

137. Beifpiel III.

Als Beifpiel einer kleineren Krippe wird die in einem Theile des für Miffionszwecke dienenden Vereinshaufes *St. Mattäi* zu Hamburg-Hammerbrook untergebrachte Anftalt mitgetheilt, welche 1887 von *Haftedt* erbaut worden ift.

Die Krippe benutzt den rechtfeitigen Theil des in Fig. 73 dargeftellten Gebäudes.

Fig. 73.

Krippe zu Hamburg-Hammerbrook.
Erdgefchofs.
Arch.: *Haftedt*.

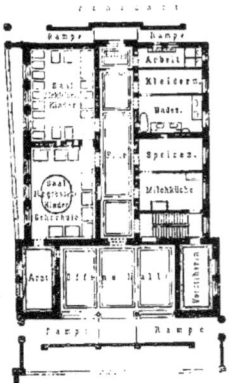

Maria-Apollonia-Krippe zu Düren.
Erdgefchofs.
Arch.: *Schleicher*.

1:500

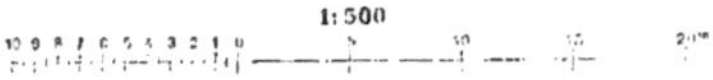

Sie enthält einen Saal von etwa 70 qm Grundfläche, welcher für 18 Kinder theils mit Bettchen, theils mit Wagen und aufserdem mit feften kleinen Tifchen und Bänken und mit einer Gehfchule ausgeftattet ift, fo wie einige Wohn- und Verwaltungsräume.

Die Koften des Betriebes, welcher von einer Diaconiffin, einer Gehilfin und einem Dienftmädchen beforgt wird, betragen jährlich etwa 2000 Mark. Die letztgenannten beiden Frauen haben ihre Schlafzimmer im II. Obergefchofs. Zur Heizung der Anftalt dienen Einzelöfen.

Unter den fehr zahlreich beftehenden gleichartigen franzöfifchen Anlagen find die beiden nachfolgenden Beifpiele ausgewählt.

Die Krippe für das XII. Arrondiffement in Paris (Arch.: *Berger-Bit & Despras*) enthält im Erdgefchofs einen Saal mit 15 Bettchen für die Säuglinge und einen etwas gröfseren Saal für die älteren Kinder, letzteren mit einer Gehfchule und mit 8 Ruhebetten ausgeftattet.

Die Anordnung diefer Säle, fo wie der zugehörigen Wirthfchaftsräume ift aus dem Erdgefchofs-Grundrifs in Fig. 75 [62]) erfichtlich. Der rechtsfeitige Theil des Vorderhaufes ift mit einem Obergefchofs überbaut, welches 2 Räume für die Verwaltung und ein kleines Krankenzimmer aufnimmt. Der Saal für die Säuglinge hat einen Flächenraum von rund 3 qm für jedes Bettchen; im Uebrigen ift die Zahl der aufzunehmenden Kinder keine ganz feft beftimmte.

Die Krippe zu Boulogne f. S., welche auf ftädtifche Koften durch *Billoret* erbaut worden ift, hat zur Aufnahme der Kinder die gleichen Räume, wie die vor-

Fig. 75.

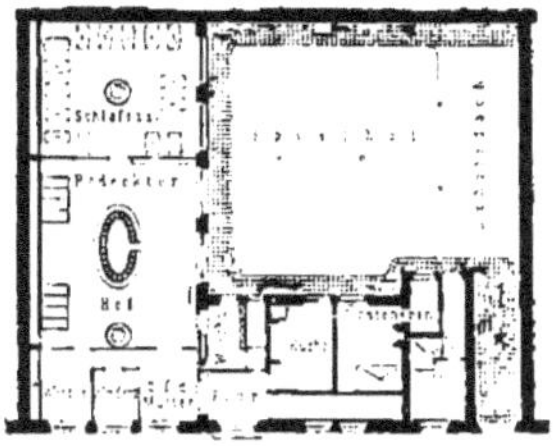

Fig. 76.

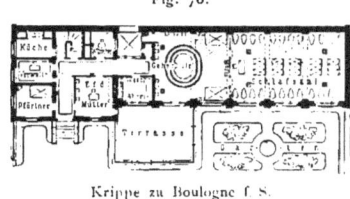

Krippe zu Boulogne f. S.
Erdgefchofs[63]).
Arch.: *Billoret*.

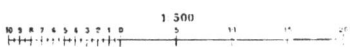

Krippe für das XII. Arrondiffement zu Paris.
Erdgefchofs[62]).
Arch.: *Berger-Bit & Despras*.

befchriebene Anftalt. Die Raumbemeffung ift jedoch eine knappere, fo dafs in dem für 39 Säuglinge eingerichteten Saal auf jedes Kind nur 1,7 qm Grundfläche entfallen.

Wie der oben ftehende Erdgefchofs-Grundrifs (Fig. 76 [63]) zeigt, hat hier eine abweichende Anordnung der Hoflage und der Raumvertheilung ftattgefunden; alle Wirthfchafts- und Verwaltungsräume finden im Erdgefchofs ihren Platz; das über dem Vorderbau an der Strafse ftehende Obergefchofs ift für eine Wohnung der Vorfteherin und für Schlafräume des Perfonals nutzbar gemacht.

Die Kinder-Bewahranftalt zu Halle a. S., 1889 von *Fahro* erbaut, ift das Beifpiel einer mit fparfamen Mitteln ausgeführten Anlage.

Die Anftalt fteht als Hinterhaus auf einem Hofe; fie befitzt, wie der in Fig. 77 mitgetheilte Erdgefchofs-Grundrifs zeigt, zwei grofse Räume, von denen der eine als Unterrichtsfaal, der andere als Efsfaal benutzt wird, ferner die Küche mit Zubehör, eine bedeckte Halle und die Bedürfnifs-Anftalt. Wafchküche und zwei Ställe für Kleinvieh find in einem getrennt ftehenden Häuschen untergebracht.

Das Obergefchofs enthält neben dem Aufenthaltsfaal eines Knabenhortes die Wohnräume für das Perfonal, welches aus einer Hausmutter, einer Lehrerin und einem Dienftmädchen befteht. Zur Heizung dienen eiferne Mantelöfen.

Die Anftalt ift für 100 Kinder eingerichtet; das wöchentliche Koftgeld beträgt 50 Pfennige; der erforderliche Zufchufs wird durch wohlthätige Spenden gedeckt. Die Gefammtbaukoften werden auf 33 100 Mark beziffert.

---

[62]) Nach: WILLIAM & FARGE. *Le recueil d'architecture.* Paris. 10e année, f. 25.
[63]) Nach ebendaf., 9e année, f. 54.

140. Beispiel VII.

In noch einfacherer Weise ist die Kinder-Bewahranstalt zu Kleefeld bei Hannover (Fig. 78) eingerichtet, welche 1878 von *Wilsdruff* erbaut wurde.

Diese Anstalt, welche ebenfalls bis zu 100 Kinder aufnimmt, enthält im Erdgeschofs, welches der unten stehende Grundrifs darstellt, drei Aufenthalts-Räume und die Bedurfnifs-Anstalt; die Wirthschaftsräume, Kochküche, Waschküche und Badezimmer befinden sich im Kellergeschofs, einige Schlafräume für das Warte-Personal im Dachgeschofs. Zur Heizung dienen Einzelöfen; die Baukosten haben nur 15 300 Mark betragen.

141. Beispiel VIII.

Mit gröfseren Mitteln sind dagegen die folgenden Anstalten ausgeführt.

Die Kinder-Bewahranstalt »Wilhelmspflege« zu Stuttgart, deren Erdgeschofs-Grundrifs in Fig. 79 beigegeben ist, wurde 1876 von *Wittmann & Stahl* erbaut.

Dieselbe enthält im Kellergeschofs die Waschküche und Brennmaterial-Räume; im Erdgeschofs 2 Spiel- und Schulfäle von etwa 50 qm Grundfläche, ein für Verwaltungszwecke verfügbares Zimmer, 2 Bedürfnifs-Anstalten und eine grofse, weit in den Garten hinausreichende bedeckte Veranda; im I. und II. Obergeschofs je eine Wohnung, so wie Wohn- und Schlafräume für das Pflege- und Dienst-Personal, und im Dachgeschofs eine kleine Wohnung und einige Kammern.

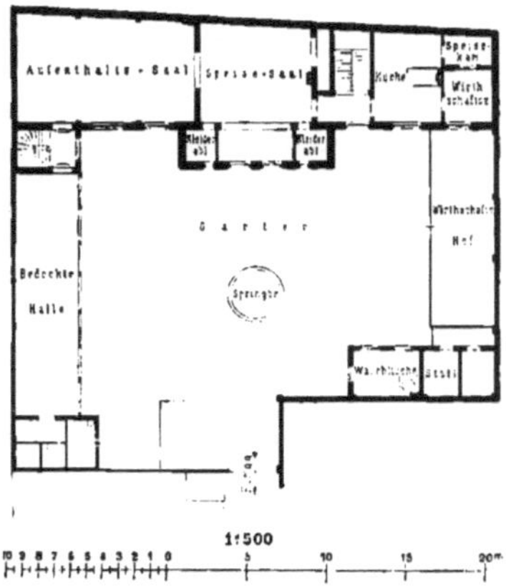

Fig. 77.

Kinder-Bewahranstalt zu Halle a. S.
Erdgeschofs.
Arch.: *Fahro*.

Fig. 78.

Kinder-Bewahranstalt zu Kleefeld. — Erdgeschofs.
Arch.: *Wilsdruff*.

Fig. 79.

Kinder-Bewahranstalt »Wilhelmspflege« zu Stuttgart. — Erdgeschofs.
Arch.: *Wittmann & Stahl*.

Fig. 80.

Kinder-Bewahranstalt zu Schildesche. Erdgeschofs.
Arch.: *Held*.

Die Stockwerkshöhe beträgt im Erdgeschofs 3,70 m; in den Obergeschossen 3,15 m; zur Erwärmung der Räume dient Ofenheizung.

Die Anstalt ist eben so wie die 1884 von *Wittmann & Stahl* erbaute Krippe und Kinderpflege „Zoar" zu Stuttgart von dem dortigen Verein für Kleinkinder-Bewahranstalten hergestellt und auf Kosten dieses Vereines im Betriebe.

142. Beispiel IX.

Die Kinder-Bewahranstalt zu Schildesche in Westfalen, 1890 von *Held* erbaut, ist, wie der Erdgeschofs-Grundrifs in Fig. 80 zeigt, so angeordnet, dafs die beiden Spiel- und Schulfäle zu Unterrichts- und gottesdienstlichen Zwecken vereinigt werden können.

Im Dachgeschofs liegen die Schlafzimmer für das Pflege- und Wirthschafts-Personal. Die Stockwerkshöhe in den Sälen beträgt 4,0 m, in den übrigen Räumen 3,2 m.

Die Kinder-Bewahranstalt zu Eupen umfaßt, wie der Erdgeschofs-Grundrifs in Fig. 81 zeigt, zwei Aufenthaltsräume von je 66 qm und eine Halle von rund 103 qm Grundfläche, ferner zwei Kleiderablagen und eine Bedürfnifs-Anstalt.

In die Halle, welche durch das I. Obergeschofs hindurchreicht, ist eine Galerie mit Treppe eingebaut; die letztere vermittelt den Verkehr in das Obergeschofs, welches einen Saal für Nähunterricht, einen Sitzungssaal für den die Anstalt leitenden Frauenverein und einige Wohnräume aufnimmt; die Wirthschaftsräume find im Kellergeschofs untergebracht.

Für eine Vereinigung von Krippen mit Kinder-Bewahranstalten geben die beiden folgenden Mittheilungen interessante Beispiele.

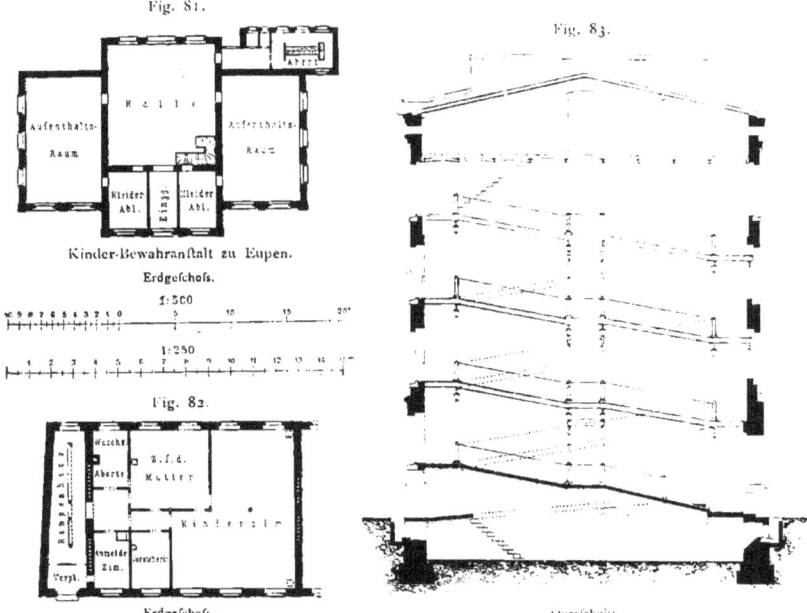

Fig. 81.
Kinder-Bewahranstalt zu Eupen.
Erdgeschofs.

Fig. 82.
Erdgeschofs.

Fig. 83.
Querschnitt.

Krippe und Kinder-Bewahranstalt der mechanischen Weberei zu Linden.

Die Krippe und Kinder-Bewahranstalt der mechanischen Weberei zu Linden bei Hannover, welche von der Verwaltung 1873 zur Aufnahme folcher Kinder etwa 200 an der Zahl) errichtet wurde, deren Mütter in der Fabrik mitarbeiten müssen, ist in so fern ganz eigenartig, als die bauliche Anlage einen Theil eines vierstöckigen Fabrikgebäudes bildet und deshalb für den Betrieb der Anstalt nicht nur im Erdgeschofs, sondern auch in drei Obergeschoffen nutzbar gemacht werden mufste.

Das Gebäude, deffen Erdgeschofs-Grundrifs und Querschnitt in Fig. 82 u. 83 dargestellt find, enthält im Kellergeschofs die Koch- und Waschküche nebst Zubehör; Aufzug und Wäfche-Einwurf setzen diefelben mit den Obergeschoffen in bequeme Verbindung.

Das Erdgeschofs ist für die Säuglinge, das I. Obergeschofs mit gleicher Raumeintheilung für die Kinder im Alter von 1 bis 2 Jahren bestimmt; die Säle haben eine Grundfläche von etwa 120 qm.

Handbuch der Architektur. IV. 5, b.

Im II. und III. Obergefchofs, in denen der Saal durch Hinzuziehen des Vorderzimmers auf 143 qm vergröfsert ift, finden die Kinder von 2 bis 6 Jahren, bezw. ältere Mädchen von 6 bis 14 Jahren Aufnahme. Der Knieftock gewährt Raum für Schlafzimmer des Warte-Perfonals und für den Trockenboden.

Das Perfonal befteht, je nach dem geringeren oder gröfseren Befuche der Anftalt, aus 4 bis 5 Diaconiffinnen, 12 bis 16 Wärterinnen und 5 bis 6 Dienftmädchen.

Zur Verbindung vom Erdgefchofs bis zum III. Obergefchofs dient in jedem Stockwerk eine leicht geneigte, afphaltirte Rampe, welche für die Kinder ohne Gefahr begehbar ift und mit den Kinderwagen befahren werden kann.

Die Baukoften werden auf rund 100000 Mark und die Betriebskoften, welche ebenfalls zu Laften der Fabrik ftehen, je nach dem Befuch durchfchnittlich auf 20000 Mark im Jahre beziffert; von letzteren Koften wird etwa die Hälfte durch die Beiträge der Mütter gedeckt, welche für die Säuglinge 2 Mark, für Kinder von 1 bis 2 Jahren 1,60 Mark, für Kinder von 2 bis 6 Jahren 1,20 Mark und für jedes ältere Kind 1 Mark wöchentlich betragen.

145. Beifpiel XII.

Das *Luifen*-Haus zu Karlsruhe (Arch.: *Strieder*), welches auf ftädtifche Koften errichtet wird und zur Zeit im Bau begriffen ift, enthält aufser einer Krippe und einer Kinder-Bewahranftalt eine Handarbeitsfchule und eine Kochfchule. Die Anftalt wird unter dem Protectorat der Grofsherzogin vom Badifchen Frauenverein verwaltet.

Die Raumvertheilung ift die folgende. Es befinden fich im Kellergefchofs die Küche nebft Zubehör für die Volksküche; im Erdgefchofs Speifefäle und Verwaltungsräume für die Volksküche, Lehr- und Spielfaal der Kinder-Bewahranftalt (50 bis 60 Kinder); im I. Obergefchofs, deffen Grundrifs in Fig. 84 mitgetheilt ift, 2 Aufenthaltsräume und 1 Schlaffaal mit Veranda für die Krippe, Ankleideräume, Kleiderablage, Küche und Bäder dazu, Speifezimmer für die Schweftern (30 bis 40 Kinder); im II. Obergefchofs 4 Räume für die Handarbeitfchule (80 bis 100 Mädchen im Alter von 14 bis 17 Jahren), Küche- und Speifezimmer für die Kochfchule (10 Mädchen); im Dachgefchofs Wohn- und Schlafräume für das Auffichts- und Dienft-Perfonal.

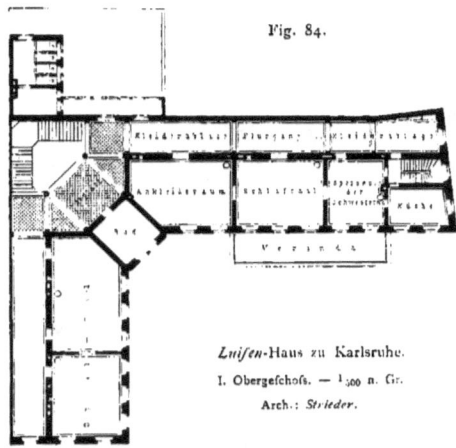

Fig. 84.

Luifen-Haus zu Karlsruhe.
I. Obergefchofs. — 1/100 n. Gr.
Arch.: *Strieder*.

An der Handarbeitfchule wirken eine Hauptlehrerin und 2 Hilfslehrerinnen.

Zur Heizung und Lüftung dienen Einzelöfen mit äufserer Luft-Zuführung und Abzugsfchlote. Das Gebäude ift in gefugtem Backfteinbau errichtet und wird nach dem Baukoften-Voranfchlag eine Aufwendung von rund 200000 Mark erfordern.

Literatur

über »Krippen und Kinder-Bewahranftalten«.

a) Anlage und Einrichtung.

HEUZÉ, L. *Defcription, plans et détails des établiffements de bienfaifance. Crèches, falles d'afile, ouvroirs bureaux de bienfaifance.* Paris 1851.
Crèches. Revue gén. de l'arch. 1851, S. 161 u. Pl. 17.
Les crèches. Gaz. des arch. et du bât. 1873, S. 94.
WEIR, C. *The fanitary and moral influence of the crèche. Sanit. record,* Bd. 11, S. 1.

MAREREAU, J. B. F. *Des crèches.* Paris 1845.
Bericht über die Allgemeine deutsche Ausstellung auf dem Gebiete der Hygiene und des Rettungswesens. Berlin 1882—83. Herausg. v. P. BOERNER. I. Band. Breslau 1885. S. 360.

3) Ausführungen.

LAVERDANT, D. & J. DELBRÜCK. Einrichtung einer Bewahranstalt für ganz kleine Kinder. ROMBERGs Zeitschr. f. pract. Bauk. f. 1852, S. 13.
École communale et asile de la ville de Paris, à Grenelle. Nouv. annales de la const. 1872, S. 98.
LANCK. *Établissement de nourrices. Gaz. des arch. et du bât.* 1873, S. 81.
Salle d'asile à Nice. Encyclopédie d'arch. 1873, S. 62 u. Pl. 112, 113, 130.
Bericht über die Entstehung, Einrichtung und Unterhaltung der Kinder-Pflegeanstalt der Actien-Gesellschaft Mechanische Weberei zu Linden in Linden vor Hannover.
Die Kinder-Pflegeanstalt der Aktien-Gesellschaft »Mechanische Weberei zu Linden«. Hannov. Wochbl. f. Hand. u. Gwb. 1882, S. 449, 470.
SCHLEICHER, W. Die Maria-Apollonia-Krippe zu Düren. Deutsche Bauz. 1887. S. 73. 77.
BERGER, BIT & DESPRAS. *Crèche Piepus à Paris. Nouv. annales de la const.* 1887. S. 117.
Architektonisches Skizzen-Buch. Berlin.
    Heft 73, Bl. 1: Kinderkrippe zu Frankfurt a/M.; von PICHLER.
SCHITTENHELM, F. Privat- und Gemeindebauten. Stuttgart 1876—78.
    Heft 10, Bl. 1 u. 2: Krippe (Kleinkinder-Verpflegungs-Anstalt) in Stuttgart; von C. WALTER.
Kinder-Bewahranstalt zu Hamburg: Hamburg und seine Bauten, unter Berücksichtigung der Nachbarstädte Altona und Wandsbeck. Hamburg 1890. S. 129.
LAMBERT & STAHL. Privat- und Gemeindebauten. II. Serie. Stuttgart.
    Heft 12, Bl. 4: Krippe Zoar in Stuttgart; von WITTMANN & STAHL.
WULLIAM & FARGE. *Le recueil d'architecture.* Paris.
    9e année, f. 54: *Crèche municipale à Boulogne-sur-Seine.*
    10e année, f. 25, 26: *Crèche pour le XIIe arrondissement, Paris.*

c) Kinderhorte.

Die Kinderhorte, auch Knaben-, Mädchen- oder Lehrlingshorte genannt, erfordern, ihrem Zwecke entsprechend, Aufenthaltsräume, in denen die Kinder unter der Aufsicht von Lehrern und Lehrerinnen ihre Schularbeiten verrichten und nach Beendigung der letzteren mit Handarbeiten oder in gemeinsamem Spiel, bezw. mit Unterhaltungslecture, Bilderbüchern und Zeichenvorlagen oder mit Gesang beschäftigt werden.

146. Raumbedarf.

Für die gute Jahreszeit treten an Stelle der Unterhaltung im geschlossenen Raume auch Freispiele, Turnübungen und Gartenarbeit, zu deren Vornahme ein grosser Spielplatz und Garten erwünscht sind.

Als Handarbeit für die Knaben wird besonders leichte Holzschnitz- und Klebarbeit gepflegt; es wird auch versucht, diese Arbeiten für den Verkauf geeignet zu machen, um aus dem Erlös eine Spareinlage für die Kinder zu ermöglichen.

Da die Kinder Nachmittags bei ihrer Ankunft eine kleine Mahlzeit erhalten, eine warme Suppe oder wenigstens eine Tasse Milch mit Brötchen, so ist für die kalte Jahreszeit eine kleine Küche sehr nützlich; bisweilen wird die Mahlzeit einer benachbarten Volksküche entnommen, und es ist dann auf Anbringung einer besonderen Kochgelegenheit eher Verzicht zu leisten. Eine Bade-Einrichtung ist unter allen Umständen zweckmässig und wird besonders im Sommer gute Dienste thun; das im nächsten Bande (Heft 1, Abschn. 1, A, Kap. 4 unter a) dieses Handbuches beschriebene Brausebad ist hierzu seiner Billigkeit wegen an erster Stelle zu empfehlen.

147. Anlage und Einrichtung.

In so fern ein Kinderhort nicht, wie vorerwähnt, mit anderen zur Kinderpflege bestimmten Anstalten verbunden wird, sind die Raumerfordernisse und die innere Einrichtung zu einfach, als dass sie einer eingehenderen Beschreibung bedürften. Es genügen fchon zwei grofse Räume mit Hof und Garten, einer Kochgelegenheit, einer Bedürfnifs-Anftalt und einem Baderaum, um 60 und mehr Kindern zweckmäfsige Aufnahme zu gewähren.

Als Mobiliar find Tifche mit Stühlen oder Bänken zum Arbeitsplatz für die Kinder, einige Schränke zur Aufbewahrung der Bücher, Vorlagen und Spielgeräthe, fo wie einige Werkzeuge, Schnitz- und Hobelbank u. dergl. erforderlich.

Die Knabenhorte haben als Handarbeitfchulen (*Slöjd*-Schulen) befonders in Schweden grofse Verbreitung gefunden. Eine der älteften Anlagen ift die Knaben-Arbeitsanftalt zu Darmftadt, die, im Jahre 1828 gegründet, jetzt 400 Knaben befchäftigt.

d) Ferien-Colonien.

148. Begründung und Zweck.

Die Ferien-Colonien, welche im Auslande, z. B. in Dänemark, fchon feit längerer Zeit beftanden, find im Jahre 1876 von *Bion* in Zürich für die Schweiz eingeführt und feitdem, befonders unter Mitwirkung *Varrentrapp*'s, fchnell und allgemein in Deutfchland und Oefterreich, fo wie auch in anderen Ländern verbreitet worden.

Sie haben den Zweck, die Nachtheile, welche die Kinder armer Eltern während der Anftrengung der fchulpflichtigen Zeit durch mangelhafte Wohnungs- und Ernährungsverhältniffe erleiden, dadurch auszugleichen, dafs die Kinder während der Sommerferien, in der Regel alfo auf eine Dauer von 4 Wochen, auswärts in gefunder Luft, im Walde, im Gebirge oder an der Seeküfte in Pflege gegeben werden. Die Kinder werden entweder unter Auffficht von Lehrern und Lehrerinnen fortgefchickt, oder fie werden, was in neuerer Zeit der Koftenerfparnifs halber und mit fonftigem guten Erfolge viel verfucht worden ift, bis zu einer Anzahl von je 30 einem verheiratheten Lehrer auf dem Lande zur Beauffichtigung überwiefen. In ihrem zeitweiligen Aufenthaltsorte find die Kinder entweder in gefchloffener Colonie in einem Gafthaufe untergebracht, oder fie wohnen getrennt bei anderen Familien, fo dafs fie nur zu den gemeinfamen Spielen und Spaziergängen zufammenkommen.

Die vorzüglichen Erfolge diefer Erholungszeit für die Kinder in gefundheitlicher und fittlicher Beziehung find unzweifelhaft nachgewiefen; in erfterer Beziehung find befonders eine verftärkte Zunahme des Körpergewichtes, verbefferte Blutbildung und Hebung der allgemeinen Körperkraft durch exacte Unterfuchungen, Wägung und Meffung, feft geftellt worden.

Die Ferien-Colonien verdanken ihre Unterhaltung lediglich der privaten Wohlthätigkeit; fie find jedoch, je länger je mehr, auch Seitens der Behörden anerkannt und z. B. Seitens der Eifenbahn- und Dampffchiff-Verwaltungen durch Gewährung ermäfsigter Fahrpreife für die Kinder unterftützt worden.

149. Anlage.

Zu einer Befchreibung der baulichen Anordnung und Einrichtung bietet eine Ferien-Colonie naturgemäfs keinen Anlafs; es genügt, wenn die Kinder den allgemein geltenden gefundheitlichen Regeln entfprechend untergebracht und verpflegt werden. Neuerdings hat man jedoch den gewifs nachahmenswerthen Verfuch gemacht, entweder einen verfügbaren Theil einer in befonders freier und waldiger Umgebung liegenden, anderen Zwecken dienenden Pflegeanftalt zeitweife zur Aufnahme einer Ferien-Colonie nutzbar zu machen oder der Ferien-Colonie ein eigenes Heim zu fchaffen und diefes für die frei bleibende Zeit und zugleich für den Nothfall anderweitig, z. B. als Kriegs-Lazareth, zur Verfügung zu halten.

Als Beispiel der ersteren Art wird auf die Mittheilung über das Reconvalescenten-Haus »Lovisa« (Art. 85, S. 74) hingewiesen; die letztere Anordnung ist in Budapest zur Ausführung in Vorbereitung [61]).

5. Kapitel.
Findel- und Waisenhäuser.

Die Findel- und Waisenhäuser, auch Kinder-Asyle und Asyle für verlassene Kinder genannt, sind eben so, wie die vorbeschriebenen Anstalten, zur Pflege und Erziehung der Kinder bestimmt, jedoch mit dem wesentlichen Unterschiede, dass sie in der Regel den Kindern so lange, bis diese zum Eintritt in einen Lebensberuf befähigt sind, dauernden Aufenthalt gewähren.

a) Findelhäuser.

Die Findelhäuser sind sehr frühzeitig, besonders auf Anlass der katholischen Kirche, errichtet worden — erstmals nachweisbar in Mailand 787 — zu dem Zwecke, die Kinder, und namentlich die neugeborenen, gegen gefährliche Aussetzung und gegen Mord zu schützen; sie haben sich jedoch, trotz ihrer anfänglichen grossen Verbreitung, auf die Dauer, und besonders in protestantischen Ländern, nicht behaupten können.

Wenn auch der grosse Nutzen, welcher durch die Verminderung der Kindersterblichkeit erwächst, unbestreitbar ist, so wird andererseits mit Recht hervorgehoben und durch die Erfahrung bewiesen, dass sich in Folge des Bestehens der Findelhäuser die Sittlichkeit der Bevölkerung verschlechtert und der Familiensinn vermindert; überdies ist im Durchschnitt die Sterblichkeit in den Findelhäusern eine sehr grosse, das erzieherische Ergebnis ein wenig günstiges und die zu Lasten der Allgemeinheit zu übernehmende Ausgabe eine übermässig hohe.

Im Allgemeinen ging man früher von der Ansicht aus, dass den Eltern der ausgesetzten Kinder nicht nachgeforscht werden dürfe. In Frankreich und in Italien ist man sogar dahin gekommen, die Kinder ohne weitere Angaben durch einen in Form einer Drehlade hergestellten Aufnahme-Schalter der Anstalt übergeben zu lassen. Die aus dieser allzu grossen Erleichterung folgende Steigerung des Aussetzens ist alsdann durch Abschaffung der Drehlade (in Paris 1865), durch Controle der Uebergabe der Kinder und namentlich durch Einschränken der Findelhäuser und Verschicken der Kinder in auswärtige Pflegstätten wieder vermindert worden.

In Italien, wo die Drehladen vielfach im Gebrauch geblieben sind, bezifferte man 1882 die Zahl der Findelhäuser auf 118 und die Zahl der auf öffentliche Kosten verpflegten Kinder auf 140 000, von denen 92 000 in Familien oder bei Ammen untergebracht waren; schätzungsweise wurde angenommen, dass von je 1000 ausgesetzten Kindern 34 ehelich geboren waren.

In Russland haben die Findelhäuser ebenfalls ihren Bestand behauptet. Besondere Erwähnung verdienen die grossartigen Anstalten zu St. Petersburg und Moskau, deren Pfleglingsziffer auf 50 000, bezw. 40 000 angegeben wird. Die Kinder werden zumeist ohne Nachforschung über ihre Herkunft aufgenommen, in der Anstalt etwa 4 bis 6 Wochen verpflegt und dann auf dem Lande untergebracht, man glaubt, dass unter 5 ausgesetzten Kindern je eines ehelicher Geburt ist.

In Deutschland ist nicht nur die Strafbarkeit der Kinderaussetzung, sondern im grössten Theile des Reiches auch die Verpflichtung des Vaters zur Unterhaltung der

---

[61]) Siehe auch: Haus des Vereins für Ferienkolonien in Lübeck auf der Priwall-Halbinsel bei Travemünde. Bauzwgs.-Ztg. 1884, S. 502.

aufserehelich geborenen Kinder gefetzlich beftätigt und dadurch der fchlimmfte Nothftand für die neugeborenen Kinder befeitigt worden. Es konnten defshalb die vorftehend angedeuteten Nachtheile der Findelhäufer unbefangen gewürdigt werden, und es wird fich in Folge deffen in Deutfchland z. Z. kaum noch ein Findelhaus im Gebrauche erhalten haben.

Aehnlich liegen die Verhältniffe in Oefterreich; es beftehen dort nur noch in Wien, Prag und einigen anderen Orten Findelhäufer, die zufammen für etwa 400 Kinder Raum bieten. Bei weitem der gröfste Theil der Kinder wird aus öffentlichen Entbindungshäufern übernommen und ebenfalls in Aufsenpflege gegeben. Diefe Anftalten, eben fo wie die in Deutfchland unter dem Namen Findelhaus, Kinder-Afyl oder Afyl für verlaffene Kinder, z. B. in Dresden, München u. a. O. noch beftehenden, unterfcheiden fich von den Waifenhäufern alfo nur darin, dafs fie in erfter Linie beftimmt find, vaterlofe, von erwerbsunfähigen Müttern geborene oder von ihren Eltern widerrechtlich verlaffene Kinder fo lange aufzunehmen, bis über deren Verforgung anderweitige Verfügung getroffen werden kann.

Die bauliche Anordnung, die Einrichtung und der Betrieb der Findelhäufer ftimmen naturgemäfs mit denen der Waifenhäufer vollkommen überein, fo dafs auf die nachfolgende Befchreibung der letzteren und auf die hinzugefügten Beifpiele hier verwiefen werden darf.

Literatur
über »Findelhäufer«.

ESQUIROS, A. & E. WEIL. Die Irrenhäufer, die Findelhäufer und die Taubftummen-Anftalten zu Paris etc. Stuttgart 1852.
Findelhaus in Dresden: Die Bauten, technifchen und induftriellen Anlagen von Dresden. Dresden 1878. S. 257.
EPSTEIN, A. Studien zur Frage der Findelanftalten etc. Prag 1882.
RAUDNITZ, R. Die Findelpflege etc. Wien 1886.
Afyl für verlaffene Kinder im V. Bezirk, Laurenzgaffe (Wien). Wochfchr. d. öft. Ing.- u. Arch.-Ver. 1889, S. 407.

b) Waifenhäufer.

153. Zweck.

Die Fürforge für elternlofe, verwaifte oder verlaffene Kinder hat von Alters her in wohlthätigen Stiftungen und grofsen Geldzuwendungen einen kräftigen Ausdruck gefunden. Eben fo haben es aber auch die Gemeindeverwaltungen als ihre Aufgabe erkennen müffen, nicht nur durch Gewährung von Obdach und Nahrung die ihrer Fürforge zufallenden Kinder vor dem Untergange zu fchützen, fondern fie zugleich erziehen zu laffen, um fie in den Stand zu fetzen, ihren Weg durch das Leben mit eigener Kraft gehen zu können, und um zugleich auf diefe Weife der weiteren Vermehrung von Elend und Sittenlofigkeit im heranwachfenden Gefchlecht entgegen zu treten.

In Folge deffen giebt es wohl kaum eine gröfsere Stadt in Deutfchland und eben fo in anderen Ländern, in welcher nicht eine zur Waifenpflege beftimmte Anftalt beftände oder beftanden hätte. Vielfach haben diefelben in alten Stiftshäufern und Kloftergebäuden ihren Platz gefunden, oder es find zu ihrer Aufnahme umfangreiche Neubauten errichtet worden.

Unter den älteften Anftalten in Deutfchland mag das Waifenhaus zu Augsburg (1572), fodann als eine der bedeutendften das Waifenhaus zu Halle a. S. (welches 1695 durch *Francke* gegründet ift) erwähnt werden.

In jüngster Zeit sind mehrfache Bedenken dahin gehend erwachsen, dass die Erziehung in grosen Anstalten mancherlei Gefahren für die Sitten und den Charakter der Kinder mit sich bringen müsse, und es mehren sich die Versuche, die Kinder wieder, wie dies namentlich in Deutschland von Alters her Gebrauch gewesen war, zu ihrer Erziehung in Familien zurückzugeben.

Die Kinder werden einzeln oder zu mehreren, auch vereinigt nach ihrer Familienzusammengehörigkeit, nach sorgsamer Auswahl der Pflegeeltern, in kleinen Ortschaften oder auf dem Lande gegen bestimmtes Kostgeld untergebracht; die Pflege, sowohl in körperlicher als geistiger Beziehung, wird Seitens der Waisenbehörden, mit Hilfe der Ortsgeistlichen und Lehrer, unter sorgfältiger Aufsicht gehalten. Sobald irgend welche Vernachlässigung oder eine unerlaubte Verwendung der Arbeitskraft der Kinder wahrgenommen wird, werden die letzteren den betreffenden Pflegeeltern entzogen. Zum Unterricht dienen die Volksschulen der Unterkunftsorte, bisweilen auch besondere Fachschulen.

In vielen deutschen Städten sind diese Versuche sowohl in Bezug auf die erzieherischen Ergebnisse, als auch auf die vergleichsweise erwachsenden Gesammtkosten von sehr günstigem Erfolge begleitet gewesen; es hat sich in vielen Fällen zwischen den Pflegeeltern und den verwaisten Kindern ein herzliches Verhältnis gebildet, so dass die gezahlte Entschädigung nicht den einzigen Anlass bot, die Kinder in der Familie zu behalten und sie, je länger je mehr, als Mitglieder derselben anzusehen. Es darf deshalb wohl erwartet werden, dass fortschreitendes Bemühen auf diesem Wege für die Kinder das Bestmögliche finden lassen wird. Thatsächlich haben sich schon jetzt, nach verhältnismäsig kurzer Zeit, viele deutsche Stadtverwaltungen veranlasst gesehen, vorhandene Waisenhäuser aufzugeben und für andere Zwecke nutzbar zu machen.

Naturgemäs kann eine derartige Unterbringung der Waisenkinder in Kost und Pflege keinen weiteren Anlass zur Beschreibung besonderer baulicher Anlagen und Einrichtungen bieten.

Bezüglich der baulichen Anordnung der Waisenhäuser ist grundsätzlich zu betonen, dass der früher allgemein üblich gewesene Bau groser, geschlossener Gebäude als aufgegeben angesehen werden kann. Man hat, eben so wie bei Krankenhäusern, Casernen u. a., die unvermeidlichen Nachtheile in gesundheitlicher Beziehung erkennen müssen, welche durch die dauernde Anhäufung vieler Kinder unter einem Dache geschaffen werden, und man musste für die Waisenhäuser um so mehr auf Abhilfe Bedacht nehmen, als diesen gesundheitlichen Nachtheilen noch die sittlichen Bedenken hinzutreten, welche für die heranwachsenden Kinder durch die Annäherung der Geschlechter hervorgerufen werden.

Diesen schwer wiegenden Bedenken gegenüber konnte der Steigerung der Bau- und Verwaltungskosten, welche durch eine Theilung der Kinderzahl in kleinen Gruppen und durch Unterbringung dieser Gruppen in verschiedenen, von einander räumlich getrennt stehenden Gebäuden allerdings erwächst, eine entscheidende Bedeutung nicht länger beigemessen werden, und so darf man wohl behaupten, dass für neue Waisenhäuser, falls dieselben für eine gröfsere Kinderzahl überhaupt noch erbaut werden, das Zerstreuungs-System (Pavillon-System) jetzt allein Anwendung finden darf.

Als eines der frühesten und noch heute mustergiltigen Beispiele einer solchen Anlage ist das mehrfach veröffentlichte, 1859 erbaute Waisenhaus der Stadt Berlin zu Rummelsburg (Arch.: *Holtzmann*) zu erwähnen, dessen Lageplan in Fig. 85 [65] mitgetheilt wird. Die Anstalt umfasst acht Abtheilungshäuser für je 50 Knaben, bezw. Mädchen [66]).

---

[65] Nach: Deutsches Bauhandbuch. Bd. II, 2. Berlin 1884. S. 355.
[66] Siehe: Berlin und seine Bauten. Berlin 1877. Theil I, S. 98.

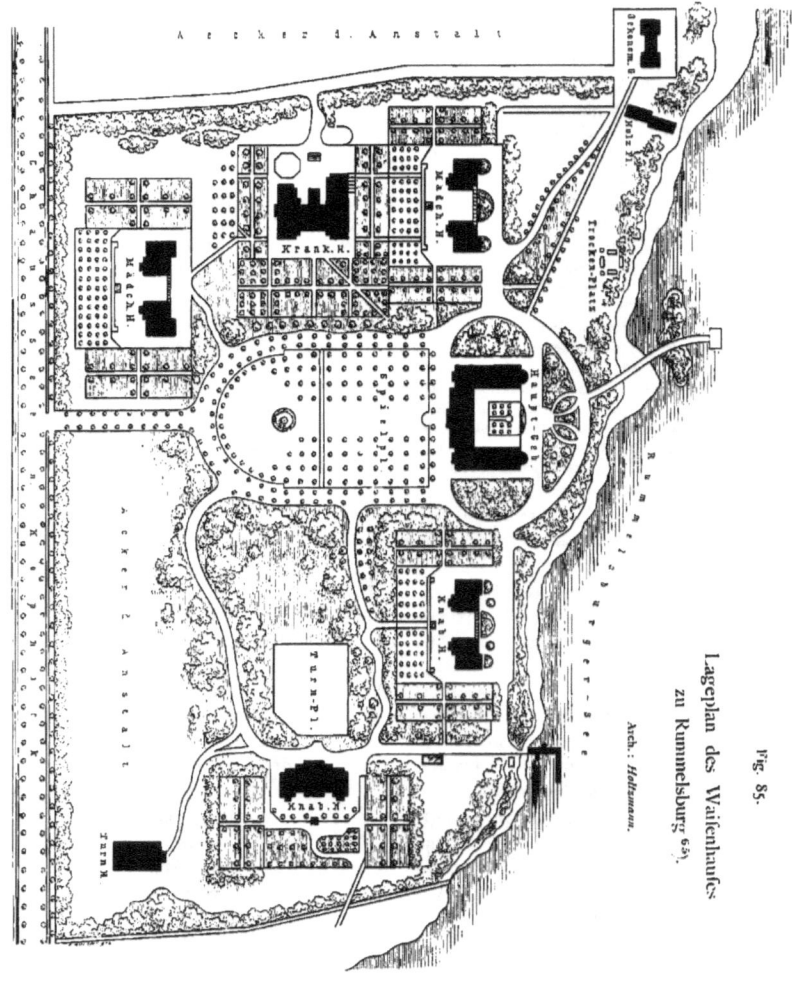

Fig. 85.
Lageplan des Waisenhauses zu Rummelsburg.
Arch.: Holtzmann.

Behufs Vergleichung mit einer in ungefähr gleicher Bauzeit (1858) entstandenen geschlossenen Bauanlage gröfseren Umfanges wird in Fig. 86 der Lageplan des für 500 Kinder (Knaben und Mädchen) dienenden Waisenhauses auf der Uhlenhorst bei Hamburg (Arch.: *Luis*) beigegeben.

Für gröfsere geschlossene Waisenhäuser wird die Aehnlichkeit mit den in Theil IV, Halbband 7 (Abth. VII, Abschn. 2, Kap. 3, unter c) dieses Handbuches

Fig. 86.

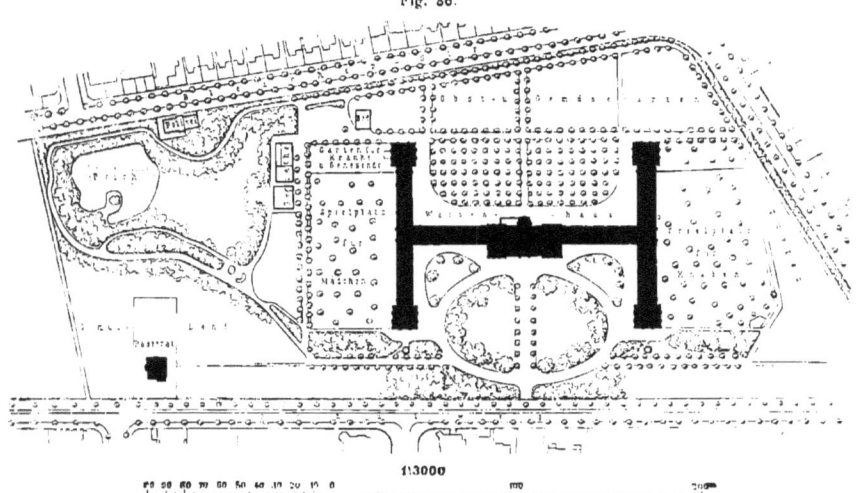

Lageplan des Waisenhauses zu Uhlenhorst.
Arch.: *Luis*.

beschriebenen Erziehungs- und Besserungs-Anstalten zu betonen und auf die dort mitgetheilten Regeln und Beispiele hinzuweisen sein.

In neuerer Zeit ist ein thatkräftiger Anstofs zur Erbauung kleinerer Waisenhäuser für Deutschland aus der im Jahre 1880 erfolgten Gründung der deutschen Reichsfechtschule erwachsen, die, aus ganz geringen Anfängen hervorgegangen, jetzt schon viele Hunderttausende von Mitgliedern zählt. Die Leistungen des Vereines haben sich zunächst dem Waisenhause zu Lahr und sodann dem Bau eigener, für je 50 Kinder — je 30 bis 35 Knaben und 15 bis 20 Mädchen — bestimmter kleiner Waisenhäuser zugewendet. Von letzteren sind z. B. im Jahre 1875 die Waisenhäuser zu Schwabach und zu Magdeburg vollendet worden. (Siehe Art. 166.)

Eine zweite Grundregel für die bauliche Anordnung ist dahin aufzustellen, dafs die Knaben-Abtheilung von der Mädchen-Abtheilung in allen Räumen, abgesehen von einer etwa vorhandenen Capelle, von Festräumen u. dergl., so getrennt sein muss, dafs die Kinder auch auf Treppen und Flurgängen nicht zusammentreffen. Bei geschlossener Bauanlage findet die Trennung in lothrechter Richtung statt; ist die Anstalt nach dem Pavillon-System erbaut, so werden selbstverständlich die einzelnen

Pavillons für eine beftimmte, zweckmäfsig nicht über 50 hinausgehende Anzahl von Knaben oder Mädchen eingerichtet. Jede diefer Abtheilungen, Familie genannt, fteht unter der Obhut eines verheiratheten Lehrers, für welchen in dem Pavillon eine Wohnung vorzuforgen ift.

Sehr vortheilhaft ift die Unterbringung der Kinder in zerftreuten Gebäuden auf einem gröfseren Grundftücke fchon defshalb, weil die Zöglinge alsdann zu gärtnerifchen und landwirthfchaftlichen Arbeiten verwendet und hiermit auf einen nützlichen Lebensberuf vorbereitet werden können.

258 Raumerfordernifs.
Die zum Betriebe der Waifenhäufer — eben fo der Findelhäufer und Kinder-Afyle — erforderlichen Räume zerfallen in folgende Abtheilungen:

1) Verwaltungsräume,
2) Wirthfchaftsräume,
3) Wohn- und Arbeitsräume,
4) Schlafräume,
5) Krankenzimmer,
6) Bäder und Bedürfnifs-Anftalten.

Es find dies nahezu die gleichen Räume und Raumgruppen, welche im nächften Bande (Heft 1) diefes »Handbuches« als die in »Penfionaten und Alumnaten«, fo wie in »Lehrer- und Lehrerinnen-Seminaren« (fiehe Abfchn. 1, D, Kap. 13 u. 14 dafelbft) erforderlichen Räume und Anlagen anzuführen fein werden. Diefe Räume und Anlagen werden an den bezeichneten Stellen bezüglich ihrer Gröfse, Ausftattung etc. fo eingehend befprochen werden, dafs an diefer Stelle nur das Nachfolgende zu fagen ift.

259. Verwaltungsräume.
Für die Verwaltung ift als Bedarf namhaft zu machen: die Wohnungen für den Verwalter, für Lehrer und Beamte, ferner Bureau- und Regiftratur-Räume, fo wie für gröfsere Anftalten eine Capelle oder ein Betfaal und ein Verfammlungs-, Mufik- oder Feftfaal. In letzteren ift für jedes Kind eine Grundfläche von etwa 0,6 qm zu rechnen; eine befondere Befchreibung erfcheint entbehrlich; beftimmungsgemäfs mufs auch hier gröfste Einfachheit der Ausftattung beobachtet werden.

260. Wirthfchaftsräume.
Es wird in der Regel verlangt, dafs die älteren Waifenmädchen zu ihrer eigenen Ausbildung und zur Verminderung der Betriebskoften in der Wirthfchaft befchäftigt werden. Die Koch- und Wafch-Einrichtungen find alsdann durchweg für Handarbeit vorzufehen; für die Kochküche find doppelwandige Kochtöpfe (nach den Syftemen *Senking*, *Becker* etc., fiehe hierüber das in Theil III, Band 5, Abth. IV, Abfchn. 5, A, Kap. 1, unter b diefes »Handbuches« über Maffen-Kocheinrichtungen« Gefagte) zu empfehlen. Anderenfalls kann mit Nutzen auch Dampfbetrieb für Koch- und Wafchküche verwendet werden.

Die Gröfse der Küchenräume und eben fo Zahl und Umfang der Nebenräume richten fich nach der Kopfzahl der Pfleglinge; für die Küche wird bei gröfseren Anftalten ein Flächenraum von mindeftens 0,20 qm für jedes Kind zu rechnen fein.

261. Wohn- und Arbeitsräume.
Die Wohn- und Arbeitsräume erfordern für jeden Pflegling mindeftens 2 qm Grundfläche bei 4 m Stockwerkshöhe. Die Ausftattung ift eine fehr einfache; in der Regel genügen Tifche, Stühle oder Bänke und einige Schränke. Befondere Lehrräume werden nicht beanfprucht, in fo fern die Kinder einer nahe liegenden Volksfchule zugeführt werden können; anderenfalls gelten die für die Lehrclaffen im nächften Halbbande (Heft 1, Abfchn. 1, A, Kap. 2) diefes »Handbuches« aufzuftellenden Grundfätze.

Die Grundfläche in den Schlafraumen ist etwa doppelt so grofs, wie für die Wohnräume zu bemessen; auf reichliche Erhellung ist Bedacht zu nehmen. In gröfseren Schlaffälen, deren Bettenzahl nicht viel über 20 gesteigert werden sollte, wird oft in einer Ecke ein leichter Verschlag hergestellt, welcher das Bett des Aufsehers, bezw. der Aufseherin einschliefst; die Betten sind in der Regel aus Eisen construirt.

Eine besondere Krankenabtheilung ist nur bei gröfseren, fern von der Stadt stehenden Anstalten vorzusorgen. Gewöhnlich werden die erkrankten Kinder alsbald einem Krankenhause zur Pflege überwiesen, so dafs nur einige Zimmer zur Aufnahme leicht erkrankter Kinder, bezw. zur alsbaldigen Absonderung und zur Beobachtung krankheitsverdächtiger Kinder nothwendig werden. Die Grundfläche der Krankenzimmer ist mit etwa 8 qm für jedes Bett zu berechnen.

Der grofse Nutzen ausgedehnter, zur Benutzung im Sommer und Winter geeigneter Bade-Einrichtungen in gesundheitlicher Beziehung bedarf keiner näheren Begründung. Für den Sommer ist die Anordnung in freien Gewässern, in einem Flufs oder See, wenn möglich als Schwimm-Anstalt, am meisten zu empfehlen.

Für den Winter oder, wenn eine Sommer-Badeanstalt nicht einzurichten ist, zu dauernder Benutzung find die schon mehrfach erwähnten Brausebäder am zweckmäfsigsten. Für das Verwaltungs-Personal und für besondere Zwecke, wie für Salzbäder u. a., sind aufserdem einige Badewannen erforderlich. Das Erwärmen des Badewassers erfolgt entweder mit Benutzung des Küchenherdfeuers oder in gröfseren Anstalten in einem eigenen Heizkessel.

Die Anordnung der Bedürfnifs-Anstalten innerhalb des Hauses ist nur dann statthaft, wenn nach den örtlichen Verhältnissen eine (übrigens auch sonst in jeder Beziehung empfehlenswerthe) Wasserspülung mit Anschlufs an einen Schwemm-Canal möglich ist; für die Anlage und für die Abmessungen gelten alsdann die im nächsten Halbbande (Heft 1, Abschn. 1, A, Kap. 4, unter b) dieses »Handbuches« zu machenden Mittheilungen.

Ist die Ableitung der Abwasser in einen Canal nicht ausführbar, so wird für Aborte und Pissoirs eine Anlage nach dem Tonnensystem zu empfehlen sein. Die Abführung der Abgänge in gemauerte Sammelgruben erscheint nur für ländliche Verhältnisse statthaft, wenn die landwirthschaftliche Benutzung eine Verwerthung der Dungstoffe fordert; die Bedürfnifs-Anstalten sind in einem solchen Falle besser aufserhalb des Hauses in Anbauten unterzubringen, die durch Verbindungsgänge angeschlossen und bequem zugänglich sind.

Eine sorgsam durchgeführte Entwässerung der Gebäude und der Höfe kann im Interesse der Gesundheit und Reinlichkeit nicht entbehrt werden. Am besten ist es, die Abwasserleitung mit eisernen Rohren oder mit glasirten Thonrohren an Schwemm-Canäle anzuschliefsen. Ist dies nicht angänglich, so sind die Abflufsrohre in eine wasserdicht gemauerte Grube oder in einen wasserdichten eisernen Behälter zusammenzuleiten; von hier aus wird das Abwasser entweder zu Berieselungszwecken nutzbar gemacht oder nach vorgängiger Klärung und Desinfection in einen Wasserlauf abgeleitet, die festen Rückstände sind von Zeit zu Zeit herauszuheben und als Dungmittel zu verwenden.

Zur Wasserversorgung der Anstalt und eben so zur ordnungsmäfsigen Reinhaltung der Entwässerungs-Rohrleitungen ist eine gute, reichlich bemessene Trink- und Nutzwasserleitung erforderlich. Dieselbe kann im Anschlufs an eine vorhandene Druckwasserleitung bestehen oder durch Benutzung eines Pumpbrunnens hergestellt werden. In letzterem Falle wird das Waſſer mit Hand-, Pferde- oder Maſchinenkraft in einen hoch ſtehenden Behälter gepumpt und von dort mit Hilfe von Rohrleitungen nach Bedarf vertheilt.

166. Beiſpiel I.

Die nachfolgend mitgetheilten Beiſpiele von in Deutſchland ausgeführten Waiſenhäuſern ſind nach der aufſteigenden Zahl der in den betreffenden Anſtalten untergebrachten Kinder geordnet.

Das Reichswaiſenhaus zu Magdeburg, 1885 von *Peters* erbaut, iſt auf einem von der Stadt geſchenkten, auſserhalb des Feſtungsgürtels gelegenen Bauplatz auf Koſten der Reichsfechtſchule hergeſtellt. Die Anſtalt, deren Unterhaltungkoſten ebenfalls zu Laſten der Reichsfechtſchule verbleiben, nimmt, wie in Art. 156 (S. 121) bereits bemerkt, 50 Kinder auf, davon 35 Knaben und 15 Mädchen.

Zu derſelben gehören auſser dem Hauptgebäude noch eine von drei Seiten geſchloſſene, 100 qm groſse Spielhalle, ein Wirthſchaftsgebäude, in dem auch die Bedürfnifs-Anſtalten untergebracht ſind, ein älteres Wächterhaus, das zu gärtneriſchen Zwecken benutzt wird, und ein groſser Garten mit Turnplatz. Im Garten ſind 11 000 qm zu Gemüſeland hergerichtet, auf welchem die Kinder mit Gartenarbeit beſchäftigt werden und den gröſsten Theil der im Hauſe gebrauchten Feldfrüchte ſelbſt ernten können.

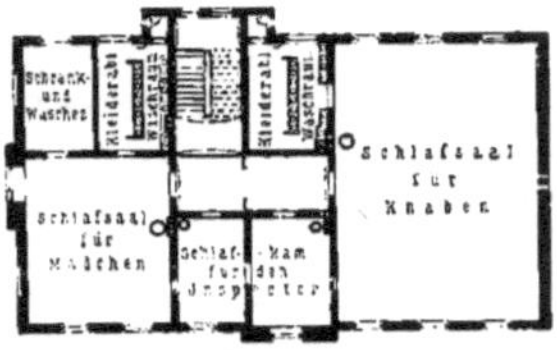

Fig. 87.

Reichswaiſenhaus zu Magdeburg.
I. Obergeſchofs. — 1/500 n. Gr.
Arch.: *Peters*.

Das Hauptgebäude enthält im Kellergeſchofs die Koch- und Waſchküchen mit Zubehör, Wirthſchaftsräume und Bäder; im Erdgeſchofs 2 Arbeitszimmer für Knaben und Mädchen, ein gemeinſchaftliches Efszimmer, Wohn- und Verwaltungsräume; im I. Obergeſchofs, deſſen Grundrifs in Fig. 87 beigegeben iſt, 2 Schlafſäle mit Kleiderablage, Waſchraum und Aborten und 2 Schlafkammern für den Inſpector, und im Dachgeſchofs Schlafkammern, Reſerveräume und Trockenboden.

Die Grundfläche beträgt für jedes Kind in den Wohn- und Efszimmern 3,6 qm und in den Schlafſälen 3,3 qm; die lichte Stockwerkshöhe mifst 4 m.

Die Geſammtbaukoſten des in gefugtem Backſteinbau einfach und ſparſam ausgeführten Waiſenhauſes haben ſich, einſchl. des Zubehörs und der inneren Einrichtung, auf 75 000 Mark, ſonach für jedes Kind auf 1500 Mark belaufen.

167. Beiſpiel II.

Das Waiſenhaus zu Paderborn, welches ſeit dem vorigen Jahrhundert in alten unzulänglichen Räumen beſtand, erhielt 1882 durch ein Vermächtnifs des Biſchofs *v. Ledebur* die Mittel zu einem Neubau (Arch.: *Güldenpfennig*), der etwa 30 Knaben und

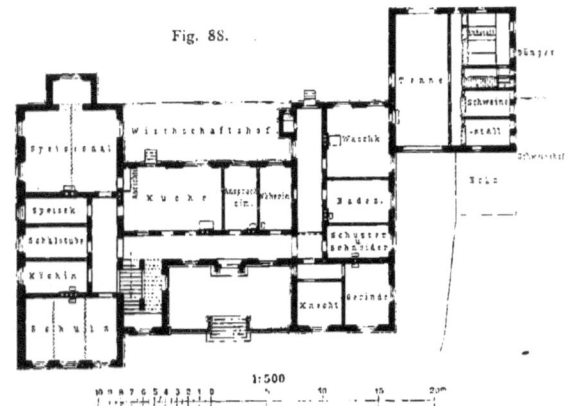

Fig. 88.

Waiſenhaus zu Paderborn. — Erdgeſchofs [67].
Arch.: *Güldenpfennig*.

[67] Nach Centralbl. d. Bauverw. 1886, S. 359.

30 Mädchen aufnimmt, deſſen Räumlichkeiten jedoch auf eine bis zu 100 geſteigerte Kinderzahl bemeſſen ſind.

Das Hauptgebäude, deſſen Erdgeſchoſs-Grundriſs in Fig. 88 °²) mitgetheilt iſt, enthält im Erdgeſchoſs die Wirthſchaftsräume, 1 Speiſeſaal und 1 Schulzimmer; im I. Obergeſchoſs die Wohnräume für die Kinder und für den geiſtlichen Inſpector und über dem Speiſeſaal eine kleine Haus-Capelle; im II. Obergeſchoſs die Schlafſäle der Kinder, Krankenzimmer und Zimmer der Wärterinnen.

Für die Wohn- und Schlafräume der Kinder iſt die Trennung nach den Geſchlechtern ſtreng durchgeführt; im Uebrigen iſt eine gemeinſchaftliche Raumbenutzung als zuläſſig erachtet worden.

Das ſeitlich angebaute Wirthſchaftsgebäude umfaſſt eine groſse Tenne, ſo wie Stallung für 4 Kühe und 8 Schweine.

Die Geſammtbaukoſten werden auf 100 000 Mark beziffert; dieſelben werden alſo, bei äuſerſter Raumbeanſpruchung der Anſtalt, nur 1000 Mark für jedes Kind betragen.

Das ſtädtiſche Kinder-Aſyl an der Hochſtraſse in München, 1889 von *Eggers* erbaut, giebt in Erdgeſchoſs und 2 Obergeſchoſſen Raum für 120 Kinder, Knaben

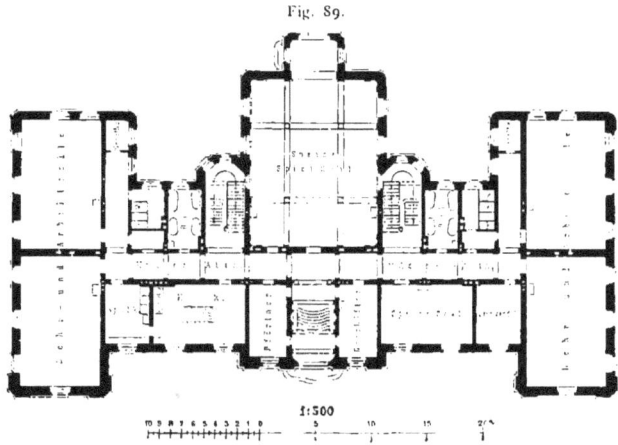

Städtiſches Kinder-Aſyl zu München. — Erdgeſchoſs.
Arch.: *Eggers*.

und Mädchen katholiſcher Conſeſſion. Die Wirthſchaftsräume befinden ſich in einem beſonderen Nebengebäude.

Der Erdgeſchoſs-Grundriſs, welcher in Fig. 89 beigegeben iſt, veranſchaulicht die Raumvertheilung; das Gebäude ſteht in geputztem Backſtein-Mauerwerk; zur Heizung und Lüftung dienen Einzelöfen mit Abzugsſchloten.

Die Geſammtbaukoſten werden auf 340 000 Mark, für jedes Kind alſo auf rund 2800 Mark angegeben.

Das Vincentinum zu Würzburg, eine von dem *Vincentius*-Verein daſelbſt zur Aufnahme verwahrloſter, der elterlichen Fürſorge entbehrenden Knaben errichtete Anſtalt, 1890 von *Modl* erbaut, gewährt zunächſt Raum für 100 Kinder und ſoll ſpäter durch einen ſymmetriſchen Anbau vergröſsert werden.

Das Erdgeſchoſs enthält nach dem Grundriſs in Fig. 90 die Verwaltungs- und Unterrichtsräume, die Capelle, die Turnhalle und einen groſsen, als Kinder-Bewahranſtalt eingerichteten Raum. In den beiden Obergeſchoſſen und im III. Obergeſchoſs des Mittelbaues befinden ſich die Schul-, Arbeits- und Speiſeſäle, ſo wie die Krankenzimmer.

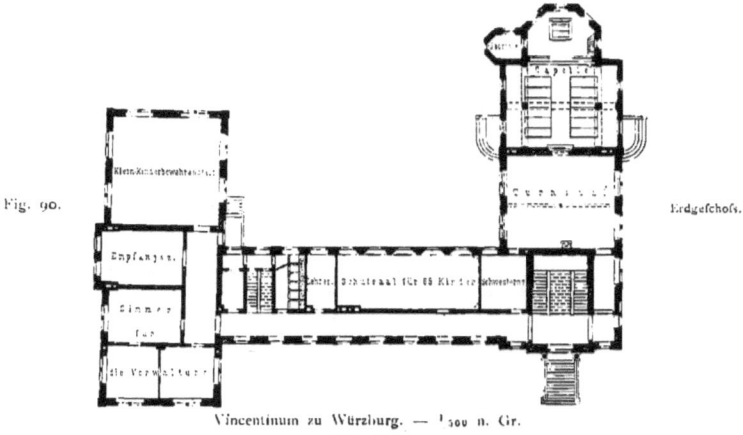

Fig. 90.   Erdgeschofs.

Vincentinum zu Würzburg. — 1:300 n. Gr.
Arch.: *Modl*.

Der linksfeitige Flügelbau ift im II. Obergefchofs als ein einheitlicher Schlaffaal von 26,0 m Länge und 9,8 m Breite nutzbar gemacht; daneben liegt ein Beobachtungszimmer für die Auffeherin. Die Bedürfnifs-Anftalten find in allen Gefchoffen vertheilt.

Zur Erwärmung dienen eiferne Mantelöfen mit äufserer Luft-Zuführung.

Das Gebäude hat in feinem jetzigen Umfange eine Ausgabe von 180000 Mark erfordert, wovon 30000 Mark auf die Capelle entfallen; der Erweiterungsbau ift auf 100000 Mark veranfchlagt, fo dafs die Baukoften fich alsdann, auf 200 Kinder vertheilt, für jedes Kind auf 1400 Mark berechnen.

170. Beifpiel V.

Das ftädtifche Afyl für verlaffene Kinder zu Elberfeld ift 1889 von *Maurer*, im Anfchlufs an das Waifenhaus, errichtet worden.

Die Anftalt, deren I. Obergefchofs der Grundrifs in Fig. 91 vorftellt, bietet im Erdgefchofs und in 2 Obergefchoffen auf der linken Seite für 100 Knaben, auf der rechten Seite für 100 Mädchen Platz.

Fig. 91.   I. Obergefchofs.

Städtifches Kinder-Afyl zu Elberfeld.
Arch.: *Maurer*.

Im Erdgefchofs liegen je ein Aufenthaltsfaal und ein Schulzimmer, fo wie einige Verwaltungs- und Arbeitsräume und die Wohnung des Hausvaters, in den Obergefchoffen die Schlaffäle der Kinder, je 2 durch die Zimmer der Auffeher getrennt, die Wafchräume, Krankenzimmer und Nebenräume. Zur Erwärmung dienen eiferne Oefen mit äufserer Luft-Zuführung. Die Bedürfnifs-Anftalten find auf den Treppenruheplätzen vertheilt.

Die Baukosten des Asyls, welches in gefugtem Backsteinbau aufgeführt ist, werden auf 175 000 Mark beziffert, betragen mithin für jedes Kind nur 875 Mark.

Die beiden nächsten Beispiele stellen zwei Wiener Bauausführungen dar. Die erste, das Asyl für verlassene Kinder an der *Laurenz*-Gasse, vom Gemeinderath zur Erinnerung an die Geburt der Erzherzogin *Elisabeth* gegründet, ist 1889 durch das Stadtbauamt fertig gestellt worden.

Das Asyl ist dazu bestimmt, 50 verlassene oder ihrer Eltern zeitweilig beraubte Kinder so lange aufzunehmen, bis die Eltern oder die versorgungspflichtigen Heimathsgemeinden ermittelt sind oder bis für die Kinder anderweitig gesorgt werden kann. Das Gebäude steht mit 336 qm bebauter Grundfläche, Erdgeschofs und 2 Obergeschosse enthaltend, im Anschluss an das Waisenhaus des V. Bezirkes, von welchem die Verköstigung der Kinder mit bewirkt wird.

Fig. 92.

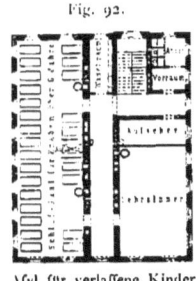

Asyl für verlassene Kinder zu Wien.
II. Obergeschofs. — 1/500 n. Gr.

Das Asyl umfasst im Erdgeschofs die Kanzlei, 2 Beobachtungszimmer für krankheitsverdächtige Kinder, einen Kleider-Aufbewahrungsraum und einen Aufenthalts- und Efssaal; im I. Obergeschofs 3 Räume für Kinder unter 6 Jahren und für Mädchen über 6 Jahren, 1 Waschraum, 1 Zimmer für die Lehrer; im II. Obergeschofs, dessen Grundrifs in Fig. 92 beigefügt ist, 1 Schlafsaal für 25 Knaben über 6 Jahren nebst Schlafstelle für einen Aufseher, 1 Lehrzimmer, 1 Waschraum, 1 Zimmer für den Aufseher.

Die Betten der Kinder stehen in einem Abstande von 40 cm von einander; der Flächenraum im Schlafsaal beträgt für jedes Bett ungefähr 4,5 qm. Die Bedürfnifs-Anstalten sind in den einzelnen Geschossen über einander neben der Treppe angeordnet.

Zur Erwärmung dienen eiserne Regulir-Füllöfen mit äusserer Luft-Zuführung. Die Baukosten stellen sich, für jedes Kind berechnet, auf ungefähr 2000 Mark.

Das an zweiter Stelle mitgetheilte Waisenhaus für Knaben im VIII. Bezirk ist nach Mafsgabe der seit dem Jahre 1862 von der städtischen Verwaltung anerkannten Grundsätze für 100 Knaben bestimmt; es hat jedoch hier eine Aenderung in so fern stattgefunden, als rechtsseitig daneben stehend auf einem später verfügbar gewordenen Bauplatz noch ein Waisenhaus für 100 Mädchen angeschlossen ist, dessen Wirthschaftsverwaltung vom Knabenhause mit besorgt wird. Die Durchfahrt führt zu einem in dem hinteren Theile des Grundstückes erbauten Schulhause.

Fig. 93.

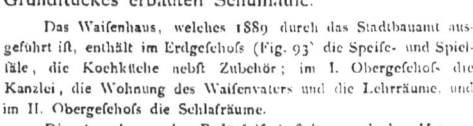

Waisenhaus zu Wien, VIII. Bezirk.
Erdgeschofs. — 1/500 n. Gr.

Das Waisenhaus, welches 1889 durch das Stadtbauamt ausgeführt ist, enthält im Erdgeschofs (Fig. 93) die Speise- und Spielsäle, die Kochküche nebst Zubehör; im I. Obergeschofs die Kanzlei, die Wohnung des Waisenvaters und die Lehrräume, und im II. Obergeschofs die Schlafräume.

Die Anordnung der Bedürfnifs-Anstalten und der Heizung stimmt mit dem vorigen Beispiel überein; die Baukosten stellen sich auf rund 1940 Mark für jedes Kind.

Als Beispiel einer gleichartigen englischen Anlage wird die Beschreibung des Waisenhauses für Soldatenkinder zu London (*Wandsworth Common*) mitgetheilt. Die Anstalt, 1872 durch *Saxon Snell* erbaut, ist zur Aufnahme von 180 Knaben eingerichtet, die im Erdgeschofs, Obergeschofs und Dach-

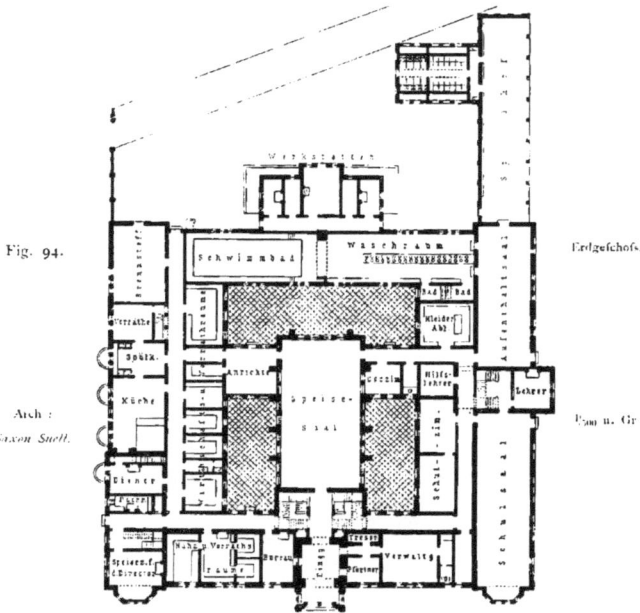

Waisenhaus für Soldatenkinder zu London [68]).

stock Platz finden; die zur Unterbringung der Wirthschaftsräume dienenden Gebäude sind nur ebenerdig überbaut; ausserdem ist ein getrennt stehender Kranken-Pavillon für 14 Betten vorhanden.

Wie der Grundriss in Fig. 94 [68]) zeigt, enthält das Erdgeschoss im Hauptgebäude die Schul-, Spiel- und Speisesäle der Kinder, ferner Verwaltungs-, Dienst- und Vorrathsräume, im Anbau die Kochküche mit Zubehör, Magazine aller Art, Anrichtezimmer, Speisezimmer der Lehrer, Classenzimmer, 1 Schwimmbad, 1 grosen Waschraum, Baderaum, Kleiderablage, Bedürfniss-Anstalten und mehrere Werkstätten. Im I. Obergeschoss und im Dachstock befinden sich die Schlafsäle der Kinder, Schlafräume der Lehrer und Dienstleute, die Wohnung des Inspectors und die Capelle.

Die Schlafsäle, welche in verschiedener Grösse von 20 bis 28 Betten eingerichtet sind, haben für jedes Bett eine Grundfläche von rund 5 qm.

Literatur
über »Waisenhäuser«.

α) Anlage und Einrichtung.

GRASS, TH. Was ist der Zweck eines Waisenhauses und wie lässt er sich realisiren? etc. Riga 1839.
ZELLE. Waisenkinder und Waisenpflege in Berlin. Berlin 1867. — 2. Aufl. 1872.

β) Ausführungen.

Infant orphan asylum. Builder, Bd. 1, S. 459.
City of London freemen's orphan school. Builder, Bd. 12, S. 209.

---

[68]) Nach: SNELL, H. J. *Charitable and parochial establishments*. London 1881.

Clergy orphan fchools, Canterbury. Builder, Bd. 13, S. 162.
The Limerick proteftant orphan fociety. Builder, Bd. 14, S. 26.
The Royal Victoria patriotic afylum. Builder, Bd. 15, S. 578.
QUESTEL. *Le nouvel hofpice de Gifors. Revue gén. de l'arch.* 1861, S. 208 u. Pl. 51—61; 1862, S. 24 u. Pl. 11.
The afylum of the merchant feamen's orphans, Snaresbrook. Building news, Bd. 9, S. 336.
The merchant feamen's orphan's afylum, Snaresbrook. Builder, Bd. 21, S. 242.
The Crofsley orphan home and fchool, Skircoat Moor, Halifax. Builder, Bd. 23, S. 9.
Girl's orphanage, Bletchingley, Suffex. Builder, Bd. 24, S. 559.
Waifenhaus zu Hamburg: Hamburg. Hiftorifch-topographifche und baugefchichtliche Mittheilungen. Hamburg 1868. S. 133.
The Alexandra orphanage for infants. Builder, Bd. 26, S. 154.
London orphan afylum. Builder, Bd. 27, S. 545.
Jofiah Mafon's orphanage and almshoufes. Builder, Bd. 27, S. 744.
Waifenhaus zu Rummelsburg bei Berlin. Deutfche Bauz. 1871, S. 229.
Orphanage of S. Jofeph at Schaerbeek, Bruffels. Building news, Bd. 21, S. 304.
BÜRKNER. Das Armen-, Kranken- und Waifenhaus in Barmen. ROMBERG's Zeitfchr. f. pract. Bauk. 1872, S. 5.
The Liverpool feamen's orphan inftitution. Builder, Bd. 30, S. 405.
THIENEMANN, O. Das evangelifche Waifenhaus in Wien. Allg. Bauz. 1874, S. 43.
New orphanage, Bartrams, South Hampftead. Builder, Bd. 32, S. 587.
»*The Philipfon memorial« orphanage. Building news*, Bd. 27, S. 58.
The Bugeja inftitution for deftitute orphans, Malta. Builder, Bd. 34, S. 691.
CORDIER, E. *Maifon pour les orphelins d'Epernay. Moniteur des arch.* 1876, Pl. 19, 20; 1877, S. 33 u. Pl. gr. 14, 15, 21, 29, 33, 34.
Waifenhäufer in Berlin: Berlin und feine Bauten. Berlin 1877. Theil I, S. 207.
Peftalozzi-Stift (Waifenhaus) in Dresden: Die baulichen, technifchen und induftriellen Anlagen von Dresden. Dresden 1878. S. 222.
PETIT, E. *Afile du Véfinet. Nouv. annales de la conft.* 1879, S. 53.
Deutfches Waifenhaus bei Bethlehem. Deutfche Bauz. 1880, S. 99, 101.
Orphelinat Pendlebury à Stockport. Moniteur des arch. 1880, Pl. aut. XIV, S. 110.
O'Brien orphanage, Marino, Clontarf. Building news, Bd. 39, S. 442.
Waifen-Anftalten in Berlin: BOERNER, P. Hygienifcher Führer durch Berlin. Berlin 1882. S. 204.
The new homes for orphans, Swanley, Kent. Builder, Bd. 43, S. 76.
New Roman catholic orphanage, Homerton. Builder, Bd. 43, S. 460.
Das Wiener ftädtifche Waifenhaus für Knaben im VIII. Bezirk. Deutfches Baugwks.-Bl. 1883, S. 389.
Dover feafide orphans' reft. Builder, Bd. 44, S. 706.
Waifenhaus der Kaiferin Augufta-Stiftung zu Schweidnitz. Baugwks.-Ztg. 1884. S. 714.
Orphelinat à Douvres. Moniteur des arch. 1884, S. 48 u. Pl. 23.
All Saints boys' orphanage, Lewisham. Building news, Bd. 47, S. 52.
Orfanotrofio mafchile: *Milano tecnica dal 1859 al 1884 etc.* Mailand 1885. S. 222.
GÜLDENPFENNIG. Neubau des Waifenhaufes in Paderborn. Centralbl. d. Bauverw. 1886, S. 359.
Waifen-Erziehungsanftalt zu Rummelsburg: VIRCHOW, R. & A. GUTTSTADT. Die Anftalten der Stadt Berlin für die öffentliche Gefundheitspflege und für den naturwiffenfchaftlichen Unterricht. Berlin 1886. S. 98.
The Brixton orphanage for fatherlefs girls. Builder, Bd. 51, S. 72.
CLAUS, H. & M. HINTRÄGER. Das Waifen- und Armenhaus in Zwittau. Allg. Bauz. 1887, S. 87.
The Nutter orphanage for boys, Bradford. Building news, Bd. 55, S. 70.
VOGELSANG, B. A. J. Das Hamburger Waifenhaus etc. Hamburg 1889.
HINTRÄGER, M. & C. Mädchen-Waifenhaus in Schönberg. Deutfches Baugwkbl. 1890. S. 376.
Waifenhaus zu Hamburg: Hamburg und feine Bauten, unter Berückfichtigung der Nachbarftädte Altona und Wandsbeck. Hamburg 1890. S. 131.
WULLIAM & FARGE. *Le recueil d'architecture.* Paris.
14me année, f. 6, 10, 24, 41, 48: *Orphelinat militaire de la Boiffière;* von FOULQUIER.

6. Kapitel.
Altersverforgungs-Anftalten und Siechenhäufer.

174. Zweck.

Die Altersverforgungs-Anftalten (auch Greifen-Afyle genannt) und Siechenhäufer (auch Pfründnerhäufer genannt) verdankten in früherer Zeit ihre Gründung zumeift der privaten Wohlthätigkeit, wenigftens in fo weit, als ein bedeutender Theil der Gefammtausgabe, und namentlich der Betriebskoften, aus den Zinfen von Vermächtniffen, die zu diefem Zwecke geftiftet wurden, beftritten werden konnte. In neuerer Zeit find die Verforgungs- und Siechenhäufer jedoch zugleich ein wichtiger Theil der öffentlichen Armenpflege geworden und werden fehr häufig auf alleinige Koften der Gemeinden erbaut und unterhalten. Diefe Anftalten dienen alsdann wefentlich dazu, arme arbeitsunfähige Leute beiderlei Gefchlechtes dauernd und bis zu ihrem Lebensende aufzunehmen, befonders in dem Falle, wenn keine Angehörige vorhanden find, welche zum Unterhalt der alten oder fiechen Leute gefetzlich verpflichtet wären, fo dafs mit der gewöhnlichen Armenunterftützung nicht mehr ausgereicht werden kann. Zwifchen den Infaffen der Armenhäufer und der auf ftädtifche Koften unterhaltenen Siechenhäufer wird alfo ein Unterfchied nur dahin beftehen, dafs in letzteren in gröfserer Anzahl auch jüngere, an chronifchen und unheilbaren Krankheiten leidende arme Perfonen Aufnahme finden, dafs die Siechenhäufer mithin vorzugsweife zur Entlaftung der ftädtifchen Krankenhäufer dienen, welchen diefe Pfleglinge fonft dauernd überwiefen bleiben würden.

Aus letzterer Erwägung find in den meiften gröfseren Städten Deutfchlands in neuefter Zeit Siechenhäufer, zum Theile von ganz beträchtlichem Umfange, erbaut oder eingerichtet worden.

175. Aehnlichkeit mit Arbeits- und Waifenhäufern.

Die Altersverforgungs-Anftalten und die Siechenhäufer haben in Bezug auf die bauliche Anordnung fowohl unter fich, als mit den in Theil IV, Halbband 7 (Abth. VII, Abfchn. 2, Kap. 3, a) diefes »Handbuches« noch vorzuführenden Zwangs-Arbeitshäufern, fo wie mit den im nächften Kapitel befchriebenen Armenverforgungs- und Armenhäufern und eben fo in Bezug auf die inneren Einrichtungen des Betriebes auch mit den vorftehend befprochenen Waifenhäufern grofse Aehnlichkeit, fo dafs es angänglich fein würde, jede diefer Anftalten ohne wefentliche Aenderungen für die beiden anderen Zwecke nutzbar zu machen. Es können defshalb die an vorftehend genannten Stellen über den Raumbedarf und über die bauliche Anordnung im Einzelnen gemachten Mittheilungen auch für Verforgungs- und Siechenhäufer als zutreffend erachtet werden. Einfchränkend ift nur hinzuzufügen, dafs Unterrichtsräume naturgemäfs ganz entbehrlich find und dafs die Arbeitsräume auf ein geringes Mafs eingefchränkt werden können, weil die Pfleglinge, befonders in den Siechenhäufern, meift arbeitsunfähig find.

176. Schlaf- und Wohnräume.

Für die Abmeffungen der Schlaf- und Wohnräume ift ferner abändernd zu bemerken, dafs die Schlafräume, weil die Pfleglinge in der Regel zur Hälfte bettlägerig find, gröfser als die Wohnräume eingerichtet werden müffen und dafs im Allgemeinen für die Raumbemeffung der Schlaffale die für Krankenhäufer geltenden Vorfchriften beftimmend fein follten. Es werden demnach für jedes Bett im Schlaffaal etwa 6 qm Grundfläche, bei einer lichten Gefchofshöhe von 4 m, zu rechnen fein.

177. Gefammt- anlage.

Eine wefentliche Verfchiedenartigkeit der baulichen Anordnung kommt auch für diefe Gebäudegattung dahin zum Ausdruck, je nachdem der gefammte Raum-

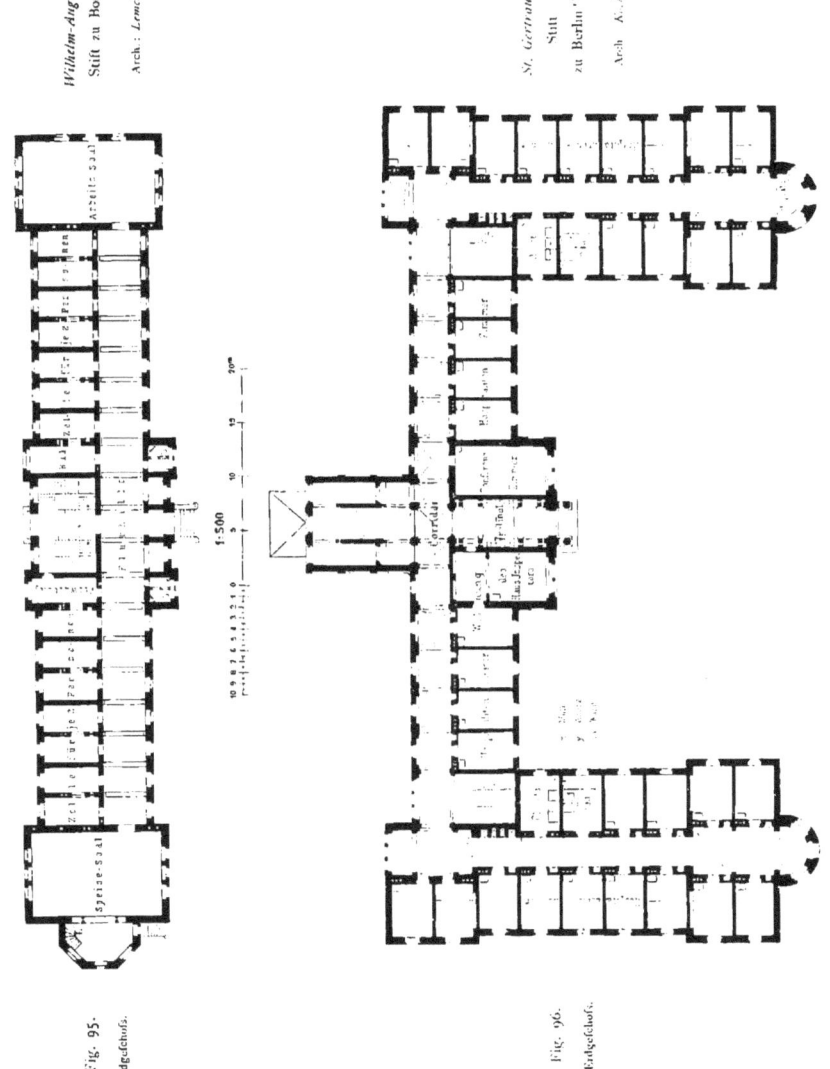

Wilhelm-Augusta-Stift zu Bonn.
Arch: *Lemcke*

Fig. 95. Erdgeschoß.

St. Gertraudt-Stift zu Berlin.
Arch: *Koch*

Fig. 96. Erdgeschoß.

bedarf unter einem Dache vereinigt wird oder aber für die Verwaltung und für die nach den Geschlechtern oder nach Mafsgabe sonstiger Verhältniffe getrennten Pfleglinge einzelne Gebäude errichtet werden. Bei gröfseren Bauausführungen ist die letztere Anordnung aus den in Art. 155 (S. 119) entwickelten Gründen unbedingt vorzuziehen und wird bei neueren Bauten immer mehr zur Regel.

<small>178. Einzelzimmer oder Sammelräume.</small> Ein fernerer wichtiger Unterfchied ift darin zu finden, ob die Pfleglinge, einzeln, bezw. zu 2 oder 3 vereinigt, getrennte Schlafzimmer erhalten oder ob fie, in gröfserer Anzahl vereinigt, in gemeinfchaftlichen Schlaffälen untergebracht werden. Die letztgenannte Anordnung ift der Koftenerfparnifs halber in den zu Laften der Stadtgemeinden errichteten Anftalten gebräuchlicher. Wenn dagegen die Pfleglinge, wie dies befonders in folchen Anftalten vorkommt, die auf einer wohlthätigen Stiftung beruhen, für die Aufnahme und Verpflegung eine Gegenleiftung gewähren, fei es durch Zahlung einer kleinen Jahrespenfion, fei es durch einmalige Kapital-Einzahlung, fo haben fie naturgemäfs Anfpruch auf gröfsere Bequemlichkeit; es erhält dann jeder ein eigenes kleines Schlafzimmer, oder es finden je 2, bezw. 3 Pfleglinge in einem gröfseren Schlafzimmer Platz. Auch für alte Ehepaare werden bisweilen je ein oder zwei Zimmer abgetheilt.

In fo fern die Pfleglinge in gröfseren Sälen fchlafen, deren Bettenzahl über 20 nicht hinausgehen follte, werden bisweilen für je 2 Betten Abtheilungen hergeftellt; die Begrenzungen der letzteren werden durch etwa 2 m hohe leichte Wände gebildet, wozu *Rabitz-* oder *Monier*-Conftructionen nützlich verwendbar find.

<small>179 Anordnung der Obergefchoffe.</small> Aus gefundheitlichen Rückfichten ift die Zahl der Obergefchoffe thunlichft einzufchränken und follte über zwei hinaus nicht gefteigert werden; in diefer Beziehung find die gleichartigen franzöfifchen Anlagen, befonders die kleineren, als muftergiltige Vorbilder anzufehen.

Die nachftehend mitgetheilten Beifpiele find nach der fteigenden Zahl der Pfleglinge, für welche die Anftalten Raum gewähren, geordnet worden.

<small>180. Beifpiel I.</small> Das *Wilhelm-Augufta-Stift* zu Bonn, ein ftädtifches Altersverforgungshaus für Männer, 1889 von *Lemcke* erbaut, nimmt in Erdgefchofs und 2 Obergefchoffen 80 Leute auf.

<small>Die Betten der Pfleglinge find zu je 2 in einer Zelle untergebracht, deren Anordnung der Erdgefchofs-Grundrifs in Fig. 95 zeigt; für je 2 Zellen ift in der gemeinfchaftlichen Wand ein doppelfeitiger Kleiderfchrank ausgefpart; an der anderen Wand find anfzuklappende Wafchbecken angebracht. Die Schlafzellen find ohne eine befondere Heizvorrichtung; fie werden mittelbar durch Offenhalten der Thüren von den Flurgängen leicht angewärmt. Zur Beheizung der letzteren und aller übrigen Räume fteht eine Niederdruck-Dampfheizung mit äufserer Luft-Zuführung zu den Heizkörpern und lothrecht auffteigenden Luft-Abzugscanälen in Betrieb.</small>

<small>Die fehr geräumigen Flurgänge dienen zum Tagesaufenthalt; über den Eckräumen liegt links ein durch das II. und III. Obergefchofs hindurchreichender Erbauungs- und Vortragsfaal mit Empore und rechts ein Arbeits-, bezw. Krankenfaal.</small>

<small>Die Ausführung ift in gefugtem Backfteinbau erfolgt; Gefimfe und Fenfterbänke find aus Niedermendiger Bafaltlava hergeftellt; die Decken find in Eifengebälk conftruirt, die Dächer mit Schiefer und Holzcement eingedeckt.</small>

<small>Die Baukoften werden auf 180 000 Mark, für jeden Pflegling alfo auf 2250 Mark berechnet.</small>

<small>181 Beifpiel II</small> Die *St. Gertraudt*-Stiftung zu Berlin, welche dem XV. Jahrhundert entftammt, hat ihr Vermögen durch Vermächtniffe wohlthätiger Bürger fo vermehrt, dafs fie 1873 zu einem ftattlichen Neubau (Arch.: *Koch*) fchreiten konnte, der 1884 abermals durch einen Erweiterungsbau vergröfsert worden ift und jetzt für 144 alte Frauen Raum gewährt.

Die Pfleglinge erhalten aufser der Wohnung eine monatliche Geldzuwendung, freie Feuerung und im Krankheitsfalle unentgeltliche ärztliche Behandlung und Arznei.

Die Anstalt steht mit Erdgeschofs und 2 Obergeschossen auf einem an der Ecke der Grofsbeeren und Wartenberg-Strafse gelegenen, 8500 qm grofsen Grundstück. Das Hauptgebäude, dessen Erdgeschofs-Grundrifs in Fig. 96 [69]) mitgetheilt wird, enthält 100 Einzelzimmer von etwa 17 qm Grundfläche und ferner die erforderlichen Verwaltungsräume, Bäder und Bedürfnifs-Anstalten; im Mittelbau ist, durch das I. und II. Obergeschofs hindurchreichend, eine Capelle angeordnet.

Das städtische Pfründnerhaus zu Darmstadt, 1889 von *Braden* erbaut, ist zur Erweiterung eines bestehenden Pfründnerhauses bestimmt und soll später die Männer-Abtheilung bilden. Zur Zeit wird der Bau für 100 Pfleglinge beiderlei Geschlechtes benutzt.

Im Kellergeschofs liegen die Wirthschaftsräume, im Erdgeschofs, dessen Grundrifs Fig. 97 wiedergiebt, die Verwaltungsräume, Aufenthalts- und Speisesäle; die Schlafzimmer der Pfründner, für je 1, 2 und

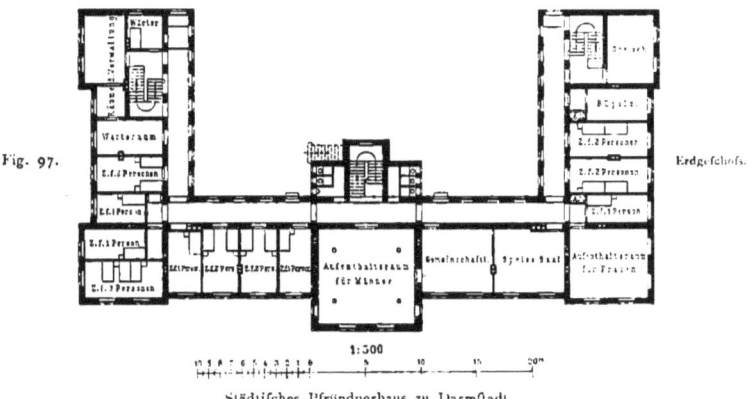

Städtisches Pfründnerhaus zu Darmstadt.
Arch.: *Braden*.

3 Betten eingerichtet, sind im Erdgeschofs und in den vorhandenen beiden Obergeschossen untergebracht; der Flächenraum für jedes Bett beträgt in den Einzelzimmern 11 bis 12 qm, in den anderen Zimmern 9 bis 10 qm. Zur Heizung dienen Einzelöfen; die Baukosten werden auf 165 000 Mark, für das Bett also auf 1650 Mark angegeben.

Das städtische Siechenhaus zu Halle a. S., auf einem 11 000 qm grofsen Grundstück an der Beesenerstrafse zur Zeit im Bau begriffen (Arch.: *Lohausen*), ist ein Gruppenbau, bestehend aus einem Verwaltungsgebäude und aus zwei gleichen Pflegehäusern für je 58 Männer, bezw. Frauen.

Die Gebäude sind mit Erdgeschofs und einem Obergeschofs in fugtem Backsteinbau aufgeführt; die Anschlagssumme beträgt, einschl. der Kosten der inneren Einrichtung, 325000 Mark, d. i. für jeden Pflegling rund 2800 Mark.

Das Verwaltungsgebäude enthält im Kellergeschofs die Apotheke, die Waschküche nebst Zubehör und die Wirthschaftskeller; im Erdgeschofs Verwaltungsräume, Aufnahme- und Untersuchungszimmer, Bad und Abort, sowie die Kochküche nebst Spülküche und Vorrathsräumen; im I. Obergeschofs die Wohnungen für den Inspector und den Assistenz-Arzt, einen Oberwärter und eine Oberwärterin, und im Dachgeschofs Geräthräume und Trockenboden.

---

[69]) Facs.-Repr. nach: Zeitschr. f. Bauw. 1873, Bl. 31.

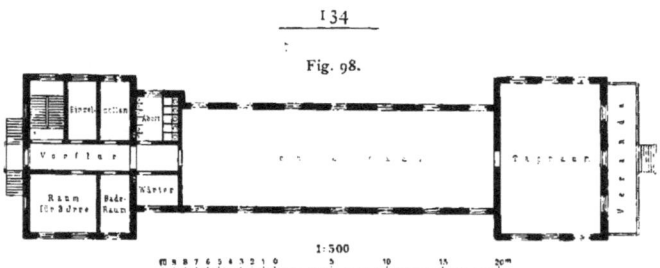

Fig. 98.

Städtisches Siechenhaus zu Halle a. S. — Erdgeschofs.
Arch.: *Lohausen*.

Jedes der beiden Pflegehäuser enthält im Erdgeschofs, deffen Grundrifs in Fig. 98 beigegeben ift, und im I. Obergeschofs je einen Schlaffaal für 28 Betten und einen Aufenthaltsfaal, ferner einige Einzelzimmer, die Bäder und Bedürfnifs-Anftalten; die Grundfläche im Schlaffaal beträgt für jedes Bett 9 qm, die Gefchofshöhe 4,4 m. Zur Erwärmung dient Feuer-Luftheizung.

184.
Beifpiel
V.

Das ftädtifche Siechenhaus zu Leipzig, 1889 von *Licht* erbaut, befteht aus einem Hauptgebäude, welches auf 2360 qm mit Erdgeschofs und 2 Obergeschoffen bebauter Grundfläche für 230 Männer und Frauen Raum gewährt, und aus einem Kinderhaufe, welches auf 623 qm mit Erdgeschofs und einem Obergeschofs bebauter Grundfläche 40 Kinder aufnimmt. Für die zukünftige Erweiterung ift ein dritter Neubau in der Gröfse des Kinderhaufes vorgefehen. Das Verwaltungs- und Betriebs-Perfonal zählt z. Z. 30 Perfonen; das Grundftück hat einen Flächenraum von 23 700 qm. Für den Wirthfchaftsbetrieb dient ein getrennt ftehendes Haus von 682 qm bebauter Grundfläche, in dem zugleich die Dampfkeffel untergebracht find; die Leiftungsfähigkeit ift für die Verpflegung von 350 Perfonen bemeffen.

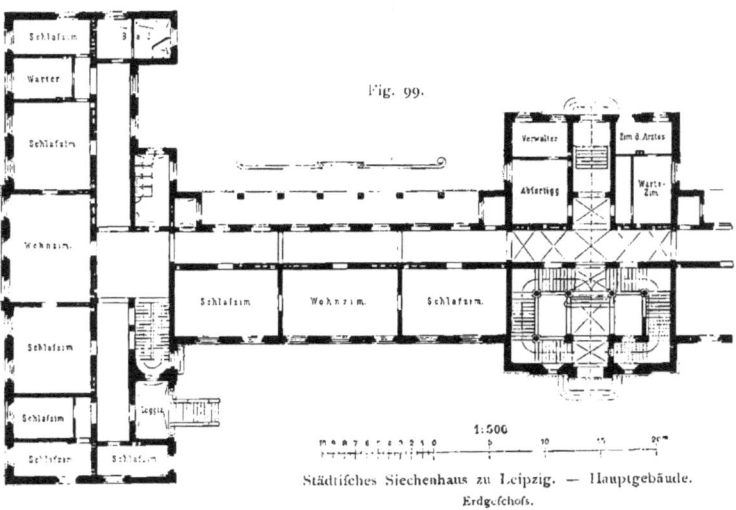

Fig. 99.

Städtifches Siechenhaus zu Leipzig. — Hauptgebäude.
Erdgeschofs.
Arch.: *Licht*.

Die Anordnung der Räume im Hauptgebäude, deffen Erdgefchofs-Grundrifs Fig. 99 wiedergiebt, ift im Wefentlichen auch in den beiden Obergefchoffen die gleiche; im Mittelbau liegt im Obergefchofs der Betfaal; im Dachgefchofs find Wohn- und Schlafzimmer für das Dienft-Perfonal ausgebaut.

Das Kinderhaus zeigt im Erdgefchofs und in den beiden Obergefchoffen die gleiche Raumvertheilung; der Erdgefchofs-Grundrifs ift in Fig. 100 beigegeben.

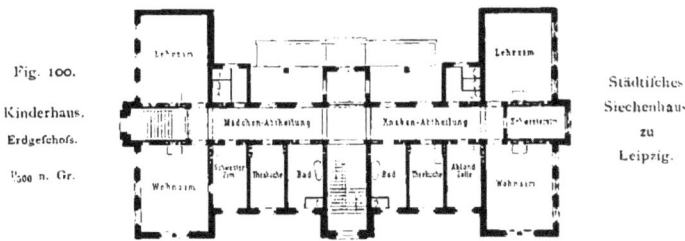

Fig. 100.
Kinderhaus.
Erdgefchofs.
1/500 n. Gr.

Städtifches
Siechenhaus
zu
Leipzig.

Die Pfleglinge find in Gruppen von 12 bis 15 eingetheilt, deren jeder 1 Wohnzimmer und 2 Schlafzimmer überwiefen find; an Flächenraum entfallen in der Gruppe auf jeden Pflegling 9 bis 10 qm, die lichte Stockwerkshöhe beträgt 4,2 m.

Die Gebäude find in gefugtem Backfteinbau mit Sandfteingliederungen ausgeführt. Zur Erwärmung dient Dampfheizung in verfchiedener Form und Kachelofenheizung; die Lüftung erfolgt durch Zuführung frifcher Luft, welche in Dampfheizkammern mäfsig angewärmt werden kann.

Die Baukoften werden im Ganzen auf rund 950000 Mark, die Koften der Mobiliar-Befchaffung und des Betriebes während der Bauzeit auf rund 120000 Mark beziffert.

Als Beifpiele gröfserer, nach dem Pavillon-Syftem errichteter Anlagen dienen die Siechenhäufer zu Dresden und Düffeldorf.

Das Afyl für Sieche zu Dresden, 1889 von *Friedrich* erbaut, ftellt einen umfaffenden Erweiterungsbau des an der Löbtauer-Strafse gelegenen alten ftädtifchen Siechenhaufes dar, deffen Grundfläche zu diefem Zwecke durch Zukauf auf 4 ha vergröfsert worden ift. Es find 4 Pflegehäufer neu erbaut worden, davon eines zur Aufnahme körperlich fiecher Frauen, zwei für geiftig Sieche und eines für zu beobachtende Irre, ferner ein Wirthfchaftsgebäude mit Keffelhaus und eine Leichenhalle mit Secir-Zimmer und Aufbahrungsraum.

Das Pflegehaus für körperlich Sieche enthält in Erdgefchofs, 2 Obergefchoffen und 2 feitlichen Aufbauten zufammen 18 Schlaf- und Wohnräume, 8 Tagräume, 6 Einzelzimmer, 6 Abfonderungszimmer, die erforderlichen Räume für das Warte-Perfonal, Bäder und Aborte und einen Betfaal mit Sacriftei; es gewährt Unterkunft für 186 Frauen. Der Grundrifs des I. Obergefchoffes ift in Fig. 101 dargeftellt; die Anordnung befonderer Wafchräume für die Pfleglinge wiederholt fich in allen Gefchoffen. Im Erdgefchofs ift dem Haufe eine überdachte Terraffe vorgebaut, auf welcher die Kranken auch im Bett oder im Rollftuhl Erholung fuchen können. Im Kellergefchofs haben hier und eben fo in den anderen Pflegehäufern einige Arbeitsräume Platz gefunden.

Die körperlich fiechen Männer find in den älteren Gebäuden untergebracht, die für 104 Betten Raum bieten.

Jedes der beiden für geiftig Sieche beftimmten Pflegehäufer, deren Erdgefchofs-Grundrifs in Fig. 102 beigegeben ift, nimmt 114 Pfleglinge auf. Die Anordnung der Gefchoffe ift die gleiche, wie zuvor befchrieben; die Betten ftehen in 8 Zimmern für je 8 und in einem Saal für 38. Der Belegraum in den Schlaffälen beträgt für jedes Bett 5 bis 6 qm, die lichte Gefchofshöhe 4 m.

Das Wirthfchaftsgebäude enthält, wie der Grundrifs in Fig. 103 zeigt, im Erdgefchofs die Koch- und Wafchküche mit allem Zubehör; die Küchenräume find 7 m hoch angelegt und mit befonderer Lüftung verfehen. Im I. Obergefchofs haben die Wohnräume des Dienft-Perfonals, im II. Obergefchofs die Wäfchniederlagen und die Trockenböden Platz gefunden.

Im Keſſelhauſe ſtehen 6 Dampfkeſſel mit zuſammen 375 qm feuerberührter Fläche und 2 Reſerve-Keſſelſtellen; der Dampfſchornſtein hat eine Höhe von 41 m.

Der Dampf wird für den geſammten Wirthſchaftsbetrieb und eben ſo für die Beheizung aller neuen Pflegehäuſer verwendet, für letztere in verſchiedenen Formen, für die Sammelräume als Dampf-Luftheizung

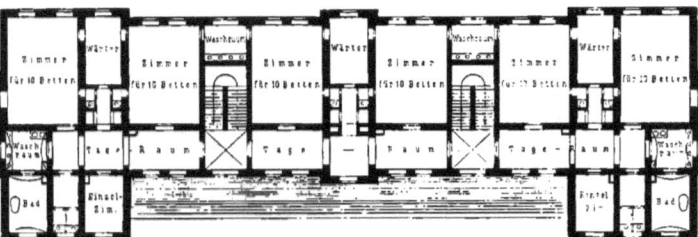

Fig. 101.

Pflegehaus für körperlich Sieche zu Dresden. — 1. Obergeſchoſs.

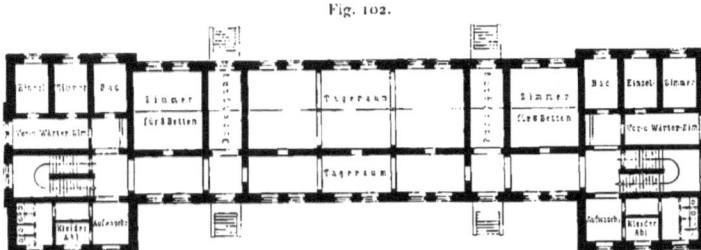

Fig. 102.

Pflegehaus für geiſtig Sieche zu Dresden. — Erdgeſchoſs.
Arch.: *Friedrich*.

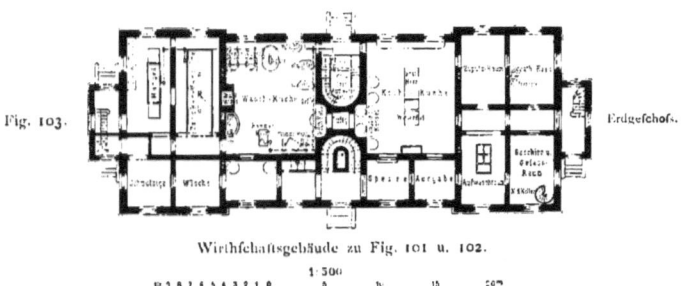

Fig. 103.   Erdgeſchoſs.

Wirthſchaftsgebäude zu Fig. 101 u. 102.
1:500

mit Druckluftung, für die Einzelzimmer als Dampf-Waſſerheizung, für die Betriebsräume als unmittelbare Dampfheizung; für den Betrieb der Lüftung iſt in jedem Pflegehauſe eine 4-pferdige Dampfmaſchine aufgeſtellt.

Die Bedürfniſs-Anſtalten ſind nach dem *Süvern*'ſchen Syſtem mit Desinfection und ſelbſtthätiger Spülung eingerichtet; alle Abwaſſer werden in eine Desinfections-Grube zuſammengeleitet.

Das Irren-Beobachtungs-Haus, auf deffen eingehende Befchreibung, als nicht hierher gehörig, verzichtet ift, nimmt 132 Geifteskranke beiderlei Gefchlechtes auf; die ganze Anftalt, einfchl. der alten Gebäude bietet für ungefähr 650 Pfleglinge Raum.

Die Koften der Neubauten werden wie folgt beziffert:

Pflegehaus für 186 körperlich fieche Frauen, 1050 qm bebaute Grundfläche, 226 000 Mark.
„ „ 114 geiftig fieche Männer, 914 „ „ „ 205 600 „
„ „ 114 geiftig fieche Frauen, 914 „ „ „ 204 700 „
Irren-Beobachtungshaus für 182 Kranke, 1322 „ „ „ 325 000 „
Wirthfchaftsgebäude . . . . . 676 „ „ „ 116 400 „
Keffelhaus mit Dampffchornftein 622 „ „ „ 79 000 „
Leichenhalle . . . . 159 „ „ „ 15 000 „

Die Koften der Betriebsanlagen, wie Heizung, Lüftung, Gas- und Wafferleitung, Bedürfnis Anftalten, Mafchinen-Einrichtung u. a., ftellen fich in obiger Reihenfolge der Gebäude auf 43 700, 30 700, 29 900, 43 100, 43 100, 54 300 Mark; hierzu kommen ferner 36 000 Mark für Einrichtungen in 5 älteren Häufern und die Koften für Nebenanlagen, wie Entwäfferung, Einfriedigung u. a., mit 135 000 Mark, fo dafs die von der Stadt im Ganzen aufgewendete Summe 1 587 500 Mark betragen hat.

Das ftädtifche Pflegehaus zu Düffeldorf (Arch.: *Peiffhoven*), welches zur Zeit im Bau begriffen ift, fteht auf einem Grundftück von ungefähr 20 000 qm mit drei Gebäuden. Das vordere Gebäude gewährt Raum für die Verwaltung und eine Anzahl von Pfleglingen, während die beiden Seitengebäude als Männer- und Frauen-Abtheilung nur zur Aufnahme der Siechen beftimmt find. Im Ganzen finden 533 Pfleglinge Platz, davon je 204 in den beiden Pflegehäufern, fo dafs die Gefammtbaukoften, welche auf rund 750 000 Mark berechnet find, fich für den Kopf auf rund 1400 Mark ftellen werden.

Das Verwaltungsgebäude enthält im Kellergefchofs Wirthfchafts- und Mafchinenräume, Backofen, Wafchküche mit Dampfbetrieb nebft Zubehör; im Erdgefchofs die Räume für die Verwaltung, für Aerzte und Geiftliche, Apotheke, Verwalterwohnung, Aufnahmezimmer und 2 Krankenfäle, ferner die Kochküche

Beifpiel VII.

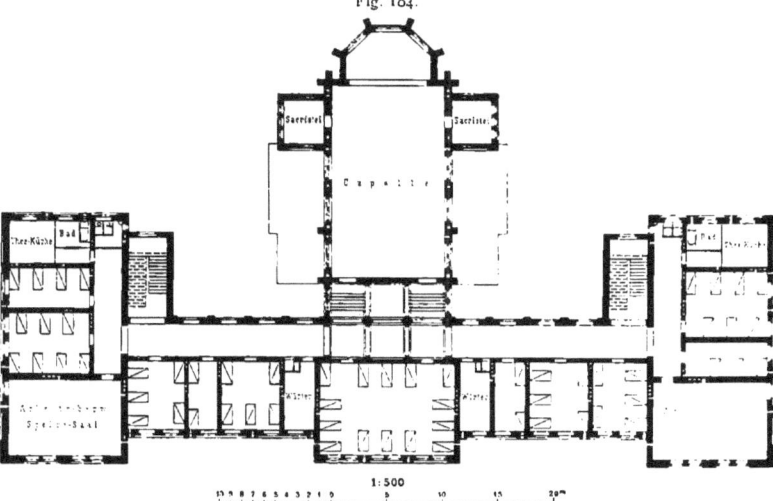

Fig. 104.

Städtifches Pflegehaus zu Düffeldorf. — Verwaltungsgebäude.
I. Obergefchofs.

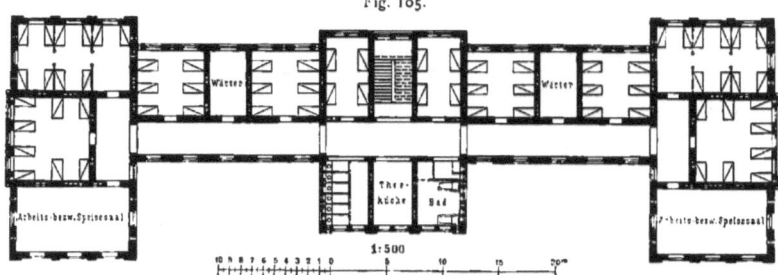

Fig. 105.

Städtisches Pflegehaus zu Düsseldorf,
I. und II. Obergeschoss.
Arch.: *Peiffhoven*.

mit 3 Dampfkochkesseln und einem Bratherd, Spülküche, Vorrathsräume und 2 Speiseausgaben; im I. und II. Obergeschofs die Aufenthalts-, bezw. Schlafzimmer für die Pfleglinge, Wärterzimmer, Bäder, Theeküchen und Aborte, Arbeits- und Speisesäle.

Im Mittelbau des I. Obergeschosses, dessen Grundriss in Fig. 104 beigefügt ist, befindet sich die Capelle, deren Empore vom II. Obergeschoss aus zugänglich ist. Die Schlafräume sind in verschiedener Gröfse, für 2 bis 14 Betten, eingerichtet. Im Dachgeschoss sind Schlaf- und Wohnräume für das Dienst-Personal ausgebaut, dessen Zahl 40 beträgt.

Die beiden Pflegehäuser sind in ihrer baulichen Einrichtung ziemlich übereinstimmend. Sie enthalten im Erdgeschoss und in 2 Obergeschossen, deren Grundriss in Fig. 105 beigefügt ist, die Aufenthalts-, bezw. Arbeits- und Speisesäle und die Schlafräume der Pfleglinge, ferner die Zimmer für das Warte-Personal, Bäder, Theeküche und Aborte. Die Grundfläche in den Schlafräumen beträgt für jedes Bett 6 bis 7 qm, die Stockwerkshöhe 4,5 m, der Luftraum darnach rund 30 cbm.

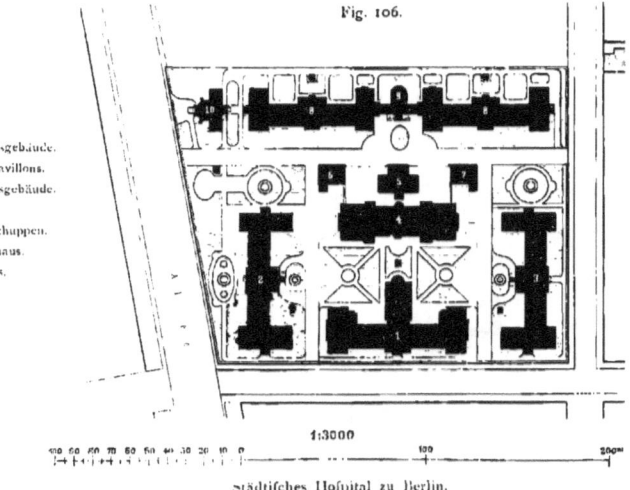

Fig. 106.

1. Verwaltungsgebäude.
2, 3. Seiten-Pavillons.
4. Wirthschaftsgebäude.
5. Kesselhaus.
6, 7. Arbeitsschuppen.
8, 9. Siechenhaus.
10. Leichenhaus.

Städtisches Hospital zu Berlin.
Lageplan.
Arch. *Blankenstein*.

Die drei Gebäude find durch Verbindungsgänge an einander angefchloffen, welche den Pfleglingen zugleich als Spazierwege und als Aufenthaltsräume dienen.

Zur Heizung ftehen eiferne Oefen mit äufserer Luft-Zuführung, für die Capelle eine Dampfheizung im Betriebe. Die Gebäude find in gefugtem Backfteinbau errichtet und mit doppelter Dachpappe eingedeckt.

Als Beifpiel einer gleich grofsen gefchloffenen Bauanlage kann auf das 1879 erbaute Wiener Verforgungshaus zu Liefing hingewiefen werden, welches 550 alte Männer und Frauen aufnimmt.

Von noch gröfserem Umfange find das Hofpital und Siechenhaus, welche von der Berliner Stadtverwaltung zur Erweiterung der ftädtifchen Pflegeanftalten 1889 (Arch.: *Blankenftein*) in Betrieb geftellt worden find. Beide Anftalten ftehen vereinigt, nach dem Pavillon-Syftem erbaut, auf einem hoch gelegenen Grundftück von 39 000 qm Flächeninhalt an der Prenzlauer Allee (Fig. 106).

Das Hofpital ift zur Aufnahme von 500 altersfchwachen Männern beftimmt, von denen 120 in dem zugleich als Verwaltungsgebäude und Siechenhaus dienenden Vorderhaufe und je 190 in zwei Seiten-Pavillons Platz finden.

Das Verwaltungsgebäude (im Lageplan mit *s* bezeichnet) enthält im Erdgefchofs, deffen Grundrifs Fig. 107 zeigt, die Räume für die Verwaltung der Gefammtanftalt, die Director-Wohnung, ein

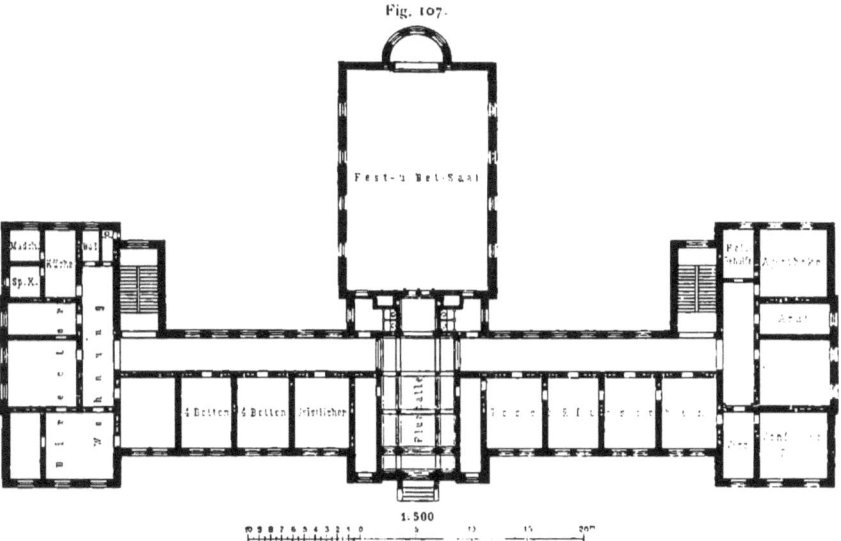

Fig. 107.

Städtifches Hofpital zu Berlin. — Verwaltungsgebäude.
Erdgefchofs.

Zimmer für den Geiftlichen, 2 Zimmer für je 4 Pfleglinge und einen Betfaal von rund 250 qm Gröfse und in 2 Obergefchoffen die Räume für die übrigen Pfleglinge, welche in Zimmern zu 4 und 6 Betten vertheilt find.

Im II. Obergefchofs ift ein Aufenthaltszimmer von 90 qm Flächenraum für die tägliche Zufammenkunft der Pfleglinge vorgefehen.

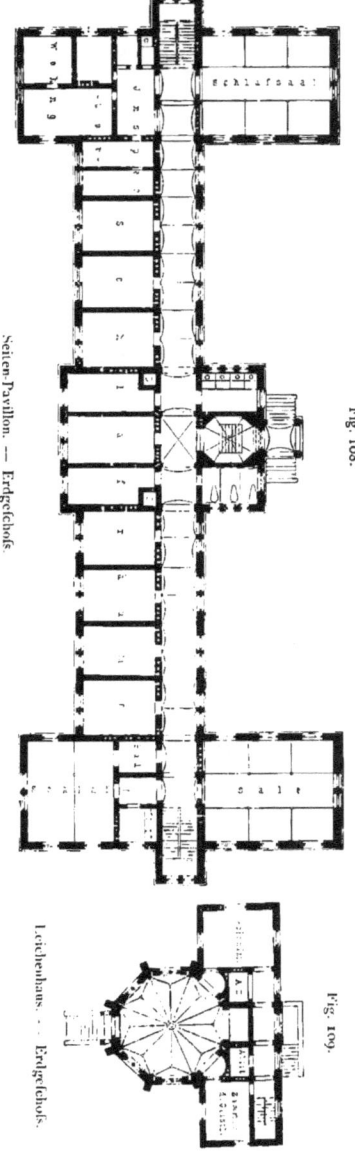

Fig. 108.

Seiten-Pavillon. — Erdgeschoß.

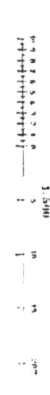

Fig. 109.

Leichenhaus. — Erdgeschoß.

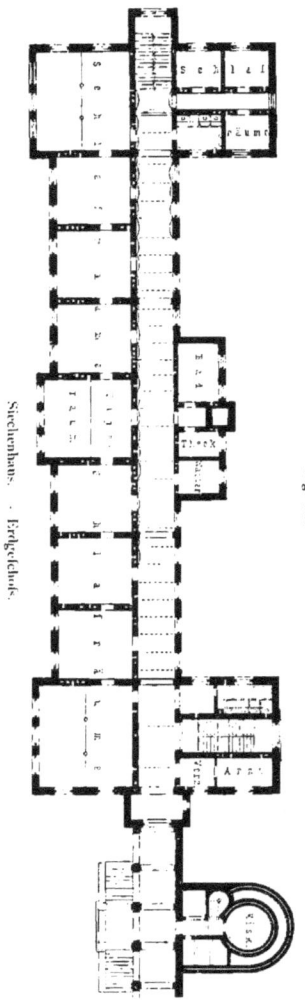

Fig. 110.

Siechenhaus. — Erdgeschoß.

Städtisches Hospital zu Berlin.

Jeder der beiden Seiten-Pavillons (im Lageplan mit *2* und *3* bezeichnet, vertheilt die Betten in einer Zahl von 2 bis 16 in zusammen 42 Zimmern; im II. Obergeschofs liegt ein Aufenthaltszimmer von 100 qm Grundfläche. Ein Erdgeschofs-Grundrifs ist in Fig. 108 mitgetheilt.

In allen Gebäuden find die Aborte in den Geschoffen vertheilt; die Baderäume haben in der Mitte ihren Platz gefunden. Zur Erwärmung dient für jedes Pflegehaus eine Warmwaffer-Heizung; der Betfaal im Verwaltungsgebäude wird durch Feuer-Luftheizung, die Dienftwohnungen werden durch Kachelöfen erwärmt.

Das Siechenhaus, welches aus 2 getrennten, jedoch in allen Geschoffen durch offene Hallen verbundenen Gebäuden besteht (fiehe im Lageplan die Gebäude *8* und *9*), nimmt im Ganzen 250 Kranke auf, die in Zimmern mit je 2 bis 11 Betten vertheilt find.

Der Grundrifs des Erdgeschoffes ist in Fig. 110 beigefügt. In jedem Geschofs ist ein gröfseres Zimmer für den Tagesaufenthalt der Pfleglinge vorgefehen, die das Bett verlaffen können. Die Anordnung der Aborte und Bäder ftimmt mit derjenigen des Hofpitals überein; zur Erwärmung dient Dampf-Warmwaffer-Luftheizung.

An die Rückfeite der Verbindungshalle ist ein Eiskeller angebaut.

Auf der linken Seite des Siechenhaufes (fiehe im Lageplan das Gebäude *10* und den Erdgeschofs-Grundrifs in Fig. 109) fteht das Leichenhaus, welches in Kellergeschofs die Aufbahrungsräume, im Erdgeschofs die Capelle, ein Zimmer für den Geiftlichen und ein Secir-Zimmer enthält; zum Transport der Leichen ift ein Aufzug angeordnet. Zur Erwärmung dient Ofenheizung.

Das Wirthfchaftsgebäude *4* und das Keffelhaus *5* ftehen in der Mitte der ganzen Bauanlage, dahinter haben rechts und links 2 Arbeitsfchuppen *6* und *7* Platz gefunden.

Das Wirthfchaftsgebäude nimmt im Erdgeschofs die fämmtlichen, zum Koch- und Waschbetrieb der Anftalt erforderlichen Räume und im I. Obergeschofs die Wohnungen des Verwalters, der Oberwäscherin und des Dienft-Perfonals, fo wie Magazine aller Art auf; das Dachgeschofs dient als Trockenboden. Zur Erwärmung ift Dampfwaffer- und unmittelbare Dampfheizung vorgefehen.

Im Keffelhaufe ftehen 4 Dampfkeffel mit zufammen 200 qm Heizfläche im Betriebe; dafelbst befindet fich ferner 1 Arbeitsraum des Heizers, 1 Schlofferwerkftätte und 1 Desinfections-Raum.

Sämmtliche Gebäude find in gefugtem Backfteinbau unter Verwendung farbiger Verzierungen aufgeführt; die Gefammtbaukoften haben fich auf rund 2670000 Mark belaufen, betragen mithin für jeden Pflegling rund 3560 Mark.

Zwei kleinere franzöfifche Anftalten, die für 28, bezw. 32 alte Männer und Frauen beftimmten Verforgungshäufer zu Bourgoin und zu Courtais, find in Fig. 111 [70]) u. 112 [71]) durch die Grundriffe des I. Obergeschoffes, bezw. des Erdgeschoffes dargeftellt.

Als Beifpiel N u. XI.

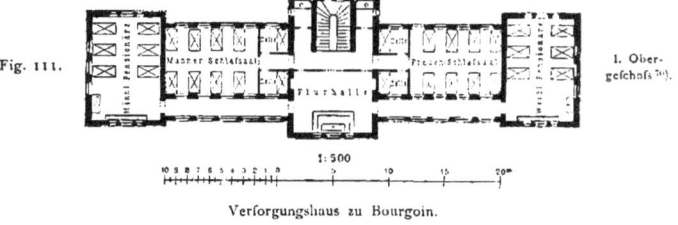

Fig. 111. I. Obergeschofs[70]).

1:500

Verforgungshaus zu Bourgoin.
Arch.: *George*.

Das Verforgungshaus zu Bourgoin (Arch.: *George*) enthält im Erdgeschofs den Eintrittsflur, 2 Aufenthalts- und Speifefäle, 1 Speifezimmer für die Schweftern, welche den Dienft in der Anftalt verfehen, 1 Wäfchezimmer und einen grofsen Raum für die Verwaltung mit Archiv-Zimmer; im I. Obergeschofs die Schlafräume und eine kleine Capelle.

---

[70]) Nach: WILLIAM & FARGE. *Le recueil d'architecture*. Paris. *1e année, f. 2*.
[71]) Nach ebendaf., *12e année, f. 22*.

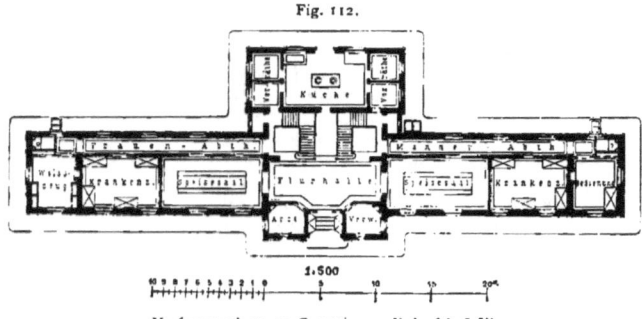

Verforgungshaus zu Courtais. — Erdgefchofs [71]).
Arch.: *Vée*.

Die Pfleglinge find auf der Männer- und Frauen-Abtheilung in 2 Claffen getrennt und in 4 Schlaffälen zu je 8 Betten mit einer Grundfläche im Saal von je 6 qm, bezw. zu 6 Betten mit je 9 qm Grundfläche untergebracht.

Wirthfchaftsräume, Bäder und Apotheke find im Kellergefchofs untergebracht.

Das Verforgungshaus zu Courtais (Arch.: *Vée*) enthält im Erdgefchofs die Speifefäle für Männer und Frauen, 2 Krankenzimmer für je 4 Betten, einige Zimmer für die Verwaltung, fo wie die Küche mit den nöthigen Wirthfchaftsräumen; im I. Obergefchofs 2 Schlaffäle für je 16 Pfleglinge, 2 Aufenthaltsräume, 2 Zimmer für die Wärterinnen, Bäder und Wafchzimmer.

Der Flächenraum im Schlaffaal beträgt für jedes Bett rund 6 qm.

Beide Anftalten find mit Sammel-Luftheizung erwärmt.

Fig. Beifpiel XII.

Eine ältere franzöfifche Anlage gröfseren Umfanges ift die Altersverforgungs-Anftalt *Ste.-Périne*. Diefelbe ift im Anfang unferes Jahrhundertes in Paris begründet, mit der Beftimmung, alte Perfonen beiderlei Gefchlechtes vom 60. Lebensjahre an gegen Zahlung einer jährlichen Penfion von 700 Francs oder Hingabe eines entfprechenden Kapitals bis zu ihrem Lebensende aufzunehmen.

Die Anftalt ift fpäter nach Auteuil verlegt und dort in einem fchönen Park von 7,86 ha Fläche als Gruppenbau neu (1860 von *Pouthieu*) aufgebaut worden. Sie gewährt im Ganzen Unterkunft für 268 Perfonen, davon zwei Drittel Frauen, und hat aufserdem eine Krankenabtheilung mit 25 Betten. Jeder Penfionär hat ein eigenes Zimmer mit kleinem Nebenraum; Ehepaare erhalten je 2 Zimmer.

Der Ueberfichtsplan in Fig. 114 [74]) läfst die grofsräumige Anlage erkennen und macht zugleich die Anordnung der Wohnräume der Penfionäre erfichtlich; die Grundfläche eines jeden Zimmers beträgt ca. 18 qm; in der Mitte eines jeden Stockwerkes ift ein Abort und ein Wafchraum vorgefehen. Das im Plan mit *y* bezeichnete Gebäude enthält die Capelle, *o* den Speifefaal.

191. Beifpiel XIII.

Das Beifpiel einer ähnlichen englifchen Anlage bietet das Siechenhaus in

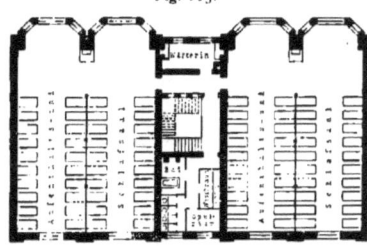

Siechenhaus zu London.
I. Obergefchofs [73]). — 1:500 n. Gr.
Arch.: *Saxon Snell*.

[72]) Facf.-Repr. nach: NARJOUX, F. Paris. *Monuments élevés par la ville 1850–1880*. Paris 1883.
[73]) Nach: SNELL, H. J. *Charitable and parochial eftablifhments*. London 1881.

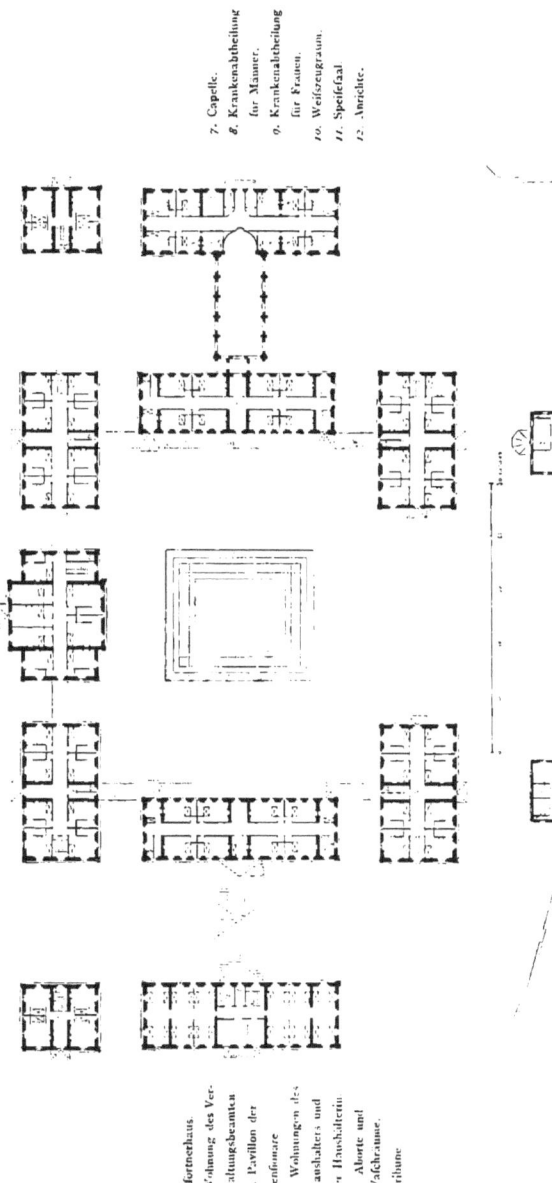

Fig. 114. Alters-Versorgungsanstalt *Ste.-Périne* bei Paris. Ueberfichtsplan ¹⁄₇₂.
Arch.: *Possin.*

1. Pförtnerhaus.
2. Wohnung des Verwaltungsbeamten.
3. 7. Pavillon der Pensionäre.
4. 4. Wohnungen des Haushalters und der Haushalterin.
5. 5. Aborte und Waschräume.
6. Tribune.
7. Capelle.
8. Krankenabtheilung für Männer.
9. Krankenabtheilung für Frauen.
10. Weiszeugraum.
11. Speisesaal.
12. Anrichte.

der Northumberland-Strafse zu London, 1868 von *Saxon Snell* erbaut. Die Anftalt, welche einen Theil des Armenhaufes für den Stadtbezirk St. Marylebone bildet, gewährt im Erdgefchofs und in 2 Obergefchoffen Raum für 240 fieche Frauen.

Wie aus dem in Fig. 113[13]) wiedergegebenen Grundrifs des I. Obergefchoffes, deffen Anordnung fich im Wefentlichen in den anderen Stockwerken wiederholt, erfichtlich ift, nimmt jeder Saal 40 Betten auf und dient im vorderen, durch 2 ausgebaute Erker erweiterten Theile zugleich zum Tagesaufenthalt der Pfleglinge.

Zwifchen den Sälen liegen die Bedürfnifs-Anftalten, fo wie die Wafch- und Baderäume und das Zimmer der Wärterin; der Flächenraum im Saal beträgt für jeden Pflegling rund 5,8 qm.

Literatur

über »Altersverforgungs-Anftalten« und »Siechenhäufer«.

LAVAL, E. *Afile impérial de Vincennes. Nouv. annales de la conft.* 1857, S. 2, 89, 105.
Afile impérial du Véfinet. Nouv. annales de la conft. 1857, S. 89.
QUESTEL. *Le nouvel hofpice de Gifors. Revue gén. de l'arch.* 1861, S. 208 u. Pl. 51—61; 1862, S. 24 u. Pl. 11.
Gafthaus in der Neuenftrafse in der Vorftadt St. Georg: Hamburg. Hiftorifch-topographifche und baugefchichtliche Mittheilungen. Hamburg 1868. S. 138.
Afylums for the imbecile poor of the metropolitan diftrict. Builder, Bd. 26, S. 541.
Hofpice Saint-Illide. Encyclopédie d'arch. 1875, S. 70 u. Pl. 289, 290.
LOUÉ, V. *L'hofpice de La Chaife-le-Vicomte. Moniteur des arch.* 1876, S. 98 u. Pl. 31, 32.
Hofpitale und Siechenhäufer in Berlin: Berlin und feine Bauten. Berlin 1877. Theil I, S. 214, 216.
ROUYER, E. *Hofpice de Boulogne-fur-mer. Gaz. des arch. et du bât.* 1877, S. 244.
DESTORS. *Hofpice civil de Garges. Moniteur des arch.* 1877 u. Pl. gr. 55, 56.
Afyl für Sieche: Die Bauten, technifchen und induftriellen Anlagen von Dresden. Dresden 1878. S. 256.
Hofpice de la vieilleffe à Anières près Genève: Programme et defcription des plans primés. Eifenb., Bd. 8, S. 138, 143, 155.
ROUYER, E. *Hofpice communal L. Duflos à Boulogne-fur-mer. Nouv. annales de la conft.* 1879, S. 89
Brittas: *Queen's country, Ireland. Builder*, Bd. 37, S. 405.
NIZET. *Maifon de retraite pour vieillards, à Arcueil-Cachan. Moniteur des arch.* 1881, Pl. 53, 59.
Städtifche Alterverforgungs-Anftalt zu Berlin. Deutfche Bauz. 1882, S. 285.
NARJOUX, F. *Paris. Monuments élevés par la ville 1850—1880.* Paris 1883.
Bd. 4: *Inftitution de Sainte-Périne*; von PONTHIEU.
Hofpice pour vieillards. La femaine des conft., Jahrg. 7, S. 414.
KRÜGER, J. Das neue Siechenhaus zu Königsberg i. Pr. Deutfche Bauz. 1885, S. 25.
REUTLINGER. Das Alters-Afyl zum »Wäldli« in Hottingen bei Zürich. Schweiz. Bauz., Bd. 5, S. 27.
Louife und Stephan von Guaita-Stiftung in Frankfurt a. M.: Frankfurt a. M. und feine Bauten. Frankfurt 1886. S. 181.
Verforgungshaus in Frankfurt a. M.: Frankfurt a. M. und feine Bauten. Frankfurt 1886. S. 179.
LARUELLE. *Hofpice de vieillards la maifon Oriza. La femaine des conft.*, Jahrg. 11, S. 138, 151.
MAGNE, A. *Hofpice d'Albart, près Saint-Illide. Nouv. annales de la conft.* 1886, S. 71.
DU MESNIL, O. *Un projet d'hofpice rural. Revue d'hyg.* 1886, S. 127, 252, 333.
Siechenhaus in Bremen: BÖTTCHER, E. Bauten und Denkmale des Staatsgebiets der freien und Hanfeftadt Bremen. Bremen 1887. S. 21. (2. Aufl.: 1882. S. 11.)
Das Bürgerftift »Zum heiligen Geift« zu Burg auf Fehmarn. Baugwks.-Zeitg. 1887, S. 73.
Hofpice de vieillards à Villemomble. Moniteur des arch. 1887, S. 15, 63, 95, 112 u. Pl. 4, 5, 19, 35, 41.
Hofpice de Courtais, Allier. La conftruction moderne, Jahrg. 4, S. 559, 570.
LICHT, H. Das neue Siechenhaus in Leipzig. Deutfche Bauz. 1890, S. 345.
WILLIAM & FARGE. *Le recueil d'architecture*. Paris.
  1e année, f. 1, 2: *Afile de vieillards, à Bourgoin*; von GEORGE.
  9e année, f. 34, 35, 39, 43, 44: *Maifon de retraite pour les vieillards, à Arcueil-Cachan*; von NIZET.
  f. 3, 7, 18, 64, 70: *Hofpice des Vieux-Ménages à Lille*; von MOURCOU.

10e année, f. 3, 4, 9, 10, 14: Hospice de vieillards pour la ville d'Anvers; von VINDERS.
13e année, f. 13: Hospice pour les vieillards; von BROUTY.
14e année, f. 14, 58: Asile des vieillards au Creusot; von BAER.
Croquis d'architecture. Intime club. Paris.
1868—69, Nr. XI, f. 4
Nr. VII, f. 6 } : *Un hospice de refuge pour la vieillesse.*

---

7. Kapitel.
Armen-Verforgungs- und Armen-Arbeitshäufer.

Die Armen-Verforgungs- und Armen-Arbeitshäufer find dazu beftimmt, diejenigen Armen aufzunehmen, welche durch zeitweiligen Mangel an Arbeit und Erwerb mittellos oder durch körperliche Gebrechen arbeitsunfähig und in Folge deffen aufser Stande find, fich Obdach und Nahrung zu verfchaffen. Sie werden erbaut und unterhalten auf Koften der Gemeinden, Kreis- und Provinzial-Verbände, denen die Armenlaft gefetzlich obliegt, und unterfcheiden fich von den in Theil IV, Halbband 7 (Abth. VII, Abfchn. 2, Kap. 3, unter a) diefes »Handbuches« zu befprechenden »Zwangs-Arbeitshäufern« lediglich dadurch, dafs es den Infaffen jederzeit frei fteht, die Anftalt zu verlaffen, fobald fie glauben, ihren Unterhalt fich felbft verfchaffen zu können.

Derartige Armen- und Arbeitshäufer find oft mit Räumen zur Aufnahme armer Familien verbunden, die gezwungen waren, ihre Wohnungen zu verlaffen und am rechtzeitigen Auffinden eines Unterftandes durch Mittellofigkeit oder andere ungünftige Umftände verhindert wurden.

Eben fo werden häufig in die Aufnahme einbegriffen diejenigen Perfonen, welche durch Altersfchwäche oder durch unheilbare körperliche oder geiftige Krankheit erwerbsunfähig find, fo dafs die Armen-Verforgungs- und Armen-Arbeitshäufer zugleich als Siechenhäufer und als Idioten-Anftalten dienen.

Oftmals find diefe Anftalten auch mit einem Zwangs-Arbeitshaufe vereinigt, wie z. B. das ftädtifche Arbeitshaus zu Rummelsburg bei Berlin.

Naturgemäfs haben defshalb die Armen-Verforgungs- und Armen-Arbeitshäufer im Bau und Betrieb mit den Zwangs-Arbeitshäufern und mit den vorbefchriebenen Verforgungsanftalten, Siechenhäufern und Idioten-Anftalten die gröfste Aehnlichkeit, fo dafs es einer erneuerten eingehenden Befchreibung und einer vielfachen Mittheilung von Beifpielen ausgeführter Bauanlagen zur Darftellung eines zweckmäfsigen Bauplanes und Betriebes nicht mehr bedürfen wird.

Da die Unterhaltung zumeift minder begüterten Gemeinden zur Laft fällt, fo muis das Hauptaugenmerk auf äufserfte Sparfamkeit im Bau und Betriebe gelegt werden. Es kommt vorzugsweife darauf an, die Abmeffungen der einzelnen Räume thunlichft einzufchränken, die Ausftattung zwar durchaus dauerhaft, aber fo einfach wie möglich zu halten; es ift ferner im Betriebe darauf Bedacht zu nehmen, die Arbeitskraft der Pfleglinge, mag diefe auch noch fo gering fein, für Hilfeleiftung in der Haus- und Gartenwirthfchaft und für leichte gewerbliche Handleiftungen thunlichft auszunutzen.

Ein wie günftiges Ergebnifs durch zielbewufstes Streben auf diefem Wege erreicht werden kann, ift aus der nachfolgenden Befchreibung der Kreis-Pflegeanftalt zu Freiburg i. B.[71]) zu entnehmen, die zugleich als mustergiltiges Beispiel eine Hervorhebung verdient.

Diese Anstalt ist eine Armen-Verforgungs- und -Pflegeanstalt im weitesten Sinne des Wortes; sie hat aus sämmtlichen, dem Kreisverbande Freiburg zugehörigen Gemeinden aufzunehmen und zu versorgen:

1) die arbeitsunfähigen Armen, so fern diese der öffentlichen Armenpflege der betreffenden Gemeinde anheimfallen;

2) sieche, schwachsinnige, epileptische und blödsinnige Leute, letztere, so weit sie ungefährlich sind, und

3) unheilbare Kranke und arme Genesende.

Unter den zu 2 und 3 genannten Pfleglingen befinden sich einzelne, welche aus eigenen Mitteln oder durch Unterstützung ihrer Angehörigen zahlungsfähig sind; für solche Pfleglinge wird eine höhere, die Selbstkosten der Anstalt übersteigende Vergütung gefordert.

Für die übrigen zahlen die Gemeinden die nach Mafsgabe ihrer gröfseren oder geringeren Wohlhabenheit vom Kreisverbande für den Verpflegungstag in verschiedener Höhe fest gesetzten Kostenbeiträge.

Die Anstalt besteht aus vier Pflegehäusern, von denen 1877 zunächst zwei, 1885 das dritte und 1888 das vierte erbaut wurden, ferner aus einem Wirthschaftsgebäude nebst Kesselhaus und aus einem Stallgebäude; sie gewährt jetzt in vollkommen ausgebautem Umfange Raum für 550 bis 600 Pfleglinge. Die Baukosten, welche im Einzelnen z. B. für das letzterbaute Pflegehaus rund 80 000 Mark betragen haben, werden im Ganzen, einschl. der maschinellen Einrichtung und des Mobiliars, auf rund 600 000 Mark beziffert, so dafs bei stärkster Belegung auf den Kopf nicht mehr als 1000 Mark entfallen; allerdings sind vorerst die Verwaltungsräume noch im Wirthschaftsgebäude untergebracht, und es ist vorbehalten, in Zukunft ein besonderes Verwaltungsgebäude zu errichten, welchem alsdann auch ein gröfserer Verfammlungsfaal eingefügt werden soll.

Je 2 der Pflegehäuser, auf der rechten, bezw. linken Seite stehend, sind für die Männer-, bezw. Frauen-Abtheilung eingerichtet.

Das Grundstück, welches in geringer Entfernung von der Stadt liegt und zur Wafferversorgung an die städtische Quellwafferleitung angeschlossen ist, hat eine Gröfse von rund 5 ha. Die Pflegehäuser sind an ihren Aufsenseiten durch bedeckte Gänge verbunden, so dafs sich, in der Mitte durch Wirthschaftsgebäude getrennt, Kesselhaus und Stallung, zwei gesonderte, mit Bäumen bepflanzte und mit Bänken und einem Trinkbrunnen ausgestattete Spazierhöfe bilden.

Jedes Pflegehaus besitzt in Erdgeschofs und 2 Obergeschossen 5 Schlafsäle für je 20 und 24 Betten, einige kleinere Schlafzimmer, 3 Aufenthalts- und Speisezimmer, Wärterzimmer, Bäder, Theeküchen und Aborte. Der Flächenraum ist so sparsam wie möglich bemessen; es entfällt z. B. in den Schlafsälen für jedes Bett nur eine Grundfläche von 4 bis 5 qm; die lichte Stockwerkshöhe beträgt im Mittel 3,6 m. Ein Grundrifs des II. Obergeschosses wird in Fig. 115[74]) mitgetheilt.

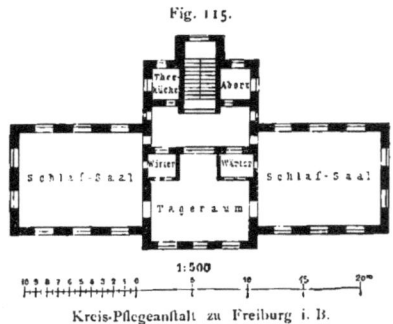

Fig. 115.

1:500

Kreis-Pflegeanstalt zu Freiburg i. B.
Pflegehaus. — II. Obergeschofs[74]).

Das Untergeschofs ist in den Männer-Pflegehäusern zu Werkstätten, in den Frauen-Pflegehäusern zu Wirthschaftszwecken nutzbar gemacht; das Dachgeschofs ist überall zu kleinen Zimmern, Kleider- und Wäschekammern ausgebaut.

Das Wirthschaftsgebäude enthält im Erdgeschofs die für Dampfbetrieb eingerichtete Koch- und Waschküche nebst allem Zubehör und im I. Obergeschofs einen grofsen Raum für die Verwaltung und 2 Familienwohnungen für den Verwalter und den Heizer; zur Dampferzeugung dienen 3 in einem abgesonderten Gebäude untergebrachte Dampfkessel.

Zur Erwärmung der Räume steht in den Pflegehäusern Dampf-Luftheizung, im Wirthschaftsgebäude unmittelbare Dampfheizung im Betrieb.

---

[74]) Nach: Eschbächer, G. Die badischen Kreispflege-Anstalten u. s. w. Freiburg i. B. 1890.

Auch für die Mobiliarbeschaffung ist thunlichste Einfachheit angestrebt; die Schreinerarbeit (z. B. die Bettstellen, Nachtschränke u. a.) ist größtentheils von den Pfleglingen selbst angefertigt und steht ohne Anstrich; zur Beleuchtung dienen Petroleumlampen.

Der gesammte Wirthschaftsbetrieb ist für Handarbeit eingerichtet, um die weiblichen Pfleglinge ausgiebig zu beschäftigen. Für die Beschäftigung der Männer und Frauen ist eine große Anzahl von allerhand Werkstättenbetrieben eingerichtet, z. B. für Schreiner, Schlosser, Glaser, Schuhmacher, Schneider u. a.; außerdem werden Düten geklebt und Kaffeebohnen und Federn gelesen; auch sind eine umfassende Gärtnerei und landwirthschaftlicher Betrieb mit Kleinviehzucht im Gange.

Durchschnittlich anwesend sind zur Zeit im Winter 470 bis 500 und im Sommer 440 bis 470 Pfleglinge, und zwar etwa 100 Männer mehr, als Frauen. Zu deren Pflege und Beaufsichtigung unterstehen dem zugleich mit Leitung der ganzen Verwaltung betrauten Arzte 1 Schreiber, 1 Heizer, 7 Wärter, 6 Wärterinnen und 5 Frauen für die Küche und Wäsche, zusammen also nur 20 Personen. Es erhellt aus diesem Verzeichnis, dass im Betriebe der Anstalt auch auf äußerste Ersparung an Unterhaltungskosten Bedacht genommen wird. In Folge dessen ist es gelungen, seit dem Jahre 1877 mit der allmählig wachsenden Zahl der Pfleglinge die Verpflegungskosten auf 36 Pfennige, bezw. die Gesammtkosten, Kapitalzinsen einbegriffen, auf 48 Pfennige für den Kopf und Tag herabzumindern.

Literatur
über »Armen-Versorgungs- und Armen-Arbeitshäuser«.

α) Anlage und Einrichtung.

Travaux de Paris. Établissements de bienfaisance. Revue gén. de l'arch. 1862, S. 223.
Armenhäuser und Stifte. HAARMANN's Zeitschr. f. Bauhdw. 1863. S. 206.
Deutsche bautechnische Taschenbibliothek. Heft 85: Die Armen-Arbeitshäuser. Von G. OSTHOFF. Leipzig 1882.
Volkswirthschaftliche Zeitfragen. 40. Heft: Armen-Beschäftigung. Von A. LAMMERS. Berlin 1883.
BÖHMERT, V. Das Armenwesen in 77 deutschen Städten und einigen Landarmenverbänden etc. Dresden 1886—88.
Ferner:
Anzeiger für deutsche Armenbehörden. Nebst Beilage: Mittheilungen aus dem Gebiete des Armenwesens. Herausg. von L. WOLF. Erscheint seit 1884.

β) Ausführungen.

Approved design for the Spalding almshouses, Lincolnshire. Builder, Bd. 1, S. 159.
GAUTHIER, P. *Les plus beaux édifices de la ville de Gênes et de ses environs.* Nouv. édit. Paris 1845. *1re partie, pl. 46—48: Albergo de poveri, près la porte San Nicola.*
The new alms-house on Deer Island, in Boston harbour. Builder, Bd. 8, S. 290.
LOUVIER, A. *Dépôt de mendicité, exécuté à Albigny.* Revue gén. de l'arch. 1860, S. 266 u. Pl. 54—60.
MARTENS, G. Arbeitshaus in Kiel. Allg. Bauz. 1867, S. 383.
Josiah Mason's orphanage and almshouses. Builder, Bd. 27. S. 744.
The Edinburgh poor-house. Builder, Bd. 27, S. 805.
Armenhaus am Alserbach in Wien: WINKLER, E. Technischer Führer durch Wien. 2. Aufl. Wien 1877. S. 121.
Alleyn's almshouses, St. Luke's. Builder, Bd. 32, S. 979, 985, 989.
Robert Hooke, architect, and aske's almshouses. Builder, Bd. 33, S. 53.
Almshouses at Guildford. Building news, Bd. 37, S. 8.
SNELL, H. J. *Charitable and parochial establishments.* London 1881.
S. 3: *St. Luke's workhouse.*
S. 23: *St. George's union workhouse.*
Maison de retraite pour les pauvres. Moniteur des arch. 1881, Pl. aut. X.
Dr. White's almshouses, Bristol. Builder, Bd. 43, S. 759.
Almshouses with chapel or hall, Turvey, Bedfordshire. Architect, Bd. 30, S. 391.
NARJOUX, F. Paris. *Monuments élevés par la ville 1850—1880.* Paris 1883.
Bd. 4: *Hospice des Ménages;* von VERA.
Grendon's almshouses, Exeter. Building news, Bd. 45, S. 768.

The Barton almshouses, Turvey. *Builder*, Bd. 49, S. 170.
St. Pancras workhouse extension. *Building news*, Bd. 48, S. 400.
Armen-Afyl in Frankfurt a. M.: Frankfurt a. M. und feine Bauten. Frankfurt 1886. S. 182.
Workhouse for the able-bodied poor of the Holborn union. *Builder*, Bd. 51, S. 588.
Claus, H. & M. Hinträger. Das Waifen- und Armenhaus in Zwittau. Allg. Bauz. 1887, S. 87.
Almshouses at Charlton, Kent. *Builder*, Bd. 52, S. 716.
Armen- und Waifen-Verforgungshaus. Deutfches Baugwksbl. 1888, S. 168.
Das Afyl- und Werkhaus der Stadt Wien. Wochfchr. d. öft. Ing.- u. Arch.-Ver. 1888, S. 246.
Krones, A. Armen- und Verforgungshaus in Neulengbach. Deutfches Baugwksbl. 1890, S. 391.
Armen-Arbeitsanflalt bei Osdorf: Hamburg und feine Bauten, unter Berückfichtigung der Nachbarftädte Altona und Wandsbeck. Hamburg 1890. S. 250.

8. Kapitel.

Zufluchtshäufer für Obdachlofe und Wärmftuben.

195. Zweck.

Faft in allen Grofsftädten find neuerdings, zunächft meiftentheils der Privat-Wohlthätigkeit erwachfend, Zufluchtshäufer gegründet worden, welche dazu beftimmt find, in Noth befindlichen Perfonen vorübergehend, je nach den Verhältniffen für längere oder kürzere Zeit, Unterkunft zu gewähren.

Diefe Zufluchtshäufer, auch Afyle und Heimftätten genannt, dienen den verfchiedenartigften Zwecken, z. B. zur Aufnahme für Obdachlofe, Trunkene, entlaffene Sträflinge, Lehrlinge, Mägde etc.

196. Zufluchtshäufer für Obdachlofe.

Zufluchtshäufer für Obdachlofe haben die Beftimmung, für die Nachtzeit Perfonen beiderlei Gefchlechtes, Erwachfene und Kinder, aufzunehmen, um fie vor äufserfter Noth zu bewahren und fie zu verhindern, in Verbrechen zu finken.

Abgefehen von diefer Wohlthätigkeitsbeftrebung hat man fich jedoch der Wahrnehmung nicht entziehen können, dafs die Anhäufung vieler, der ärmften Bevölkerungs-Claffe angehörenden, zum Theile in körperlichem und fittlichem Elend bereits verkommenen Menfchen unter ungünftigen räumlichen und gefundheitlichen Verhältniffen ohne genügende Aufficht für die übrige Einwohnerfchaft, befonders in den Grofsftädten, ganz erhebliche Anfteckungsgefahren mit fich bringt. Es konnte defshalb auf die Dauer nicht als ausreichend erachtet werden, dafs die Auffichtsbehörden, wie dies vielfach gefchehen ift, durch geeignete Vorfchriften auf eine Verbefferung der von Privaten zum Erwerb gehaltenen Schlafhäufer, Nachtherbergen und Schlafftellen hinwirkten; fondern es mufste Seitens der Stadtverwaltungen als eine Pflicht erkannt werden, hier vorforgend durch Befchaffung räumlich grofs bemeffener, gut eingerichteter Zufluchtshäufer einzugreifen.

Im ftädtifchen Afyl für Obdachlofe zu Berlin, deffen Einrichtung fpäter befchrieben wird, ift z. B. feft geftellt, dafs im Jahre 1888—89 von 220 766 Perfonen, welche im Laufe diefes Jahres die Anftalt benutzt haben, nur 8733 zum erften Male kamen; die übrigen waren fchon häufiger gezwungen gewefen, die Hilfe des Afyls anzurufen, oder es waren gewohnheitsmäfsige Bettler und Säufer, wie die Thatfache beweist, dafs nicht weniger als 7924 Perfonen in diefem einen Jahre mit Hilfe der Polizei dem Amtsanwalt zur Beftrafung, meift wegen Arbeitsfcheu, überwiefen werden mufsten. Wie zweckmäfsig und nothwendig das Afyl in gefundheitlicher Beziehung war, geht aus der weiteren Feftftellung hervor, dafs bei der regelmäfsig vorgenommenen ärztlichen Unterfuchung 2226 Perfonen krank befunden wurden und den Krankenhäufern zugeführt werden mufsten.

Die Zufluchtshäufer find entweder für Männer und Frauen getrennt oder für beide Gefchlechter zu gemeinfamer Benutzung beftimmt. Im letzteren Falle ift für ftrenge Sonderung der Gefchlechter und eben fo auch für Abtrennung der Perfonen jugendlichen Alters Sorge zu tragen.

In der Regel erhält jede Perfon nur für höchftens 3 bis 5 auf einander folgende Tage das Recht, die Anftalt zu befuchen, um eine mifsbräuchliche Ausnutzung der letzteren durch arbeitsfcheue Menfchen zu verhindern; in fichtlichen Nothfällen wird eine Ausnahme jedoch nicht verfagt. Bisweilen wird als Gegenleiftung für das zu gewährende Obdach eine gering bemeffene Bezahlung oder, namentlich in englifchen Afylen, eine Arbeitsleiftung verlangt.

Die Anftalten werden Abends, im Winter gewöhnlich um 7 Uhr, im Sommer um 8 Uhr geöffnet und Morgens um 6 oder 7 Uhr gefchloffen. Jede Perfon hat im Bureau Namen, Alter und Stand anzugeben; fie erhält bis zu einer beftimmten Aufnahmeftunde eine Taffe Thee oder Kaffee oder einen Teller warmer Suppe mit Brot und kann zur Ruhe gehen. Für Wafch- und Bade-Einrichtungen zum Zweck der meift fehr nöthigen Reinigung und eben fo für Desinfection der Kleidungsftücke wird ausgiebige Vorkehrung getroffen.

Oftmals find die Zufluchtshäufer, und namentlich fo weit fie der Privatwohlthätigkeit ihre Entftehung verdanken, in alten Gebäuden untergebracht, die zu einer näheren Befchreibung keinen Anlafs bieten. Seit die Stadtverwaltungen fich jedoch der Aufgabe unterzogen haben, in diefer Richtung helfend einzugreifen, find auch zu diefem Zwecke ftattliche Neubauten erwachfen, unter denen die nachftehend vorgeführten Beifpiele zur Mittheilung ausgewählt wurden.

Bisweilen find mit den vorgenannten Zufluchtshäufern Räume verbunden, die zu winterlicher Jahreszeit während des ganzen Tages geöffnet find, um armen Perfonen Erwärmung und Nahrung zu gewähren.

Derartige Räume, die auch als felbftändige Anftalten und eben fo als Zubehör von Volksküchen[75]) vorkommen, führen den Namen Wärmftuben. Die Räume find für Männer und Frauen zu trennen; für eine kleine Küche und für eine Wafch-Einrichtung, in fo fern dies nicht durch eine Verbindung mit einer gröfseren Wohlfahrtsanftalt entbehrlich wird, ift Sorge zu tragen.

Das ftädtifche Afyl für Obdachlofe zu Elberfeld, 1888 von *Maurer* erbaut, nimmt in Erdgefchofs und 2 Obergefchoffen 200 Perfonen auf.

Die Anftalt enthält im Erdgefchofs 1 Wachtftube, 1 Schlaffaal für Männer, 2 Haftzellen, 2 Wafch-

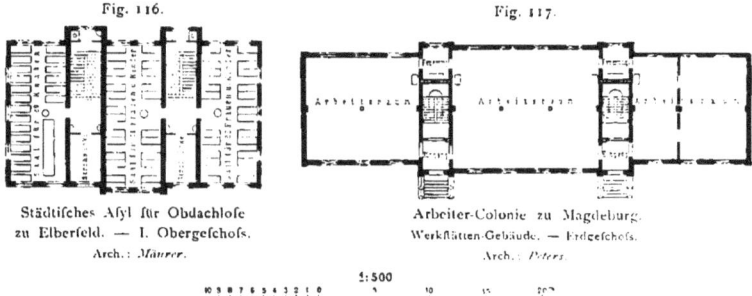

Fig. 116.   Fig. 117.

Städtifches Afyl für Obdachlofe   Arbeiter-Colonie zu Magdeburg.
zu Elberfeld. — I. Obergefchofs.   Werkftätten-Gebäude. — Erdgefchofs.
Arch.: *Maurer*.   Arch.: *Peters*.

1:500

---

[75]) Siehe über die bauliche Anlage und Einrichtung von Volksküchen: Theil IV, Halbbd. 4, Abth. IV, Abfchn. 1, Kap. 4) diefes »Handbuches«.

und Baderäume und die Wohnung des Auffehers; ferner in den beiden Obergefchoffen, deren Grundrifs in Fig. 116 beigegeben ift, die Schlafräume für Männer, Frauen und Kinder, fo wie je 2 Lagerräume für Strohfäcke; auf jedem Treppen-Ruheplatz hat eine kleine Bedürfnifs-Anftalt Platz gefunden.

Die Anftalt ift in gefugtem Backfteinbau in fparfamfter Weife ausgeführt und hat eine Baukoften-Ausgabe von 71 000 Mark erfordert.

Die Arbeiter-Colonie zu Magdeburg, 1888 von *Peters* erbaut, ift als ftädtifches Afyl für Obdachlofe und vagabondirende Arbeiter beftimmt, die dort eine Zeit lang beherbergt und beköftigt und mit verfchiedenen Arbeiten befchäftigt werden.

Die Anftalt, welche auf einem geräumigen Grundftücke aufserhalb der Stadt erbaut ift, befteht aus Wohnhaus, Werkftättengebäude, Stallung und Schuppen, die fich um einen mittleren Hof gruppiren und beiderfeits von Gärten eingefchloffen find.

Das Wohnhaus nimmt im Erdgefchofs und im Dachftock die Verwaltungsräume, fo wie die Wohn- und Schlafräume der zur Pflege angeftellten Diaconen auf.

Das Werkftättengebäude enthält, wie der Erdgefchofs-Grundrifs in Fig. 117 zeigt, zu ebener Erde die Arbeitsräume; darüber im Dachgefchofs liegen 3 Schlaffäle, die zufammen 100 Obdachlofe aufnehmen können, und 2 Aufseherzimmer.

Stallgebäude und Schuppen enthalten die Wirthfchaftsräume, Stallung für Kleinvieh und die Bedürfnifs-Anftalten. Zur Erwärmung dienen überall Einzelöfen mit äufserer Luft-Zuführung.

Die Gebäude find in einfachem Backfteinbau errichtet; die Gefammtbaukoften haben 69 000 Mark betragen.

In Berlin beftehen aus älterer Zeit, der Privatwohlthätigkeit erwachfen, 2 Afyle für Obdachlofe, die beide in vorhandenen Häufern untergebracht find.

Das Männer-Afyl in der Büfchingftrafse hat für 300, das Frauen-Afyl in der Füfilierftrafse für 50 Betten Raum.

Da diefe Anftalten fich fchon längft als für den Bedarf ungenügend erwiefen hatten, fo ift Seitens der ftädtifchen Verwaltung der nachftehend befchriebene Neubau hinzugefügt worden.

Das ftädtifche Obdach zu Berlin, an der Prenzlauer Allee, 1887 durch *Blankenftein* erbaut, befteht, wie der in Fig. 118 beigefügte Lageplan zeigt, aus einem an der Strafse errichteten Hauptgebäude, welches zur Aufnahme obdachlofer Familien und aller Verwaltungsräume dient, und aus einem Hintergebäude für nächtlich Obdachlofe. Beide Gebäude find von einander durch eine Mauer abgetrennt; der hintere Theil hat zwei befondere feitliche Zufahrten. Das Anftaltsgrundftück hat eine Gröfse von 14 000 qm bei 70 m Strafsenfrontlänge.

Das Hauptgebäude, welches für 400 Perfonen Platz bietet, enthält im Kellergefchofs 2 Pförtnerzimmer, eine Auffeherwohnung, Arbeitsräume und Wirthfchaftskeller; ferner im Erdgefchofs die Wohnungen des Infpectors, des Hausvaters, des Pförtners und der Wirthfchafterin, die Koch- und Wafchküche nebft Zubehör, 1 Zimmer für den Arzt mit Wartezimmer, 1 Krankenzimmer für 10 Betten und 1 Wäfche-Magazin; endlich in 3 gleichmäfsig angeordneten Obergefchoffen in gröfseren Sälen die Wohn- und Schlafräume der obdachlofen Familien; eine Anzahl einfenftriger Zimmer find für Frauen mit kleinen Kindern beftimmt.

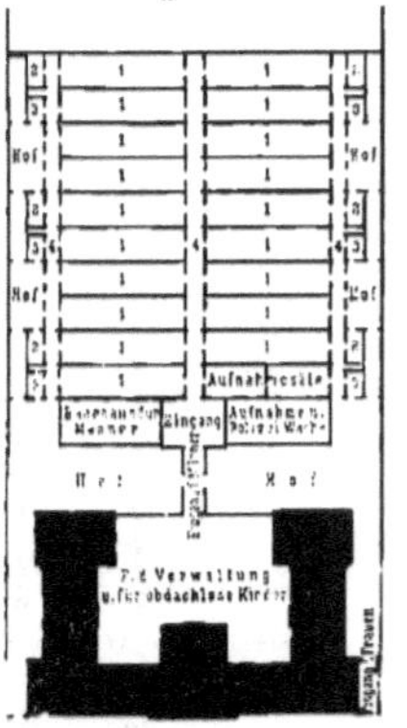

Die Männer- und Frauen-Abtheilung liegen auf der rechten, bezw. linken Seite des Haufes und find durch eine fefte Thür auf dem Flurgang von einander gefchieden.

Auf jeder Seite in jedem Gefchofs befinden fich ein Zimmer für das Warte-Perfonal und am Ende des Flurganges eine Bedürfnifs-Anftalt; die Wafchftände find in den Schlaffälen angebracht. Zur Heizung und Lüftung dienen eiferne Oefen mit äufserer Luft-Zuführung und lothrecht

Fig. 118.

Städtifches Obdach zu Berlin.
Lageplan. — 1/2000 u. Gr.
Arch.: *Blankenftein*.

Fig. 119.

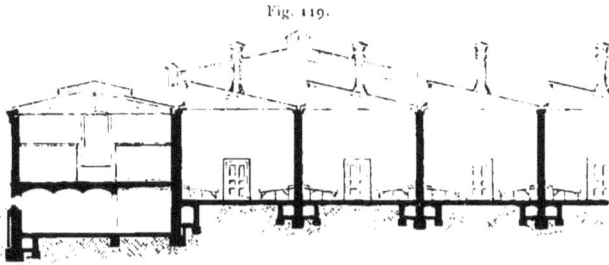

Städtisches Obdach zu Berlin.
Querschnitt. — 1/250 n. Gr.

auffteigende Abzugs-Canäle. Das Gebäude fteht in gefugtem Backfteinbau unter Schiefer und Doppelpapp-Dach.

Das Hintergebäude, das Afyl für nächtlich Obdachlofe, umfafst in einem einftöckigen, nicht unterkellerten Gebäude 19 Schlaffäle (*1*) und 2 Aufnahmeräume mit 1200 Pritfchen; jeder Saal hat zwei Wafchvorrichtungen mit zufammen 6 Becken. Die Säle find, wie der Querfchnitt in Fig. 119 zeigt, durch Shed-Dächer überdeckt, deren Lichtfläche nach Süden gerichtet ift; die Fufsböden find aus Terrazzo auf Betonunterlage hergeftellt. Zur Erwärmung dient Dampfheizung, zu deren Betrieb die Keffel der benachbarten ftädtifchen Desinfections-Anftalt benutzt werden; die frifche Luft wird durch gemauerte Canäle unter dem Fufsboden zugeführt, die verdorbene Luft durch bewegliche Fenfter und durch Luftfauger in der Dachfläche abgeleitet.

Neben den Sälen, welche um einen Mittelgang gruppirt und feitlich durch je einen Flurgang begrenzt find, liegen auf abgetrennten Seitenhöfen 6 zweiftöckige Anbauten, die im Erdgefchofs Bedürfnifs-Anftalten (*2*) und Wärterzimmer (*3*) und im Obergefchofs Räume zur Unterbringung von Möbeln u. a. enthalten. Der Flächenraum in den Schlaffälen beträgt 2,3 qm für jede Perfon.

Vor den Sälen liegt ein theilweife unterkellerter einftöckiger Querbau, welcher im Kellergefchofs 5 Badewannen und ein Braufebad für Frauen, eine Desinfections-Einrichtung, Heifswafferkeffel und Brennmaterial-Räume, im Erdgefchofs 12 Badewannen und 12 Braufebäder für Männer, fo wie ferner die Räume für die Aufnahme und für die Polizei enthält.

Von den Bädern wird ein fehr ausgiebiger Gebrauch gemacht; es haben z. B. im Jahre 1888—89 von 211 274 Männern 66 896 und von 9492 Frauen 4715 gebadet. Auch in der Anftalt felbft wird für äufserfte Reinlichkeit Sorge getragen; Pritfchen, Wände und Fufsböden werden täglich abgewafchen und mit 5-procentiger Carbolfäure-Löfung desinficirt; die Wände find zur Erleichterung der Reinhaltung auf 1,80 m Höhe in Oelfarbe geftrichen. Die Aufnahmezeit ift auf die Stunden von 4 Uhr Nachmittags bis 2 Uhr Nachts erftreckt.

Die Höfe find durch maffive Mauern gegen die Nachbargrundftücke abgetrennt. Die

Fig. 120.

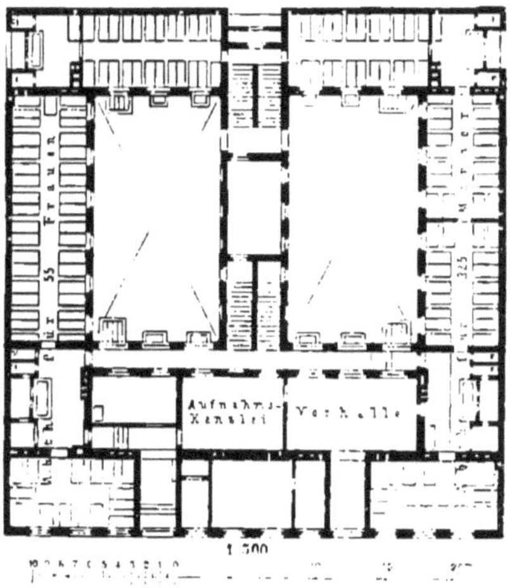

Afyl für Obdachlofe zu Budapeft.
Erdgefchofs.

16) Nach: Allg. Bauz. 1890, Bl. 7.

Baukoſten haben für das Hauptgebäude rund 449 000 Mark, für das Hintergebäude nebſt Zubehör rund 361 000 Mark, im Ganzen alſo 810 000 Mark betragen.

201. Beiſpiel IV. Das Afyl für Obdachloſe zu Budapeſt, von dem gleichnamigen Verein mit kräftiger Unterſtützung der ſtädtiſchen Behörden 1888 erbaut (Arch.: *Hikiſch & Schubert*), gewährt in Erdgeſchoſs und einem Obergeſchoſs Raum für 325 Männer und 55 Frauen. Die Hausordnung iſt dahin getroffen, daſs für die Schlafſtelle nebſt Bad, ſo wie Verabreichung einer Taſſe Thee mit Brot eine Vergütung von 6 Kreuzern ö. W. verlangt wird.

Zu möglichſter Raumerſparniſs ſind in den Schlafſälen je 2 der eiſernen Bettſtellen, durch eine Blechwand getrennt, dicht neben einander geſetzt; über dem Kopfende jeder Lagerſtätte iſt an der Wand ein eiſernes Geſtell zum Ablegen der Sachen des Schläfers befeſtigt.

Der Erdgeſchoſs-Grundriſs des Gebäudes iſt in Fig. 120[76]) beigefügt; im Kellergeſchoſs iſt, von der Strafsenſeite zugänglich, eine Wärmſtube für Frauen eingerichtet.

202. Beiſpiel V. Als Beiſpiel eines engliſchen Zufluchtshauſes für Obdachloſe mit gemeinſchaftlichen Schlafſälen werden der Erdgeſchoſs-Grundriſs und der Querſchnitt des Aſyls in der Northumberland-Strafse zu London in Fig. 121 u. 122[77]) mitgetheilt; daſſelbe wurde 1867 von *Saxon Snell* erbaut.

Die Anſtalt enthält in ebenerdiger Bauanlage 2 Schlafſäle mit 49 Betten für Männer, bezw. 44 Betten für Frauen und 10 für Kinder, ferner 2 Warteräume, 1 Zimmer des Inſpectors, Bäder, Bedürfniſs-Anſtalten und 2 Arbeitsſchuppen. Die letzteren ſind erforderlich, weil nach der Hausordnung in öffentlichen engliſchen Zufluchtshäuſern jeder Pflegling als Gegenleiſtung für Obdach und Nahrung eine

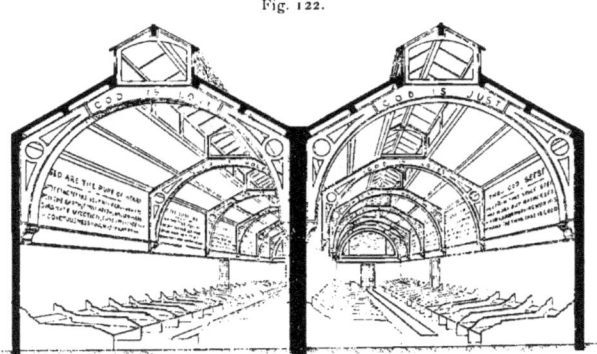

Fig. 121.

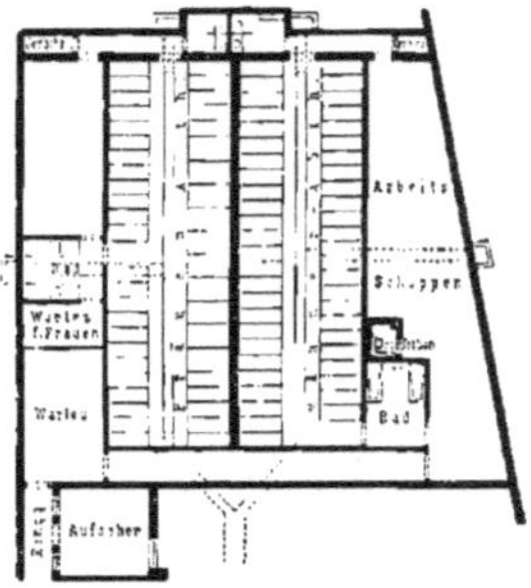

Aſyl für Obdachloſe zu London, Northumberland-Strafse.
Erdgeſchoſs[76]). — 1:500 n. Gr.
Arch.: *Saxon Snell*.

Fig. 122.

Querſchnitt zu Fig. 121[77].

beſtimmte Arbeit vollbringen muſs. Hierzu wird in der Regel für die Männer das Zerkleinern von Granitſteinen, für die Frauen Hilfeleiſtung bei der Hausreinigung und Leſen von Fruchtkörnern verlangt.

Der Flächenraum im Männerſaal beträgt für jedes Bett rund 2 qm; zur Erwärmung dient Heiſswaſſerheizung.

---

[77]) Nach: SNELL, H. J. *Charitable and parochial eſtabliſhments.* London 1881.

Die bauliche Anordnung des von demselben Architekten für die *St. Clare's Union* zu London *(Lower Deptford Road)* erbauten Afyls beruht auf der in England in späteren Jahren beliebten Vorfchrift, dafs jeder Infaffe als Schlafraum eine getrennte Einzelzelle erhalten foll. Die Männer dürfen diefe am nächften Tage nicht früher verlaffen, bevor fie die ihnen zugewiefene Steinmenge zerkleinert haben; es ift defshalb an jede Männerzelle ein Arbeitsraum unmittelbar angebaut, welcher ein nach aufsen vergittertes Fenfter befitzt, durch das die zerkleinerten Steine herausgeworfen werden müffen.

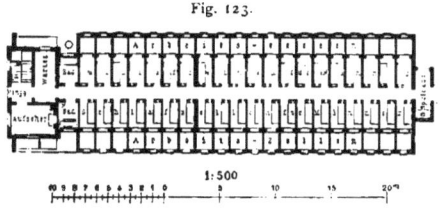

Fig. 123.

Afyl für Obdachlofe zu London, *Deptford-Road*.
Erdgefchofs [17]).

Das Erdgefchofs, deffen Grundrifs in Fig. 123 [71]) beigegeben ift, bietet für 40 Männer und das I. Obergefchofs, welches nur einen Theil der Grundfläche bedeckt, für 16 Frauen und Kinder Aufnahme; aufserdem find Wartezimmer für Männer und Frauen, Badezimmer mit Abort, 1 Spülküche mit Ausgufs und 1 Zimmer für den Auffeher vorhanden. Die Schlafzellen haben eine Grundfläche von 3,3 qm, die Arbeitszellen der Männer von 2,2 qm.

Findet die Arbeitsleiftung, wie dies in anderen nach dem Zellenfyftem erbauten englifchen Afylen gebräuchlich ift, in gemeinfchaftlichen Räumen ftatt, fo kommen die angebauten Arbeitszellen in Fortfall und werden, wie beim Beifpiel V, durch einftöckige Schuppen oder andere Werkftättenräume erfetzt.

Der *Local Government Board* von London hat im März 1880 über die bauliche Herftellung und Einrichtung von Arbeitshäufern, Afylen u. a. eine fehr eingehende Anweifung veröffentlicht [79]). Darnach follen z. B. die Zellen mit einem verdeckten Nachtftuhl (Streuabort oder anderes geeignetes Syftem) verfehen werden.

Die Bäder follen im Verhältnifs von 1:8 zur Zahl der Pfleglinge vorgeforgt werden; in beiden vorbefchriebenen Bauanlagen ift jedoch diefer letzteren Vorfchrift bei weitem nicht genügt worden.

Literatur
über »Zufluchtshäufer für Obdachlofe und Wärmftuben«.

Das neue Afyl für obdachlofe Frauen und Mädchen in Berlin. Baugwks.-Ztg. 1870, S. 421.
Herbergen und Afylhäufer in Berlin: Berlin und feine Bauten. Berlin 1877. Theil I, S. 218.
Chauffoir public et afile de nuit du boulevard de Vaugirard, 14, à Paris. Nouv. annales de la conft. 1880, S. 147.
Chauffoir et afile de nuit, à Paris. Nouv. annales de la conft. 1881, S. 8.
Der Berliner Afyl-Verein für Obdachlofe. Berlin 1882.
Afyl für obdachlofe Frauen, Mädchen und Kinder zu Hamburg. Deutfche Bauz. 1882, S. 274.
Afyl für Obdachlofe in Mailand: *Milano tecnica dal 1859 al 1884 etc.* Mailand 1885. S. 378.
Bericht über die Allgemeine deutfche Ausftellung auf dem Gebiete der Hygiene und des Rettungswefens. Berlin 1882—83. Herausg. v. P. BOERNER. I. Band. Breslau 1885. S. 369.
Afyle für Obdachlofe. Gefundheit 1886, S. 170.
Refuge municipal de nuit, quai de Valmy, 107, à Paris. Nouv. annales de la conft. 1887, S. 60.
WULLIAM & FARGE. *Le recueil d'architecture.* Paris.
7e année, f. 31, 32, 53, 56: *Afile de nuit, chauffoir et fourneau économique.*

---

[71]) Siehe: SNELL, H. J. *Charitable and parochial eftablifhments.* London 1881. S. 58 u. ff.

SNELL, H. J. *Charitable and parochial eſtabliſhments.* London 1881.
    S. 27: *Caſual wards — St. Olavé's Union.*
    S. 29: *Caſual wards — St. Marylebone.*
    S. 31: *Lodgings for houſeleſs poor.*
    S. 33: *St. Marylebone temporary caſual wards.*
Aſyl für Obdachloſe zu Hamburg: Hamburg und ſeine Bauten, unter Berückſichtigung der Nachbarſtädte Altona und Wandsbeck. Hamburg 1890. S. 203.

Vom

Handbuch der Architektur

ift bis jetzt erfchienen:

I. Theil. **Allgemeine Hochbaukunde.**
  1. Band, erfte Hälfte: Einleitung. (Theoretifche und hiftorifche Ueberficht.) Von Director Dr. *A. v. Effenwein* in Nürnberg. — Die Technik der wichtigeren Bauftoffe. Von Hofrath Profeffor Dr. *W. F. Exner* in Wien, Profeffor *H. Hauenfchild* in Berlin und Profeffor *G. Lauböck* in Wien. (Preis: 8 Mark.)
  1. Band, zweite Hälfte: Die Statik der Hochbau-Conftructionen. Von Profeffor *Th. Landsberg* in Darmftadt. (Zweite Aufl.; Preis: 12 Mark.)

II. Theil. **Hiftorifche und technifche Entwickelung der Bauftile.**
  1. Band: Die Baukunft der Griechen. Von Baudirector Profeffor Dr. *J. Durm* in Karlsruhe. (Preis: 16 Mark.)
  2. Band: Die Baukunft der Etrusker und der Römer. Von Baudirector Profeffor Dr. *J. Durm* in Karlsruhe. (Preis: 20 Mark.)
  3. Band, erfte Hälfte: Die Ausgänge der claffifchen Baukunft (Chriftlicher Kirchenbau). — Die Fortfetzung der claffifchen Baukunft im oftrömifchen Reiche (Byzantinifche Baukunft). Von Director Dr. *A. v. Effenwein* in Nürnberg. (Preis: 12 Mark 60 Pf.)
  3. Band, zweite Hälfte: Die Baukunft des Islam. Von Director *Franz-Pafcha* in Cairo. (Preis: 11 Mark.)
  4. Band: Die romanifche und die gothifche Baukunft. Von Director Dr. *A. v. Effenwein* in Nürnberg. Erftes Heft: Die Kriegsbaukunft. (Preis: 16 Mark.)

III. Theil. **Hochbau-Conftructionen.**
  1. Band: Conftructions-Elemente in Stein, Holz und Eifen. Von Profeffor *G. Barkhaufen* in Hannover, Baurath Profeffor Dr. *F. Heinzerling* in Aachen und Profeffor *E. Marx* in Darmftadt. — Fundamente. Von Geh. Baurath Profeffor Dr. *E. Schmitt* in Darmftadt. (Preis: 15 Mark.)
  4. Band: Verforgung der Gebäude mit Sonnenlicht und Sonnenwärme. Von Geh. Baurath Profeffor Dr. *E. Schmitt* in Darmftadt. — Künftliche Beleuchtung der Räume. Von Profeffor *Hermann Fifcher* in Hannover Dr. *W. Kohlraufch* in Hannover. — Heizung und Lüftung der Räume. Von Profeffor *Hermann Fifcher* in Hannover. — Wafferverforgung der Gebäude. Von Privatdocent Ingenieur *O. Lueger* in Stuttgart. (Zweite Aufl.; Preis: 22 Mark.)
  5. Band: Koch-, Spül-, Wafch- und Bade-Einrichtungen. Von Civilingenieur *Damcke* in Berlin, Profeffor *Marx* in Darmftadt und Geh. Baurath Profeffor Dr. *Schmitt* in Darmftadt. — Entwäfferung und Reinigung der Gebäude; Ableitung des Haus-, Dach- und Hofwaffers; Aborte und Piffoirs; Entfernung der Fäcalftoffe aus den Gebäuden. Von Baumeifter *Knauff* in Berlin, Baurath *Salbach* in Dresden und Geh. Baurath Profeffor Dr. *Schmitt* in Darmftadt. (Preis: 18 Mark.)
  6. Band: Sicherungen gegen Einbruch. Von Profeffor *E. Marx* in Darmftadt. — Anlagen zur Erzielung einer guten Akuftik. Von Baurath *A. Orth* in Berlin. — Glockenftühle. Von Geh. Finanzrath *Köpcke* in

Dresden. — Sicherungen gegen Feuer, Blitzschlag, Bodensenkungen und Erderschütterungen. Von Kreis-Bauinspector *E. Spillner* in Essen. — Terraffen und Perrons, Freitreppen und Rampen-Anlagen, Vordächer. Von Profeffor † *F. Ewerbeck* in Aachen. — Stützmauern, Behandlung der Trottoire und Hofflächen, Eisbehälter. Von Kreis-Bauinspector *E. Spillner* in Essen. (Preis: 10 Mark.)

IV. Theil. **Entwerfen, Anlage und Einrichtung der Gebäude.**

  1. Halbband: **Die architektonifche Compofition:**

      Allgemeine Grundzüge. Von Geh. Baurath Profeffor *H. Wagner* in Darmftadt. — Die Proportionen in der Architektur. Von Profeffor *A. Thierfch* in München. — Die Anlage des Gebäudes. Von Geh. Baurath Profeffor *H. Wagner* in Darmftadt. — Die Geftaltung der äufseren und inneren Architektur. Von Profeffor *J. Bühlmann* in München. — Vorräume, Treppen-, Hof- und Saal-Anlagen. Von Profeffor † *L. Bohnftedt* in Gotha und Geh. Baurath Profeffor *H. Wagner* in Darmftadt. (Preis: 16 Mark.)

  3. Halbband: **Gebäude für landwirthfchaftliche und Approvifionirungs-Zwecke:**

      Landwirthfchaftliche Gebäude und verwandte Anlagen (Ställe für Arbeits-, Zucht- und Luxuspferde, Wagen-Remifen; Geftüte und Marftall-Gebäude; Rindvieh-, Schaf-, Schweine- und Federviehftälle; Feimen, offene Getreidefchuppen und Scheunen; Magazine, Vorraths- und Handels-fpeicher für Getreide; gröfsere landwirthfchaftliche Complexe). Von Baurath *F. Engel* in Berlin und Geh. Baurath Profeffor Dr. *E. Schmitt* in Darmftadt.

      Gebäude für Approvifionirungs-Zwecke (Schlachthöfe und Viehmärkte; Markthallen und Marktplätze; Brauereien, Mälzereien und Brennereien). Von Profeffor *A. Geul* in München, Stadt-Baurath *G. Ofthoff* in Berlin und Geh. Baurath Profeffor Dr. *E. Schmitt* in Darmftadt. (Preis: 23 Mark.)

  4. Halbband: **Gebäude für Erholungs-, Beherbergungs- und Vereinszwecke:**

      Schank- und Speife-Locale, Kaffeehäufer und Reftaurants. Von Geh. Baurath Profeffor *H. Wagner* in Darmftadt. — Volksküchen und Speife-Anftalten für Arbeiter; Volks-Kaffeehäufer. Von Geh. Baurath Profeffor Dr. *E. Schmitt* in Darmftadt.

      Oeffentliche Vergnügungs-Locale. Von Geh. Baurath Profeffor *H. Wagner* in Darmftadt. — Fefthallen. Von Baudirector Profeffor Dr. *J. Durm* in Karlsruhe.

      Hotels. Von Baurath *H. von der Hude* in Berlin. — Gafthöfe niederen Ranges, Schlafhäufer und Herbergen. Von Geh. Baurath Profeffor *E. Schmitt* in Darmftadt.

      Baulichkeiten für Cur- und Badeorte (Cur- und Converfationshäufer; Trinkhallen, Wandelbahnen und Colonnaden). Von Architekt † *J. Mylius* in Frankfurt a. M. und Geh. Baurath Profeffor *H. Wagner* in Darmftadt.

      Gebäude für Gefellfchaften und Vereine (Gebäude für gefellige Vereine, Clubhäufer und Freimaurer-Logen; Gebäude für gewerbliche und fonftige gemeinnützige Vereine; Gebäude für gelehrte Gefellfchaften, wiffenfchaftliche und Kunftvereine). Von Geh. Baurath Profeffor Dr. *E. Schmitt* und Geh. Baurath Profeffor *H. Wagner* in Darmftadt.

      Baulichkeiten für den Sport (Reit- und Rennbahnen; Schiefsftätten und Schützenhäufer; Kegelbahnen; Eis- und Rollfchlittfchuhbahnen etc.). Von Architekt *J. Lieblein* in Frankfurt a. M., Profeffor *R. Reinhardt* in Stuttgart und Geh. Baurath Profeffor *H. Wagner* in Darmftadt.

Sonstige Baulichkeiten für Vergnügen und Erholung (Panoramen; Orchester-Pavillons; Stibadien und Exedren, Pergolen und Veranden; Gartenhäuser, Kioske und Pavillons). Von Baudirector Professor Dr. *J. Durm* in Karlsruhe, Architekt *J. Lieblein* in Frankfurt a. M. und Geh. Baurath Professor *H. Wagner* in Darmstadt. (Preis: 23 Mark.)

6. Halbband: **Gebäude für Erziehung, Wissenschaft und Kunst.**

Heft 1: Niedere und höhere Schulen (Schulbauwesen im Allgemeinen; Volksschulen und andere niedere Schulen; Gymnasien und Real-Lehranstalten, mittlere technische Lehranstalten, höhere Mädchenschulen, sonstige höhere Lehranstalten; Pensionate und Alumnate, Lehrer- und Lehrerinnen-Seminare, Turnanstalten). Von Stadtbaurath *G. Behnke* in Frankfurt a. M., Oberbaurath Professor *H. Lang* in Karlsruhe, Architekt *O. Lindheimer* in Frankfurt a. M., Geh. Baurath Professor Dr. *Schmitt* in Darmstadt und Geh. Baurath Professor *Wagner* in Darmstadt. (Preis: 16 Mark.)

Heft 2: Hochschulen, zugehörige und verwandte wissenschaftliche Institute (Universitäten; technische Hochschulen; naturwissenschaftliche Institute; medicinische Lehranstalten der Universitäten; technische Laboratorien; Sternwarten und andere Observatorien). Von Regierungs- u. Baurath *H. Eggert* in Berlin, Baurath *C. Junk* in Berlin, Professor *C. Körner* in Braunschweig, Geh. Baurath Professor Dr. *Schmitt* in Darmstadt, Geh. Ober-Regierungsrath *P. Spieker* in Berlin und Geh. Regierungsrath *L. v. Tiedemann* in Potsdam. (Preis: 30 Mark.)

7. Halbband: **Gebäude für Verwaltung, Rechtspflege und Gesetzgebung; Militärbauten:**

Gebäude für Verwaltungsbehörden und private Verwaltungen (Stadt- und Rathhäuser; Gebäude für Ministerien, Botschaften und Gesandtschaften; Geschäftshäuser für Provinz-, Kreis- und Ortsbehörden; Geschäftshäuser für sonstige öffentliche und private Verwaltungen; Leichenschauhäuser). Von Professor *F. Bluntschli* in Zürich, Stadt-Baurath *Kortüm* in Erfurt, Ober-Bauinspector † *H. Meyer* in Oldenburg, Stadt-Baurath *G. Osthoff* in Berlin, Geh. Baurath Professor Dr. *E. Schmitt* in Darmstadt, Baurath *F. Schwechten* in Berlin und Geh. Baurath Professor *H. Wagner* in Darmstadt.

Gerichtshäuser, Straf- und Besserungs-Anstalten. Von Baudirector *v. Landauer* in Stuttgart, Geh. Baurath Prof. Dr. *E. Schmitt* in Darmstadt und Geh. Baurath *H. Wagner* in Darmstadt.

Parlamentshäuser und Ständehäuser. Von Geh. Baurath Professor *H. Wagner* in Darmstadt und Baurath *P. Wallot* in Berlin.

Gebäude für militärische Zwecke (Gebäude für die obersten Militär-Behörden; Casernen; Exercier-, Schiefs- und Reithäuser; Wachgebäude; militärische Erziehungs- und Unterrichts-Anstalten). Von Ingenieur-Major *F. Richter* in Dresden. (Preis 32 Mark.)

⇢ Unter der Presse: ⇠

III. Theil. **Hochbau-Constructionen.**

2. Band: Wände und Wandöffnungen. Von Professor *E. Marx* in Darmstadt. — Einfriedigungen, Brüstungen, Geländer, Balcons und Erker. Von Professor † *F. Ewerbeck* in Aachen und Geh. Baurath Professor Dr. *Schmitt* in Darmstadt. — Gesimse. Von Professor *Göller* in Stuttgart.

IV. Theil. **Entwerfen, Anlage und Einrichtung der Gebäude.**
   5. Halbband: **Gebäude für Heil- und sonstige Wohlfahrts-Anstalten.**
      Heft 2: Verschiedene Heil- und Pflege-Anstalten (Irren-Anstalten; Entbindungs-Anstalten; Thier-Heilanstalten); Pfleg-, Versorgungs- und Zufluchtshäuser. Von Stadtbaurath *Behnke* in Frankfurt a. M., Oberbaurath und Geh. Regierungsrath † *Funk* in Hannover und Professor *Henrici* in Aachen.
   6. Halbband: **Gebäude für Erziehung, Wissenschaft und Kunst.**
      Heft 3: Gebäude für Ausübung der Kunst und Kunstunterricht (Künstler-Arbeitsstätten; Kunstschulen; Musikschulen u. Conservatorien; Concert- und Saalgebäude; Theater; Circus- und Hippodrom-Gebäude). Von Oberbaurath Professor Dr. *v. Leins* in Stuttgart, Baudirector *Licht* in Leipzig, Architekt *R. Opfermann* in Mainz, Geh. Baurath Professor Dr. *E. Schmitt* in Darmstadt, Architekt *M. Semper* in Hamburg, Professor Dr. *H. Vogel* in Berlin und Geh. Baurath Professor *H. Wagner* in Darmstadt.

      Heft 4: Gebäude für Sammlungen und Ausstellungen (Archive, Bibliotheken und Museen; Baulichkeiten für zoologische Gärten etc.; Aquarien; Pflanzenhäuser; Ausstellungs-Gebäude). Von Geh. Regierungsrath Professor *H. Ende* in Berlin, Baurath *C. Junk* in Berlin, Baurath † *A. Kerler* in Karlsruhe, Stadt-Baurath *Kortüm* in Erfurt, Architekt *O. Lindheimer* in Frankfurt a. M., Regierungs-Baumeister *A. Messel* in Berlin, Architekt *R. Opfermann* in Mainz und Geh. Baurath Professor *H. Wagner* in Darmstadt.

   9. Halbband: **Der Städtebau.** Von Stadt-Baurath *J. Stübben* in Köln.

→ In Vorbereitung: ←

II. Theil. **Historische und technische Entwickelung der Baustile.**
   4. Band: Die romanische und die gothische Baukunst. Von Director Dr. *A. v. Essenwein* in Nürnberg. Zweites Heft.

III. Theil: **Hochbau-Constructionen.**
   5. Band. — Zweite Auflage.

IV. Theil. **Entwerfen, Anlage und Einrichtung der Gebäude.**
   1. Halbband: **Die architektonische Composition.** — Zweite Auflage.
   3. Halbband: **Gebäude für landwirthschaftliche und Approvisionirungs-Zwecke.**
      Heft 2: Schlachthöfe und Viehmärkte; Markthallen und Marktplätze. — Zweite Auflage.
   5. Halbband: **Gebäude für Heil- und sonstige Wohlfahrts-Anstalten.**
      Heft 1: Krankenhäuser. Von Professor *F. O. Kuhn* in Berlin.
      Heft 3: Bade-, Schwimm- und Wasch-Anstalten. Von Architekt *F. Genzmer* und Stadt-Baurath *J. Stübben* in Köln.

Arnold Bergsträfser
in Darmstadt.

www.ingramcontent.com/pod-product-compliance
Lightning Source LLC
Chambersburg PA
CBHW020240170426
43202CB00008B/162